玄奘因明思想論考

湯銘鈞◎著

復旦佛學研究叢書

中西書局

圖書在版編目(CIP)數據

玄奘因明思想論考／湯銘鈞著. —上海：中西書局，2024.1

(復旦佛學研究叢書)

ISBN 978-7-5475-2191-5

Ⅰ.①玄… Ⅱ.①湯… Ⅲ.①玄奘(602-664)–因明(印度邏輯)–思想史–研究 Ⅳ.①B949.92

中國國家版本館 CIP 數據核字(2023)第 213311 號

國家社會科學基金重點項目
復旦大學哲學學院高峰學科資助項目
上海易順公益基金會資助出版

XUANZANG YINMING SIXIANG LUNKAO

玄奘因明思想論考

湯銘鈞 著

責任編輯 唐少波
裝幀設計 黄 駿
責任印製 朱人傑

出版發行 上海世紀出版集團
中西書局(www.zxpress.com.cn)
地　　址 上海市閔行區號景路 159 弄 B 座(郵政編碼：201101)
印　　刷 啓東市人民印刷有限公司
開　　本 700 毫米×1000 毫米 1/16
印　　張 16.75
字　　數 338 000
版　　次 2024 年 1 月第 1 版 2024 年 1 月第 1 次印刷
書　　號 ISBN 978-7-5475-2191-5/B・129
定　　價 98.00 元

《復旦佛學研究叢書》序

佛教傳入中國已有兩千多年的歷史,是中國歷史上最重要的文化交流與文明互鑒的載體。經過中國化的佛教,是中華優秀傳統文化的主幹之一,她與本土儒道文化一起,共同鑄就了中華民族共同體的活的靈魂,在傳承文明、維護社會穩定、加強民族認同等方面有時甚至發揮著不可替代的作用。

作爲一種現代意義上的學術研究,佛學研究與近代宗教學的興起同步,時至今日,已成爲橫跨哲學、宗教學、史學、文學、語言學、文獻學、社會學、藝術學等各學科領域的"顯學"。百餘年來,數代中國學人基於本土化的問題意識,以漢語文獻的資源優勢,在借鑒海外相關學術方法與學術成果的基礎上,構建起了具有中國特色的佛學研究的基本框架。如何繼往開來,進一步加強中國佛學研究的深廣度和表現力,從而在堅持中國學術本位的同時,在國際學界發出中國學者的聲音,則是時代交付給當代學人的重大課題。有鑒於此,我們準備分批出版《復旦佛學研究叢書》,以集中展示復旦大學佛學研究的最新成果,爲新時代中國佛學研究的長足推進略盡綿薄之力。

復旦大學的佛學研究,有著悠久的學術傳統與深厚的學術積澱。老校長陳望道先生 1931 年出版的《因明學》是我國首部白話文的佛教邏輯學專著。1964 年,按照國家的總體部署,與中國社會科學院世界宗教研究所的成立幾乎同步,復旦大學開設了"佛教哲學史"的課程。1996 年,隸屬於哲學系的佛學研究中心成立;2001 年,復旦大學宗教研究所成立;2008 年,復旦大學成立了有獨立編制的宗教學系,隸屬於哲學學院。佛學研究成爲復旦大學宗教研究最具特色的方向之一,爲我國培養了一大批佛學研究的中堅力量。

復旦佛學堅持以語言、文獻爲基礎，以哲學爲本位的學術定位，强調打通梵、巴、漢、藏的全體佛教的理念，認爲只有基於對全體佛教的研究，才能更爲完整、更爲準確地把握佛教中國化的内涵和價值。我們不僅開設了從本科到博士研究生的系統全面的語言、文獻和佛教哲學的課程，也積累了一些相關的學術成果。叢書的出版，爲這些成果的集中展示提供了一個平臺，誠摯地希望能得到海内外學界、教界及社會各界朋友的關心、支持和批評！

是爲序。

傅新毅

2023年11月12日於光華樓

獻給我的母親
湯榮仙女士

序

本書是筆者近十年來研究因明所積累下來的大部分文字的結集。

在2011年博士畢業以後，筆者原先的計劃是從漢文材料逐步轉向印度方面的研究。然而具體研究什麽、怎樣研究，其實還不是很明確。自2013年4月起，筆者有幸參與了由清華大學劉奮榮教授主持的《中国逻辑思想史手册》(*Handbook of the History of Logical Thought in China*)項目，承擔其中漢傳因明部分的撰寫任務。當時的計劃是先對漢傳因明作逐項專題研究，在此基礎上再提煉匯總爲《手册》的相應章節。正是在從事這項研究的過程中，筆者逐步明確了自己現在的主要學術方向，即：在梵、藏文知識的幫助下，重新回頭來研究漢傳因明中的各項理論要素，並追溯其印度源頭，確定漢傳因明所保存的理論學説在印度佛教邏輯學–知識論學派的發展與演進過程中的歷史地位與理論價值。雖然筆者對印度方面的興趣一直有增無減，但漢傳因明或筆者現在更願意稱之爲"東亞因明傳統"(the East Asian *hetuvidyā*-tradition)的歷史和文獻，仍將是我將來持續深耕的主要學術領域。現在，筆者爲《中国逻辑思想史手册》撰寫的相應章節已經完成，原先計劃的先行專題研究中相對成型的文字也結集爲本書，作爲由業師鄭偉宏先生主持的2016年國家社科基金重點項目"玄奘因明典籍整理與研究"(編號：16AZD041)的最終成果之二提交中西書局正式出版。

誠如鄭偉宏先生所説，對玄奘因明思想的研究也就是對唐代因明疏抄的研究(詳見本系列第一種《玄奘因明思想研究・前言》)。本書也秉著這一態度來研究玄奘因明思想並兼及日韓兩國古德(如元曉和善珠)的因明著作。本書書名所示的"論"(哲學解讀)和"考"(歷史考證)，在本書中往往交織在一起。總的來看，在"論"的方面，本書主要提出了"論證要素"

(probative factor)這一概念,用於指稱歷史上某一位邏輯學家在其有關可靠論證的可靠性本身(reliability / soundness)的理論中的首要關注點。這樣一種關注點無論其具體内容,一般都具有直觀方面的基礎,體現了邏輯學家對人類日常推理行爲進行理論化的起點和基本路徑。對"論證要素"的理解,可以有"形式的路徑"(formalist approach)、"論辯的路徑"(dialectic approach)與"認知的路徑"(epistemic approach)三個不同的致思方向。通過這些思考,筆者試圖爲我們理解佛教邏輯學及其有别於西方邏輯學的特質構建一個哲學的視角(詳見本書第二章和第三章)。當然,思想是活的,這樣一種理論構建仍難免刻板,所以也只是權宜之計。

在"考"的方面,本書的考證有些零散。如第二章考證了因明傳統對其核心概念"能立"(*sādhana*)的解釋實際上來自陳那晚期的《集量論》。儘管玄奘没有翻譯此書,但他對因明的講解實際上融入了該書的諸多思想要素,而且很可能反映了玄奘當時印度學界對該書的理解。這一發現提示我們:(1)東亞因明傳統並非僅僅來源於《正理門論》和《入正理論》,而很可能是以陳那以後、法稱以前的佛教相關學説爲整體背景的。(2)將來我們可以談論東亞因明對《集量論》的解釋。這項前人未曾想見的全新研究不僅可行,而且必要。

此外,本書關於唯識比量的研究(第五章和第六章)發現:新羅學僧元曉提出相違決定量以制衡玄奘唯識比量的時候,曾參考文軌《因明入正理論疏》(莊嚴疏)的前半部分(三卷本的前兩卷)對唯識比量的解釋。不僅如此,文軌知曉了元曉的相違決定量以後,在後續撰寫的《莊嚴疏》後半部分(即三卷本的第三卷《十四過類疏》)中,早已先於窺基對該量作出批評。元曉在《判比量論》中又針對文軌的批評提出反批評。而在窺基批評了相違決定量以後,新羅學僧道證又從元曉的立場作出回應。道證的回應又遭到日僧善珠的批評。這些發現爲研究因明在東亞世界的流佈提供了一些新綫索。當然,考證與推測經常很難劃清界限,本書若有可以視爲推測的内容,筆者只希望它們屬於合理的推測。

採用"東亞因明傳統"乃至僅以"因明傳統"來指稱以漢文爲語言載體、傳承於古典東亞中日韓三國的佛教邏輯學–知識論傳統,簡單來説是與國際學界的命名體系保持一致,追究起來也可以有一些理由:(1)“因明”(*hetuvidyā*)一詞主要是漢文佛教邏輯學–知識論學派的自我命名,而在印、藏文化圈則主要採用“量論”(*pramāṇa / tshad ma*)這一自我命名。用“因明傳統”來指稱漢文傳統,用“量論傳統”指稱印–藏傳統,符合各方面的自我命名且能在名稱上互有區分。(2)“因明”並非佛教邏輯學–知識論學派研究的一項專題的名稱,而是這個學派研究的全領域的總稱。學界(包括筆者本人)曾以“因明”對應邏輯學,“量論”對應知識論,仍欠精確。以“因明/量論”的對立來比附西方哲學中的“邏輯學/知識論”的對立只是近代中國才有的事情。“因明”和“量論”是同一個學派的兩個不同傳統對於各自的命名。在各自的不同命名下,傳承與弘揚的核心內容均爲邏輯學和知識論的一種理論複合型態。畢竟,古代東方並無邏輯學與知識論的明確學科區分。“因明”和“量論”的不同命名,並不代表研究內容的不同。東亞因明傳統與印–藏量論傳統,各自均有邏輯學與知識論兩方面內容。(3)東亞因明傳統與其説是一個確立於中國爾後傳播於日、韓的學術傳統,毋寧説是一個在古典東亞世界的中日韓三國學僧的共同努力下才得以確立的傳統。東亞因明在相當早的歷史階段中,在玄奘的第一代弟子(如文軌)和第二代弟子(如窺基)的時代,就已和當時的韓國(主要是新羅)學界發生密切的互動。日本早期的因明學者(如善珠)又是在與當時新羅學僧(如元曉、道證)的商榷中確立了窺基因明觀點的權威地位。在現存的漢文因明著作中,日本古德的篇章更佔有不容忽視的絶對數量優勢。因明應視爲東亞世界的共同精神財富。

還需説明的是,本書除第一章是對東亞因明傳統的歷史、文獻和基本學説的概覽,其餘各章都獨立成篇,讀者完全可以根據興趣選擇閱讀。實際上,本書各章最初都是作爲單篇論文先後撰寫,詳細情況皆在各章的首個腳注中予以説明。這些文章最初發表的時候多數都曾經大篇幅的刪減。現在彙編的是完整版。在彙編的時候,筆者除新作若干修訂外,還統一了體例,盡量刪減了章與章之間重複的内容,盡量把背景方面的説明任務交給第一章。儘管如此,論述上的重複、引文上的重複和術語翻譯上的不一致仍在所難免。特別是術語的翻譯方面(如對 *anvaya*、*vyatireka* 的翻譯),或者順古,或者參照西文術語體系,或者力求反映梵文原語的立名依據,皆僅在各章内部保持統一。全書統一的話,牽一髮而動全身,改不勝改。因明文章撰寫的時候,每一篇都必須從頭講起,否則讀者如墜雲裡霧裡。現在整合起來,章與章之間重複的部分如果一律僅保留其中一章中的出現,就破壞了各章的行文,也是改不勝改。另外,關於本書對引號的使用,有時是語義上行,有時只是爲了強調引號内是一個專門的術語(特別是佛典術語),這樣的雙重使用標準難免帶來混淆。爲避混淆,此次刪去了不少,但仍不甚理想。如此諸般缺憾,還望讀者見諒!

誠然,因明向稱難解,但筆者相信理解的障礙主要來自於那一套古漢語的術語體系和表達習慣。不過,只要障礙仍在名言的層面,就總是能克服的。關於因明理論所構想的那樣一種論證模式,筆者曾舉過一個實例,或能爲讀者理解因明提供一些幫助。實例如下:

> 設想有一位生物學家踏足一片未曾有人到過的原始森林。在這裡,她發現一處新鮮的動物排洩物。通過仔細的化驗,她確認這處糞便來自一種烏鴉。然而,未曾有過報告,竟還有烏鴉生活在這片森林裡。於是,這位生物學家架起了她的望遠鏡,嘗試找到那種未知的烏鴉。從望遠鏡裡看出去的那一刻,這位生物學家的腦海中閃過一個念頭——她要首先關注那些飛翔在空中的黑色目標。這樣一個念頭完全可以被後續的觀察證僞,那種要找的烏鴉也可能不是黑色的,但這一想法卻如此合情合理,或者説,非常自然。爲什麼?我們可以從因明的角度將她得出這一想法的過程重構爲下述論證:
>
> 結論:那種未知的鳥是黑色的。
>
> 前提(1):因爲那種鳥是烏鴉。
>
> 前提(2):根據現有的觀察,凡是烏鴉都是黑色的,如東北渡鴉。
>
> 前提(3):根據現有的觀察,凡不是黑色的都不是烏鴉,如白馬。
>
> 根據因明理論,上述論證的可接受性以滿足三個條件爲根據。條件(1):烏鴉是那種未知的鳥的屬性——這一點已由生物學家對糞便的化驗證實。條件(2):在將那種未知的鳥存而不論的情況下,至少存

在一個個體,它既是黑色的又是烏鴉。畢竟,要找的那種鳥還没有被觀察到,不在現有觀察的範圍中,其毛色尚未被觀察到。這個條件也滿足,因爲衆所周知,東北渡鴉是黑色的而且是烏鴉。條件(3):在將那種未知的鳥存而不論的情況下,不存在任何一個個體,它不是黑色的,但卻是烏鴉。畢竟,要找的那種鳥還不在現有觀察的範圍中,在論證的開端,它也不能確定無疑地歸在不是黑色的個體中,一如它不能確定無疑地歸在黑色的個體中。這個條件也滿足,假設現有的觀察皆確認不存在不是黑色的烏鴉,即現有的觀察中不存在"凡烏鴉皆黑色"這一斷言的反例(counterexample)。

上述前提(1)爲真,當且僅當條件(1)滿足。或者説,條件(1)的滿足保證了前提(1)爲真。上述前提(2)爲真,通過條件(2)和(3)同時滿足來保證,前提(2)除了表達在現有的觀察中"凡烏鴉皆黑色"外(通過條件[3]的滿足來保證),還通過東北渡鴉這個實例表達了"凡烏鴉皆黑色"這一斷言帶有存在含義,主項不爲空(通過條件[2]的滿足來保證)。上述前提(3)爲真,通過條件(3)的滿足來保證。前提(3)不帶有存在含義,因爲它容許用不存在之物來舉例。如上例中的白馬,可以替换爲飛馬,甚至圓的方。總之,三個條件的全部滿足保證了上述論證的前提全部爲真。這樣的三個條件在因明理論中被視爲論證的三條基本規則(因三相)。上述論證在因明理論中是一則可接受的論證,即從前提(1)—(3)引申出結論"那種未知的鳥是黑色的",這種引申在因明理論中是可接受的。在這一情境中,"那種未知的鳥是黑色的"與其説是結論,倒不如説是一個被合理地期待爲真的命題,是一種假定(assumption)。

事實上,前提(2)和(3)爲真,僅基於現有的觀察。這兩個前提並非普全(universally)爲真。畢竟,還有眼下要找的那種鳥把論域全集剜去了一塊,它還在現有觀察的範圍以外。因而它對"凡烏鴉皆黑色"這一斷言既不構成反例,也不提供任何確證。

上述論證過程的可接受性,基於這樣一個假設:如果"凡烏鴉皆黑色"這一命題在現有觀察的範圍中爲真,那麼這一命題也應當適用於

> 那種還未被觀察到的烏,即:如果它是烏鴉,那麼它也應是黑色的。那種未知的烏不應當對於"凡烏鴉皆黑色"這一命題爲真構成"唯一的例外"——既然現有的觀察告訴我們,除了那種未知的烏鴉還不確定以外,其他烏鴉都是黑色的。

在把握了這樣一種論證的核心思路以後,稱之爲"最大限度的類比推理",或者"歸納式的擴張"(inductive expansion),還是"非單調推理"(non-monotonic reasoning),那完全可以見仁見智。

本書各章從構思到定稿都離不開衆多師友的助益。這些,筆者都在各章的首個腳注以及相關文字的腳注中一一誌謝。這一長串名單,難以在序言的有限篇幅内羅列。此外,特别需要感謝的是當初接受這些文字正式發表的各大期刊雜誌的老師。没有他們的支持,筆者現在可能已没有機會再從事因明研究,遑論將這些文章結集出版。現在,由中西書局的唐少波老師悉心編審本書,更是筆者的榮幸。

仔細算來,本書中大部分章節的初稿皆完成於筆者任職於上海社會科學院哲學研究所期間(2011—2015 年),自然也得到了所裡同事們的幫助和啓發。這十年來與國内外師友的交流,促使筆者以更具批判性的眼光來審視因明傳統,這是本書相比之前的《陳那、法稱因明推理學説之研究》一書(上海:中西書局,2016 年版)的主要進步所在。最後,還要感謝家人對筆者研究的支持!

是爲序。

湯銘鈞

2023 年 3 月於青浦

同年 10 月定稿於哈佛

目　録

第一章　論佛教邏輯學-知識論學派的因明傳統*

——歷史、特徵與基本理論

在陳那以前以《瑜伽師地論》爲代表的邏輯學説，兼容知識論與辯論術兩個思想方向的大背景下，佛教邏輯學-知識論學派的印-藏量論傳統（*pramāṇa*-tradition）在其中擇取了知識論的研究進路，以推論（“爲自比量”）爲核心來組織學説。東亞世界的因明傳統（*hetuvidyā*-tradition）在其中擇取了辯論術的研究進路，以論證（“能立”）爲核心來組織學説。這是兩個朝向不同方向發展的傳統。“因明”的源頭儘管可以追溯到《瑜伽師地論》的“因明處”，但“因明”傳統的主要闡釋者是東亞世界中、日、韓三國的古代學僧。“因明傳統”是東亞文化圈中的佛教邏輯學-知識論傳統。

佛教邏輯學-知識論學派（Buddhist logico-epistemological school）的東亞傳統，可以與該學派的印-藏量論傳統（*pramāṇa*-tradition）相對，稱爲“因明傳統”（*hetuvidyā*-tradition）。該傳統的主要奠基者是玄奘（602—664）及其弟子。玄奘及其翻譯團隊翻譯的商羯羅主（Śaṅkarasvāmin，約 500—560〔1〕）的《入正理

---

* 本章是筆者在爲馮耀明教授（香港科技大學）主編的《中國邏輯哲學：道指南》（*Dao Companion to Chinese Philosophy of Logic*）一書撰寫的章節“漢傳佛教中的因明”（*Yin ming* 因明 in Chinese Buddhism）英文稿前半部分的基礎上補充改寫而成。在英文稿撰寫過程中，馮耀明先生向我提出了許多邏輯學方面的專業建議。其中一部分已採納入英文稿以及本章，另一些建議則留待將來進一步思考。此外，錢立卿博士（上海社會科學院）幫助筆者消除了文中一處邏輯上錯誤的表述。在本章的中文刪節本以“論東亞因明傳統”爲題，發表於《哲學門》第二十卷（2019）第一冊（第 33—50 頁）之前，陳帥博士（湖南大學）曾費心審閱全文，提出數條修改意見。謹此一併致謝！當然，文責在我。

〔1〕 本書中印度量論學者的年代如非特別説明，皆依據 Steinkellner & Much 1995 及在此基礎上建立的 EAST 數據庫（https://east.ikga.oeaw.ac.at）。

論》(*Nyāyapraveśa*,647 年譯出,簡稱"入論")與陳那(Dignāga,約 480—540)的《正理門論》(*Nyāyamukha*,650 年譯出[2],簡稱"門論"),與玄奘弟子在玄奘因明口義(oral explanation)基礎上撰寫的大量著作,構成了這個傳統的文獻基礎。因明傳統一經確立,旋即傳到了當時的韓國和日本,並在那裡得到研究與弘揚。這使得因明傳統,成爲整個古代東亞文化圈内獨特的文化現象。本章旨在對整個東亞因明傳統的歷史形成、學説淵源、基本理論及其主要特徵進行概括。

儘管《入正理論》與《正理門論》是該傳統的兩大根本典籍,然而玄奘所傳的因明學説實際上並不限於這兩部典籍所闡述的内容。玄奘甚至還根據陳那晚期的集大成之作《集量論》(*Pramāṇasamuccaya*),有時還從陳那以後印度本土新出現的理論進展的角度,來重新闡釋陳那早期的《正理門論》和商羯羅主的《入正理論》。另一方面,法稱(Dharmakīrti,約 550—660)的名字直到義淨(635—713)的時候才爲當時的中國學界所知。[3] 尚無證據可以表明,法稱對整個因明傳統有過任何影響。作爲一項工作假設(working hypothesis),佛教邏輯學-知識論學派的因明傳統,可以視爲主要是傳承了法稱以前的印度佛教學者的陳那解釋,是一個尚未受到法稱影響的陳那傳統。

在陳那以前以《瑜伽師地論》爲代表的邏輯學説,兼容知識論與辯論術兩個思想方向的大背景下,佛教邏輯學-知識論學派的印-藏量論傳統在其中擇取了知識論的研究進路,以推論("爲自比量",*svārthānumāna*)爲核心來組織各項學説。而東亞世界的因明傳統(*heuvidyā*-tradition)在其中擇取了辯論術的研究進路,以論證("能立",*sādhana*)爲核心來組織各項學説。根據因明傳統對整個三支作法論證思路的闡釋,論證必須基於辯論雙方既已形成的共識。認知主體通過一則推論獲取新知,實際上是對他先已掌握的知識進行合理擴張的結果。無論如何,辯論不發生在真空之中。

---

〔2〕 通常認爲玄奘譯《因明正理門論》的年代爲公元 649 年,見《開元釋教録》(KYSJL 556c10 - 11):"《因明正理門論本》一卷……貞觀二十三年十二月二十五日於大慈恩寺翻經院譯。"但據 Gotō 2018: 146,貞觀二十三年十二月二十五日實際上已經是公元 650 年 2 月 1 日。又羅炤(Luo 1981)主張:玄奘譯出《正理門論》的年代爲公元 655 年而非 649 年。關於這一問題,參見本書第六章注 47。

〔3〕 法稱的年代據 Eltschinger 2019: 157,這是綜合各種研究以後的最寬泛斷代,而之前通行的年代推測爲 600—660(見 Frauwallner 1961: 137 - 139)。關於法稱的生平、年代和著作,見 Frauwallner 1954,1961; Eltschinger 2019; Tillemans 2021。

一、因明傳統在古代東亞世界的形成

"因明"是梵語 *hetuvidyā* 一詞的漢語翻譯。一般認爲,*hetuvidyā* 的意思是關於(邏輯)理由(*hetu*,因)的科學或學問(*vidyā*,明)。這是無著(Asaṅga,約315—390)編纂的著名的佛教百科全書式著作《瑜伽師地論》(*Yogācārabhūmi*)中,對於邏輯學,或更準確地説,有關推理與論證的理論的命名。在該書中,有五種"明"(*vidyā*)的分類。根據玄奘《大唐西域記》的如下記載,"五明"是中古印度的五門最基本的學問。

> 七歲之後,漸授五明大論:一曰聲明(* *śabdavidyā*,語法學),釋詁訓字,詮目疏别。二工巧明(* *śilpakarmasthānavidyā*,工藝學),伎術機關,陰陽曆數。三醫方明(* *cikitsāvidyā*,診療學),禁呪閑邪,藥石針艾。四謂因明(* *hetuvidyā*),考定正邪,研覈真僞。五曰内明(* *adhyātmavidyā*,各派宗教與哲學),究暢五乘因果妙理。〔4〕

正如在上述"五明"的分類中,"因明"被視爲不同於印度各派哲學關於輪迴、解脱與終極存在的教義,邏輯學也因此不同於哲學與宗教的教條,是印度各派哲學共通的思想工具和辯論方法,可以爲古典印度的任何一種思想活動所採用和遵循。它擁有從公元初年算起大約一千五百餘年的悠久歷史。印度各派哲學,如正理(Nyāya)、勝論(Vaiśeṣika)、數論(Sāṅkhya)、耆那教和佛教等派别,對於這門學問的發展都作出過貢獻。這門學問在古代印度也在各種不同的主題之下得到研究,如"探究"(*ānvīkṣikī*, investigation)、"辯論"(*vāda*, debate,論議),"方法"(*nyāya*,method,正理),"推理"(*tarka*, reasoning,思擇、如實)以及後來的"有效認知的手段"(*pramāṇa*, means of valid cognition,量)等等。而"因明"只是這些名稱之中的一種。

《正理經》(*Nyāyasūtra*,約2世紀)代表了印度邏輯學的第一次系統闡述。"因明"的第一次系統闡述,則見於上述《瑜伽師地論》的"因明處"(*Hetuvidyāsthāna*)這一章。其中對"因明"的定義爲:

> HV 0 (Yaita 2005: 98): *hetuvidyā katamā. parīkṣārthena yad vidyamānaṃ vastu.* 藏譯: *gtan tshigs kyi rig pa gaṅ źe na | brtag pa'i don du yod pa'i daṅ*

〔4〕 見 XYJ 876c17–21,參見 Li 1996: 55–56。

po gaṅ yin pa ste | (HV_{Tib} 214b6)漢譯：云何因明處？謂於觀察義中諸所有事。(HV_{Ch} 356a11－12)

日譯：論理の学問(因明 *hetuvidyā*)とは何か—[物事を正しく]考察するためにある事柄である。

今譯：什麼是因明？[這門學問探討]任何與[批判性]考察這一目的有關的實際的事項。筆者建議的英譯：What is *hetuvidyā*? [It treats] whatever existent factors related to the aim of [critical] examination.〔5〕

然而,這一章只是當時種類繁多的辯論手冊之中的一種。這一章對於當時的印度邏輯學還談不上有什麼實質性的貢獻。

邏輯學能夠恰如其分地稱爲"佛教的"邏輯學,這還要歸功於大約一個多世紀以後的佛教哲學家陳那在該領域作出的獨特思想貢獻。〔6〕正是陳那撰寫了一系列關於邏輯學的重要著作。在這些著作中,最早是《因輪抉擇論》(*Hetucakraḍamaru*),繼而是《正理門論》,最後是《集量論》。〔7〕陳那通過這些著作發展出來的推理理論,標誌著印度邏輯向形式邏輯的理念邁進過程中的重要一步。所謂"形式邏輯"(formal logic),是指這樣一種能以一般的方式(in a general way)將各種論證評價爲可靠(reliable)或不可靠的理論。陳那以後的印度哲學家,不論其所屬的宗派、所持的立場若何,都不得不將陳那的邏輯學與知識論學説,納入他們的思想視域,才能在這方面有新的進展。他們當中有的接受陳那的學説,有的則持批判、反對的立場,但無論如何,没有一位能繞過陳那。因此,陳那被當代學者譽爲"[印度]中世紀邏輯學之父"(the father of mediaeval

〔5〕日譯見 Yaita 2005：22,英譯參見 Wayman 1999：5。值得注意的是,窺基《瑜伽師地論略纂》(YJSDLLZ 93b10－12)提到:"謂'觀察義中諸所有事'者,所建立法名'觀察義',能隨順法名'諸所有事','諸所有事'即是因明,爲因照明'觀察義'故。"若根據這一解釋,"因明"的"因"就不是邏輯理由(reason)的意思,而是認識者產生有關"觀察義"(認知對象)的認識的原因(cause),即了因(**jñāpakahetu*, apprehensive cause)。

〔6〕"陳那"是"陳那迦"的縮寫(見 ZYS 4.27a1)。"陳那迦"是梵語 *diṅ-nā-ga* 的音譯。*diṅ-nā-ga* 是 *dignāga*(域龍、方象)一詞根據梵語詞内連聲規則的另一種發音。"陳"在現代漢語普通話中的發音爲 *chén*,而在公元 600 年前後長安地區的發音則被構擬爲/ *ḍʼi̯ĕn*/(見 Karlgren 1957：106－107,陳 373a),對應於 *diṅ-nā-ga* 中的 *diṅ-*。現在的閩南語中,"陳"仍保留了類似的發音,仍以濁齒音起始。感謝余柯君博士(復旦大學)向我解釋"陳"字讀音的古今演變!

〔7〕關於陳那的生平和著作編年順序,見 Frauwallner 1959。

logic）。〔8〕

東亞因明傳統的主要奠基人是玄奘及其弟子。儘管在玄奘以前，已有至少兩部關於邏輯學的文獻被翻譯成爲漢語，即《方便心論》（* *Prayogasāra / Upāyahṛdaya*，T32，no. 1632）和《如實論》（* *Tarkaśāstra*，T32，no. 1633）。兩書先後於 472 年和 550 年譯出。〔9〕 這兩部著作對當時中國人的影響幾近於無。而當玄奘於 645 年抵達長安的時候，他從印度帶回了 657 部著作。其中，有 36 部是關於邏輯學的。〔10〕 不過，這當中，僅有 2 部被玄奘及其團隊翻譯成爲漢語，即商羯羅主的《入正理論》（647 年譯出）和陳那的《正理門論》（650 年譯出）。在翻譯兩書的同一時期，在 646—648 年，玄奘還翻譯了《瑜伽師地論》。〔11〕 很有可能，《入正理論》和《正理門論》的翻譯，是爲了配合《瑜伽師地論》的翻譯，爲其中的"因明處"一章提供補充材料，從而幫助譯場中人更好地理解這門陌生的學問。〔12〕

事實上，"因明"這一名稱在現存的印度邏輯學文獻中，僅見於上述《瑜伽師地論》。我們尚無法確認，陳那和商羯羅主在他們的著作中的確使用過 *hetuvidyā* 一詞或它的某種形式。從現有材料來看，陳那和商羯羅主似乎從未用它來命名自己的學説體系。〔13〕 漢譯《因明正理門論》和《因明入正理論》題名中的"因明"兩字，應該是玄奘本人所加。這或許是爲了表明二論作爲瑜伽行派的論典，以《瑜伽師地論》爲宗，是秉承了該書"因明處"的思想學説，儘管二論所闡述的學説與"因明處"的學説之間實際上差别很大。

在佛教瑜伽行派的東亞傳統即"法相宗"中，《瑜伽師地論》毫無疑問是最

〔8〕 Vidyabhusana 1921：270。

〔9〕 見 Lü 1980：84。

〔10〕 見 XYJ 946c15－22，參見 Li 1996：348；亦見 CEZ 252b14－c12，參見 Li 1995：173－174。

〔11〕 見 Lü 1980：80，84 及上注 2。

〔12〕 參見 Takemura 2011：26－31。

〔13〕 在漢譯《正理門論》本文中，"因明"一詞出現過兩次——"舊因明師"和"破古因明論"（俱見 NMu 12）。二詞分别指過去的邏輯學家和（陳那本人）反駁過去的邏輯學理論的著作。但由於這兩處不存在對應的《集量論》段落或者梵文殘片，故而無從確定陳那原文的確使用過 *hetuvidyā* 一詞或它的某種形式。此外，在玄奘譯《觀所緣緣論》（*Ālambanaparīkṣāvṛtti*）中，還出現過"因明者"一詞。今勘該論藏譯及相關梵文材料，可知此"因明者"實即"因論師"（*gtan tshigs pa*，*haituka*）。《觀所緣緣論》所引"因明者"的因果定義，也屬當時印度學界常見的一種説法。筆者將另文專論，此不贅述。又據悉，《正理門論》現存唯一的梵文寫本，正由葉少勇先生（北京大學）進行研究。筆者期待這方面研究成果的公佈，以更新我們對本論的認識。

核心的論典。玄奘本人即"法相宗"的實際創始人。在玄奘傳播瑜伽行派佛學的生涯中,《瑜伽師地論》無疑佔有極核心、極崇高的位置。因此,或許可以説,採用"因明"(*hetuvidyā*)這個名稱,來總稱印度佛教關於推理和論證的思想學説,應該是玄奘本人爲與《瑜伽師地論》的命名法保持一致而作出的選擇。哪怕這個名稱實際上在印度、在陳那本人及其後學的著作中,遠没有"正理"(*nyāya*)或者"量論"(*pramāṇavāda*)來得重要,但它畢竟是《瑜伽師地論》採用的命名。玄奘或許是想通過這一命名來暗示這門學問實際上統攝在《瑜伽師地論》的整個思想框架之下。故而,我們不妨根據佛教邏輯學–知識論學派從南亞次大陸到東亞世界的各個傳統的自我理解,將這一學派的印–藏傳統稱爲"量論傳統"(*pramāṇa*-tradition),將玄奘開啓的整個東亞傳統稱爲"因明傳統"(*hetuvidyā*-tradition)。"量論傳統"與"因明傳統"之間,實際上存在著一系列的區别,有待進一步研究來充分説明。

在留學印度的時候,玄奘在不同場合,跟隨不同的老師,學習過很多遍《正理門論》《集量論》和《入正理論》。[14] 而且,在他將要離開印度歸國的時候,玄奘還運用一則推論,在戒日王(Śīlāditya)於曲女城(Kanyākubja)舉辦的大辯論會上,成功地爲瑜伽行派的觀念論主張作出了辯護。這一則著名的推論,就是"唯識比量"(inference of consciousness-only),後來又被譽爲"真唯識量"(truthful inference of consciousness-only)。因而,當玄奘翻譯《正理門論》和《入正理論》的時候,他針對這兩個文本,爲其翻譯團隊和弟子們提供了豐富的口頭闡釋(口義)。[15] 中國的第一代因明作家,正是誕生於這樣一個背景之下。他們爲《正理門論》和《入正理論》撰寫的注釋,正是基於玄奘關於因明的口義。如果我們考慮到玄奘在當時印度的求學經歷,我們完全可以想象他關於因明的口義有多麼豐富。出自中國第一代因明作家之手的著作,約有 20 餘部。然而,這些著作大多已經散佚。保存下來有一定篇幅的著作僅有 4 部,即神泰(約 7 世紀上半葉)的《因明正理門論述記》(缺後半部)、文軌(約 615—675)[16] 的《因明入正理論疏》(簡稱"莊嚴疏",後半部乃今人輯佚而成),以及略晚於文

---

〔14〕 見 Yang 2011: 17 – 18; Zheng 2007: 94 – 97。

〔15〕 見 ZYS 1. 2a2 – b4; Zheng 2007: 86 – 90。

〔16〕 文軌的年代據 Shen 2008: 3。又據日本學者石井公成和韓國學者李泰昇的研究,文軌很有可能與圓測一樣亦來自新羅,參見 Ishii 1990: 468; Moro 2007: 329, n. 24; Moro 2017: 1296(文軌名字的韓文讀法爲 Mungwe)。但現有的材料實際上還不足以確定文軌的國籍。這一問題尚待進一步研究。

軌的淨眼(7世紀)《因明入正理論略抄》和《因明入正理論後疏》。後兩書前後銜接,構成對《入正理論》全文的注釋。〔17〕這些著作是我們研究玄奘所傳因明學説的第一手材料。

窺基(632—682)作爲玄奘佛學的重要繼承人,屬於中國的第二代因明作家。他的《因明入正理論疏》不僅廣泛參考了第一代作家的著作,而且還整合了玄奘後來向他單獨傳授的内容。〔18〕這就使得該書成爲玄奘所傳因明學説的集大成之作。在因明傳統中,該書也因此被譽爲《因明大疏》(簡稱"大疏")。〔19〕窺基以後的因明著作,大多是對於《因明大疏》的注釋,或者是對其中若干專題的研究。不僅窺基的弟子慧沼(650—714)與再傳弟子智周(668—723)的著作如此,因明傳統的日本追隨者們的著作也大多如此。與窺基以前的因明著作相比,《因明大疏》要來得更爲系統和全面。當然,其中對問題的解釋也來得更爲錯綜複雜。總的來看,該書似乎帶有建立一個佛教邏輯學體系的目的。而窺基以前第一代因明學者的著作,現在與窺基的"大疏"相對,便被總稱爲"古疏"。與"大疏"相比,"古疏"並没有那麽強的體系性,而更像是當時徒衆聽受玄奘口義所記下的筆記。但是,我們也没有十分的把握,將《因明大疏》中不見於"古疏"的内容,全部歸屬於窺基本人,因爲窺基據説曾經得到玄奘後來的單獨傳授。事實上,如果看得更仔細一些的話,"古疏"與"大疏"之間

〔17〕見Shen 2008。

〔18〕參見Zheng 2007: 156-159和Zheng 2010: 4-7。《宋高僧傳》(SGSZ 725c17-726a1)載:"奘所譯《唯識論》,(基)初與昉、尚、光四人同受,潤色、執筆、檢文、纂義。數朝之後,基求退焉。奘問之,對曰:'夕夢金容,晨趨白馬,雖得法門之糟粕,然失玄源之醇粹。某不願立功於參糅,若意成一本,受責則有所歸。'奘遂許之。以理遣三賢,獨委於基,此乃量材授任也。時隨受撰録所聞,講周疏畢。無何,西明寺測法師亦俊朗之器。於《唯識論》講場得計於閽者,賂之以金,潛隱厥形。聽尋聯綴,亦疏通論旨。猶數座方畢,測於西明寺鳴椎集僧,稱講此論。基聞之,慚居其後,不勝悵怏。奘勉之曰:'測公雖造疏,未達因明。'遂爲講陳那之論。基大善三支,縱橫立破,述義命章,前無與比。"關於這則著名的故事,猶有可辨證者。一方面,這則故事的史源成疑。其中"此乃量材授任也"以前的文字,當係輾轉抄自窺基在《成唯識論掌中樞要》(CWSLZZSY 608b29-c14)中的自述,但與窺基的原意恰好相反。比較上段中窺基的話"某不願立功於參糅"與《成唯識論掌中樞要》中窺基的原話"不立功於參糅,可謂失時者也"(CWSLZZSY 608c7-8)即可知。事實上,《成唯識論》正是一部在窺基的建議下完成的"參糅"之作。但另一方面,這則故事也從一個側面反映了後人對窺基在因明方面成就("大善三支,縱橫立破")的深刻印象。

〔19〕不過,窺基未及完成《因明大疏》便已辭世。"能立法不成"以下大約全書六分之一的部分,乃窺基弟子慧沼在窺基逝世以後續成。

的差異並不能完全用窺基本人的發揮來解釋。區分《因明大疏》中的哪些内容來自於玄奘,哪些是窺基本人的發揮,這仍是一項艱巨的工作。無論如何,《因明大疏》與各種"古疏"之間的對照閲讀,極有助於我們認識因明傳統的不同歷史層次和學説層次。

事實上,因明傳統並不專屬於中國。更準確的説,它是佛教邏輯學-知識論學派在整個東亞世界(中、日、韓三國)範圍内的分支。一方面,早在玄奘從印度回到長安之初,在長安就已經有來自新羅(都今韓國慶州)的傑出學僧,如著名的圓測(Wŏnch'ŭk,613－696)。圓測後來成爲玄奘的弟子,屬於中國的第一代因明作家。來自新羅的道證(Tojŭng,約640—710)〔20〕,從學於圓測門下,學成以後返回故鄉。太賢(T'aehyŏn,735—744年間活躍)是道證在新羅的弟子。此外,還有著名的元曉(Wŏnhyo,617—686)。雖然元曉從未到過中國,但他毫無疑問是一位思想敏鋭的因明學者,以其針對玄奘"唯識比量"的"相違決定量"而著稱於世。上述四位新羅學者都撰寫過因明著作。另一方面,因明又通過日僧道昭(Dōshō,629—700)和玄昉(Genbō,?—746)傳佈到了日本。兩人都曾在中國留學。道昭是玄奘的弟子,玄昉是智周的弟子。道昭和玄昉各自開啓了日本因明研習的南寺傳(Nanji den)和北寺傳(Hokuji den)。〔21〕在中古時期日本的因明學者中,最著名的莫過於善珠(Zenju,723—797)和藏俊(Zōshun,1104—1180)。善珠撰有《因明論疏明燈抄》(*Inmyō ronsho myōtō shō*,簡稱"明燈抄"),藏俊撰有《因明大疏抄》(*Inmyō daisho shō*,簡稱"大疏抄")。這兩部卷帙浩繁的著作是我們今天研究因明不可或缺的參考資料。《明燈抄》是窺基《因明大疏》的全文注解,《大疏抄》是《因明大疏》的分專題研究。兩書爲了説明窺基的觀點,前前後後大量引用了窺基以前和以後因明學者的殘章斷句,特别是窺基以前第一代因明作家的文字。而被引用的著作,現今已大多不存於世,僅見於日本因明著作尤其是《明燈抄》和《大疏抄》兩書的援引。

唐代(618—907)見證了因明在中國的黄金時代。據統計,唐代一共産出了大約78部因明著作。其中一些還出自當時在中國的新羅學僧之手。儘管其中大部分著作今已不存於世,僅從數量上來看已頗爲驚人,足以説明當時的中國人對於來自印度的推理和論證理論曾一度有多麼癡迷。然而,佛教邏輯引入

〔20〕年代據 Moro 2015c:112。

〔21〕見 Takemura 2011:58－62。南寺傳和北寺傳之間在唯識和因明學説上的分歧,見《法相燈明記》(HTK)。

中國,以及中國人對這門學問的研究,與中國本土有關邏輯的各種思想,與先秦以來的名學和辯學思想之間,既不存在任何理論關聯,也不曾發生過實質性的互動。在中國,對於佛教邏輯的研習,在唐武宗會昌五年至六年(845—846)的滅佛運動以後,便隨著法相宗的衰落而衰落。[22] 在玄奘的指導或者説"護持"之下寫成的中國第一代和第二代因明作家的著作逐漸在中國銷聲匿跡。以至到了明代(1368—1644),當時的知識分子對因明重新發生興趣的時候,他們的手邊没有一部唐代的因明著作可以參考。這一窘境就使得明代的因明著作存在這樣和那樣的問題。據統計,約有 18 部因明著作撰寫於宋代(960—1279),約 6 部因明著作撰寫於明代。[23]

相比之下,因明傳統在日本從未有過中斷。唐代諸師的因明著作在日本得到了保存和孜孜不倦的研究。據統計,到 20 世紀早期爲止,日本的學僧一共撰寫了大約 289 部因明著作。[24] 這一數量是非常驚人的。也正是要感謝日本歷代學僧的努力,因明在近代又重新回到了中國。窺基的《因明大疏》從日本回到故土,於 1896 年在金陵刻經處重新刊行,標誌著因明研究在近代中國復興的開端。[25]

事實上,玄奘雖然不是佛教邏輯學文本的唯一翻譯者,但他的確是唯一一位在中國(漢地)傳播佛教邏輯學並取得成功的人。在中古中國,除了爲數不多的翻譯過來的文本以外,玄奘幾乎是有關印度佛教邏輯學的一切信息的源頭。當然,翻譯過來的文本中,大部分也正是出自玄奘的翻譯團隊,在玄奘的指導下完成的。唐代的所有因明著作,都直接或間接地基於他的口義。而後來中日韓三國的學者,如果研究因明而不回溯到唐代的因明著作,便如同盲人摸象,不可能取得任何實質性的成果。對於今日的因明研究者而言,仍可以奉爲金科玉律的是:中國的第一代和第二代因明作家的著作,是一位嚴肅的研究者認識和理解因明最有價值的一手文獻,哪怕這些著作之間,時常可見這樣或者那樣

[22] 參見 Takemura 2011:56。

[23] 令人欣喜的是,明清因明著作的發現和整理工作目前正在進行中,這將刷新我們對這一時期因明研究的認識。Chen & Chien(2021)校勘編訂了四部新發現的明清因明著作,Chen(2021)是基於新材料的綜述。

[24] 上述各項統計,皆依據 Takemura 2011:356 – 346 的"中國・日本的因明學者及其著作一覽"。

[25] 關於因明研究在近代中國的復興,見 Zheng 2007:292 – 358 和 Aviv 2015。關於當代中國的因明研究,見 Zheng 2007:359 – 506。

的不一致之處。

如上所述,《正理門論》和《入正理論》是東亞因明傳統的兩大根本典籍。《入正理論》的作者商羯羅主據説是陳那的弟子。[26] 他的《入正理論》也正是追隨了《正理門論》的整個理論框架,是基於陳那理論的一部邏輯學入門手冊。因而可以説,上述兩大根本典籍的主要内容即陳那的邏輯學–知識論學説。但是,玄奘所傳的因明學説實際上並不限於這兩部根本典籍中闡述的内容。玄奘甚至根據陳那晚期的集大成之作《集量論》,有時還從陳那以後印度本土新出現的理論進展的角度,來重新闡釋陳那早期的《正理門論》和商羯羅主的《入正理論》。[27] 與此同時,大約在 7 世紀的印度,法稱以對陳那進行重新詮釋的方式,全面革新了佛教的邏輯學–知識論學派。經過他的革新,佛教邏輯學逐漸剝離了各種辯論術方面的考慮,而同時存在論和知識論的意味則被加强。正是法稱的邏輯學和知識論,在此後直至 13 世紀消亡的印度佛教中,一直被奉爲佛教邏輯學–知識論學派的主流思想,得到傳承和弘揚。他的著作還傳播到了西藏,構成了藏傳佛教邏輯學的理論基礎。在印度和西藏的量論傳統中,法稱毫無疑問是實質上最核心的人物。法稱的影響如此之大,以至以後的學者都習慣借他的眼睛來看陳那。然而,法稱的名字在中國,直到義淨的時候才被提到。尚無證據可以表明,他對整個因明傳統有過任何影響。因此,作爲一項工作假設(working hypothesis),佛教邏輯學–知識論學派的因明傳統,可以視爲主要是傳承了法稱以前的印度佛教學者的陳那解釋,是一個尚未受到法稱影響的陳那傳統。

實際上,陳那以後、法稱以前印度的大部分佛教邏輯學著作都已經散失。這些著作爲法稱的巨大成功所掩蓋。我們關於陳那和法稱之間印度佛教邏輯學曾有過什麽發展和變化的認識,在很大程度上取決於我們從因明傳統之中得到的信息。但需要注意的是:一方面,在缺少印度方面任何一種形式的文獻學證據印證的情况下,我們並無十分的把握將因明傳統對印度理論的記述和解釋看作印度歷史上真實發生過的事情;而另一方面,當我們無法在現有文獻中找出證據來證明因明中某項理論的印度來源的時候,我們也同樣没有十分的把握將這項理論毫無批判地視爲佛教邏輯學在中國的新發展。在很多情况下,我們都無法確切地區分,在因明傳統中,哪些是印度的,哪些是中國的。這條邊界其實相當模糊。

---

〔26〕 見 YMDS 13/91c26 – 92a1。

〔27〕 詳見 Tang 2016 及本書第二章。

二、以“能立”爲核心的基本理論框架

《正理門論》和《入正理論》的基本理論框架,與《集量論》以及量論傳統中的許多著作都不相同。前兩部著作採用了一個在因明傳統中稱爲“二益八門”(two benefits with eight topics)〔28〕的理論框架。後一類量論傳統的著作則大多採用“二量”的理論框架。所謂“理論框架”,即一門學科對於自身所要探討的基本主題的界定。當然,一個框架中的各項主題之間又有主次、輕重之别。在一個框架中,什麼主題被置於首要地位,從一個很重要的方面表現了該框架的基本致思方向,及其核心思想任務所在。

“二益八門”的理論框架在《入正理論》的開篇詩中概括如下:

> NP 1: *sādhanaṃ dūṣaṇaṃ caiva sābhāsaṃ parasaṃvide* ǀ *pratyakṣam anumānaṃ ca sābhāsaṃ tv ātmasaṃvide* ǁ 古譯:能立與能破　及似唯悟他,現量與比量　及似唯自悟。(NP_{Ch} 11a28－29)
>
> 今譯:正是演證、反駁與它們的虛假型態(*ābhāsa*)是爲[令]他人知曉。知覺、推論與它們的虛假型態則是爲[令]自己知曉。〔29〕

“二益”(二種利益),即(i)“悟他”(*parasaṃvid*):向他人傳遞知識;(ii)“自悟”(*ātmasaṃvid*):使自己獲得知識。在這兩種目的之下,又各有四項有待研究的主題。在“悟他”之下有:(1) 演證(*sādhana*,能立,demonstration)、(2) 反駁(*dūṣaṇa*,能破,refutation)、(3) 虛假的演證(*sādhanābhāsa*,似能立,pseudo-demonstration)及(4) 虛假的反駁(*dūṣaṇābhāsa*,似能破,pseudo-refutation)。在“自悟”之下有:(5) 知覺(*pratyakṣa*,現量,perception)、(6) 推論(*anumāna*,比量,inference)、(7) 虛假的知覺(*pratyakṣābhāsa*,似現量,pseudo-perception)以及(8) 虛假的推論(*anumānābhāsa*,似比量,pseudo-inference)。因而,一共有八項主題,稱爲“八門”。

“二量”的理論框架包含(i)“現量”和(ii)“比量”。“比量”進一步分爲兩種類型:以自己爲目的的推論(*svārthānumāna*,爲自比量,inference for oneself)和以他人爲目的的推論(*parārthānumāna*,爲他比量,inference for others)。“爲自比

---

〔28〕 在本書各章前身的逐篇論文中,“二益八門”均作“二義八門”(two goals with eight topics),乃出自未經核實的過度聯想。承陳帥博士(湖南大學)惠予指出,現一併改正。謹此致謝!

〔29〕 參見 Tachikawa 1971: 120。

量”指未經言語表達出來、作爲一個内心思維過程的推論，對應於上述“二益八門”框架中的“比量”。“爲他比量”指推論的言語表達，對應於上述框架中的“能立”。爲他比量與能立相當於我們今天所謂的論證，即“具有一定結構、用於表現一則推論的一組命題”(a structured group of propositions, reflecting an inference)。[30]

總的來看，“二益八門”的框架與“二量”的框架之間最主要的不同可概括爲以下三點：(1) 二益八門的框架展現各項議題的順序通常是：能立、似能立、現量、比量、似現量、似比量、能破和似能破。[31] “二量”框架的順序通常是：現量、爲自比量和爲他比量。(2) 在“二益八門”的框架中，能立和似能立，即推論的語言表達(論證)及其各種錯誤的情形，是理論闡述的最核心內容。在《正理門論》和《入正理論》兩書中，能立和似能立的闡述皆佔據了最大的篇幅，而比量則被一筆帶過。[32] 然而，在“二量”的框架中，現量、爲自比量和爲他比量三個主題都得到各自應有的充分闡述，沒有誰是誰的附屬。作爲一個思維過程的爲自比量與作爲它的言語表達的爲他比量，兩者均得到同等的關注。在“爲自比量”的部分，詳論基本的推論規則“因三相”；“爲他比量”的部分，則給出其中各個命題(支分)的定義，以及對應各“支分”的過失種類。兩個部分，各有側重。(3) 在“二益八門”的框架中，對現量的闡述也極爲簡短。在“二量”的框架中則構成一個重要的主題，並得到充分闡述。

這裡，我們主要關注上述第二點差異，即這兩個理論框架對於推論(比量=爲自比量)及其表達爲一定語言形式的論證(能立=爲他比量)，在邏輯學中各自地位的不同理解。實際上，不論“二益八門”框架中比量與能立的區分，還是“二量”框架中爲自比量與爲他比量的區分，均大致相當於今日邏輯學中推論與論證的區分(inference / argument distinction)。比量、爲自比量相當於推論，能立、爲他比量相當於論證。具體來看，在推論、論證這對區分中，“二量”與“二益八門”這兩個框架各自強調的重點又有不同。

在“二量”的框架中，唯有爲自比量被視爲真正意義上的比量(推論)，而爲他

---

〔30〕 Copi & Cohen 2005：7。

〔31〕 這是《入正理論》的順序，《正理門論》的順序稍有不同。其中，“似現量”的討論緊跟在“現量”的討論之後，“似比量”則未有專門討論。

〔32〕 從篇幅上來看，在《正理門論》中，“能立”與“似能立”兩部分佔了全書將近一半的篇幅，在《入正理論》中，佔了全書五分之四的篇幅。相比之下，“比量”和“似比量”兩部分僅佔《入正理論》約百分之五的篇幅。“比量”的部分僅佔《正理門論》約百分之三的篇幅，而“似比量”在該書中並未專門提到。

比量僅在某種間接的意義上才稱爲"比量"。這是因爲,在"二量"的框架中,一則推論的語言表達並不被視爲直接意義上的推論,它本身只是一則語言表達而已。立論方自己心中先已作出的一則推論(爲自比量),以及通過相應的語言表達,想要在對手心中引發的同一則推論(爲自比量),才是真正意義上的比量。從因果關係的角度來看,語言表達是原因,對手心中被引發的那一則比量則是結果。正如法稱所説:"結果所具有的['比量'這一]名稱[現在被應用]到[它的]原因之上的緣故"(*kāraṇe kāryopacārāt*,NB 3.2,王森譯: 此於因位,安立果名)。作爲原因的語言表達(爲他比量),僅僅是根據它的結果(爲自比量)來命名,才稱爲"比量"。因而,唯有爲自比量是真正意義上的比量,爲他比量只是因爲起到了傳遞爲自比量的作用,才稱爲"比量"。這就意味著: 唯有推論是真正意義上的比量,因而是一種"量",即"有效認知的手段",而論證只是這一手段在語言層面的承載者。在"二量"的理論框架中,在推論與論證兩者之間,唯有推論被賦予了獨立的知識論含義,是人類理性認識的直接體現,而論證只是"分有"了推論的知識論含義。

這一思想最早可以追溯到陳那的《集量論》。陳那在印度邏輯史上首次提出爲自比量與爲他比量這對區分的時候,便已明確意識到了兩種比量之間的這種主次之分。在該書第三章"爲他比量品"的開頭部分,陳那便鄭重提出:

> PSV *ad* PS 3.1ab (K124b3－4＝V40b1－2, Kitagawa 1985: 470,3－7):
> *ji ltar raṅ la tshul gsum pa'i rtags las rtags can gyi śes pa skyes pa de ltar gźan la tshul gsum pa'i rtags las rtags can gyi śes bskyed par 'dod nas tshul gsum pa'i rtags brjod pa ni gźan gyi don gyi rjes su dpag pa ste* | *rgyu la*[a] *'bras bu btags*[b] *pa'i phyir ro* ‖ ([a] *la* PSṬ$_{Tib}$ 153a1: *las* K, V. [b] *btags* PSṬ$_{Tib}$ 153a1: *brtags* K,V.)
>
> 今譯: 正如在自己這裡,從具備三相的[推論]標記(*rtags*, *liṅga*,相),產生了對有標記者(*rtags can*, *liṅgin*,有相,即所立法 *sādhyadharma*)的認識;在他人那裡,也想要這樣從[同一個]具備三相的[推論]標記,產生[相同的]對有標記者的認識的情況下,對於[這個]具備三相的[推論]標記的表達(*brjod pa*),就是爲他比量(*gźan gyi don gyi rjes su dpag pa*,以他人爲目的的推論)。[這一語言表達也稱爲"比量",這是]由於[通過這一表達,在他人心中產生的]結果(*'bras bu*, *kārya*)所具有的["比量"這一]名稱(*btags pa*, *upacāra*,假立言説)[現在被應用]到[它的]原因(*rgyu*, *kāraṇa*)之上的緣故。〔33〕

〔33〕 參見 Kitagawa 1985: 127 和 Potter 2003: 343。感謝 Tom J. F. Tillemans 教授提醒我注意量論傳統對比量的這一重要觀點!

相比之下,在“二益八門”的框架中,正是能立(*sādhana*)即論證,構成了理論探討最重要的關注點,而比量即作爲一個思維過程的推論,只是附帶地、簡短地被提到。在論述比量規則的時候,一般是回指到能立的規則上面,指出與能立的規則相同因而不再展開。正如《入正理論》在論述比量的規則時説道:“言比量者,謂藉衆相而觀於義。相有三種,如前已説。”(NP 4,T32,no.1630,12b29 – c2)。便暗示了在該書中,比量只是作爲能立的附屬或未經言表的形式而得到闡述。同樣值得注意的是,《正理門論》開篇第一句話就説道:“欲簡持能立、能破義中真實,故造斯論。”(NMu 0)可見,闡述能立和能破,即論證與反駁,是本論的核心任務。該書在結束現量與比量兩部分論述的時候還説道,“已説能立及似能立”(NMu 8.3)。這一結語耐人尋味,似乎也暗示了本論關於現量和比量的討論只是有關能立、似能立的討論的附屬或者延伸。儘管我們還無法確定這兩句話究竟是《正理門論》梵本的原文,還是譯者玄奘本人的補充,無論如何,這兩句話仍可以視爲體現了佛教邏輯學–知識論學派的因明傳統對於推論與論證之間關係的基本理解。

正如窺基在下述引文中所説的那樣,唯有論證才是真正意義上的能立(means of proof,確立一個主張的手段),推論對於構造這樣一個能立而言,只是各項準備性步驟(立具)之一。窺基説道:

> YMDS 83/96b11 – 15:立義之法:一者真立,正成義故。二者立具,立所依故。真因喻等,名爲真立。現比二量,名爲立具。故先諸師,正稱能立。陳那以後,非真能立,但爲立具,能立所須。
>
> 今譯:證成某一屬性(*artha*,義[34])[存在於某一主項]的方法[包括]:首先,真正意義上的能立(真立,a genuine demonstration),因爲它是對於該屬性的直接證成。第二,是[構造一個]真立的各項手段(立具,instruments for demonstrating),因爲它們是能立(=真立)的基礎。真實的理由(因,*hetu*)與[真實的]例證(喻,*dṛṣṭānta*),[合起來]稱爲[一個]真正意義上的能立。知覺(現量)和推論(比量),作爲兩種有效認知的手段(*pramāṇa*,量,means of valid cognition),稱爲[構造一個]“真立”的手段。因此,[陳那]以前的諸多學者,將[知覺和推論也]正式稱爲“能立”。[但

[34] 這裡的“義”是屬性(attribute)的意思,與“體”(entity)相對。“體”“義”的區分,以及“有法”(*dharmin*, property-possessor)、“法”(*dharma*, property)的區分,對應西方邏輯中主項、謂項的區分。此外,漢語佛典中的“義”以及對應的梵語 *artha* 還有許多其他含義,如意義、目的、對象等。

是,它們]在陳那以後,便[不再被視爲]真正意義上的能立,而僅僅是[構造一個]真立的各項手段,因爲它們[僅僅]是[構造]一個能立(=真立)的各項準備性步驟(能立所須,preparatory steps for [constructing] a demonstration)。

在本段討論中,窺基回溯到了印度邏輯學中"能立"(*sādhana*)一詞的最一般含義"證成一個主張的手段"。這一含義直接對應於該詞的詞源含義"成立(*SĀDH*)的手段(*-ana*)"。在陳那以前的邏輯學文獻中,的確有許多要素都歸在最一般含義的"能立"概念中。其中,便包括現量和比量。例如,《瑜伽師地論·因明處》《顯揚聖教論》(**Āryaśāsanaprakaraṇa*)以及《大乘阿毘達磨集論》(*Abhidharmasamuccaya*)三書都主張有八種"能立"(儘管具體内容互有出入):

> HV 3.2 (Yaita 2005: 101): *sādhanam aṣṭavidhaṃ katamat. pratijñā hetur udāharaṇaṃ sārūpyaṃ vairūpyaṃ pratyakṣam anumānam āptāgamaś ca.* 古譯:能成立法有八種者:一立宗、二辯因、三引喻、四同類、五異類、六現量、七比量、八正教量。(HV_{Ch} 356c17-19)
>
> 《顯揚聖教論》:能成法八種者:一立宗、二辯因、三引喻、四同類、五異類、六現量、七比量、八至教。(*ĀŚP 531c17-18)
>
> AS 105,2-3: *sādhanāni aṣṭau | pratijñā hetuḥ dṛṣṭāntaḥ upanayaḥ nigamanaṃ pratyakṣaṃ anumānaṃ āptāgamaś ca* ‖ 古譯:能成立有八種:一立宗,二立因,三立喻,四合,五結,六現量,七比量,八聖教量。(AS_{Ch} 693b28-c1)

在上述"八能立"的分類中,無論哪一個版本的"八能立",都對於"能立"作爲一種手段所服務於的那樣一種"證成"採取了廣義的理解:

> 廣義的"證成"(justification):一個主張的"證成",既可以是知識論意義上的證成(認知主體對一個主張基於一定證據的確證),也可以是辯論術意義上的證成(説服對手接受這一主張)。

基於這一廣義的"證成"概念,作爲知識論意義上的"證成"的手段者,便可以有現量、比量和正教量(聖教量);作爲辯論術意義上的"證成"的手段者,便可以有宗、因、喻、同類、異類乃至合、結諸要素。我們可以將對應這一廣義"證成"概念的能立,稱爲廣義的"能立"概念,即:在任何一種意義上(知識論或者辯論術)證成一個主張的手段。

與這一廣義的"能立"概念相比,窺基提出的"真立"(真正意義上的能立),便可以視爲一種狹義的"能立"概念。狹義之"狹",在於縮減了對於"證成"的理解。從廣義的"能立"概念到狹義的"能立"(真立)概念的過渡,實際上基於對"證成"採取一種狹義的理解:

> 狹義的"證成":一個主張的"證成",現在被等同於在一場辯論中説服對手接受這一主張,而不是認知主體對這一主張在知識論意義上基於一定證據的確證。

狹義的"能立"作爲"證成的手段",其"證成"便僅僅指辯論術意義上的"證成"。也正因此,宗、因、喻或者僅僅因、喻構成的一組語言表達式,才被認爲是真正意義上的能立(真立)。〔35〕而現量和比量,原先被視爲知識論意義上的"證成的手段",現在則被視爲辯論術意義上的"證成"的準備性步驟(立具),即立論方提出一個論證以前在思維中的預備環節。

《正理門論》和《入正理論》正是主張這樣一種狹義的"能立"概念,即宗(主張)、因(理由)和喻(例證)這三個語言表達構成的一個完整論證過程(三支論證式,three-membered argument)。〔36〕之前的文獻中歸在廣義的"能立"概念下的其他要素,雖然現在也不否認它們對於證成一個主張而言的貢獻乃至必要性〔37〕,但相對論證的語言表達而言,它們僅僅被視爲"立具",即構建一個能立的各項準備

---

〔35〕 至於"同類""異類"不再計入"真立",這是由於它們不過是"喻"的兩個方面,即"同法喻"和"異法喻"。"合"是對"因"的重複,"結"是對"宗"的重複。陳那將"五支作法"縮減爲"三支作法",便是删去了"合""結"兩支。參見 YMDS 50 – 51/94a3 – 12。

〔36〕 窺基在本段提到"真因喻等,名爲真立",將"宗"排除在"能立"之外,又涉及陳那後來在《集量論》中的新思想,詳見 Tang 2016: 101 – 106 及本書第二章。儘管如此,窺基本段的討論,仍適用於説明他乃至整個因明傳統對於能立與比量、對於論證與推論之間關係的基本理解。因爲,不論宗、因、喻意義上的"能立",還是因、喻意義上的"能立",都建立在將現量和比量排除在"能立"之外的基礎上。而且,宗、因、喻意義上的"能立"指一個完整的論證過程,因、喻意義上的"能立"指這一論證過程中起決定作用的那些要素("論證要素"[probative factor],見 Tang 2016: 106 – 109[亦見本書第二章])。這兩種含義的"能立"只是反映了對論證的兩種不同理解,但都與論證密切相關。

〔37〕 參見《正理門論》(NMu 8.1):"如是應知悟他比量(=能立)亦不離此(=比量)得成能立。"以及《因明大疏》(YMDS 52/94a12 – 13):"立論者之現量等三,疏有悟他,故名能立。敵論者之現量等三,親唯自悟,故非能立。"然而,《因明論疏明燈抄》(IRMS 224a13 – 15)對《大疏》本句的注釋則指出:"立敵之人現量等三,皆唯自智,不發言故,不得悟他,但是立具,非正能立。"今疑《大疏》本句"故名能立"之"故",或係"古"字以形、音皆近而訛。參見窺基《瑜伽師地論略纂》(YJSDLLZ 94a13 – 15):"立論之者現量等三,疎有悟他,古名能立。立敵之者,親唯自悟,故陳那等,不爲能立。"

性步驟(能立所須),而不再是“能立”。尤其是比量,現在也被排除在能立之外。這就意味著:唯有論證是對於一個主張的“證成”,而推論只是這種“證成”的輔助。

相比之下,在“二量”的框架中,唯有推論被視爲人類理性認識的直接體現,而論證只是人類理性認識在言語層面的承載者。在“二益八門”的框架中,唯有論證被視爲一場有效辯論的首要因素,而推論只是它的輔助。前者是從知識論的視角立論,後者是從辯論術的視角立論。兩者事實上並不矛盾。但由於視角不同,便使得雙方對於一系列問題的思考方式,乃至整個理論體系的建構,呈現出截然不同的面貌。〔38〕

從歷史上來看,玄奘曾在印度反復學習過《集量論》,他不會不知道《集量論》中爲自比量、爲他比量的著名區分,不會不知道“二量”的理論框架。〔39〕然而,不僅玄奘的學術傳人窺基,而且佛教邏輯學–知識論的整個東亞傳統,卻好像對於爲自比量與爲他比量這對概念非常陌生。〔40〕這有可能是因爲窺基確

---

〔38〕一個重要的例證就是雙方對“極成”(*prasiddha*)或“成”(*siddha*)的不同解釋。在因明傳統中,“極成”從辯論的視角被解釋爲辯論雙方的共同認可(主賓俱許、共許);而在法稱著作中,則被解釋爲知識論意義上的確認(*niścita*, ascertained,決定)。法稱還明確批評了將“成”理解爲“許”(*abhyupagama*, acceptance)的觀點。詳見 Tang 2015: 291 – 307 及本書第三章。

〔39〕據記載,玄奘曾在那爛陀寺跟隨戒賢(Śīlabhadra)學習過兩遍《集量論》,在憍薩羅(Kosala,中印度)跟隨一位嫻熟因明的婆羅門學習過大約一個月的《集量論》。見《大唐大慈恩寺三藏法師傳》(CEZ 238c28 – 239a1, 241b10 – 11),參見 Zheng 2007: 93 – 97。

〔40〕因明文獻中提到與“爲自比量”“爲他比量”類似的區分,據筆者所知,僅見於《因明大疏》的下述段落(YMDS 305/113b29 – c6):“如自決定已,悕他決定生,説宗法、相應、所立,餘遠離。(NMu k. 13 = PS 4. 6: *svaniścayavad anyeṣāṃ niścayotpādanecchayā | pakṣadharmatvasambandhasādhyokter anyavarjanam ‖* 見 Katsura[4]: 74, n. 3)此説二比:一自、二他。自比處在弟子之位。此復有二:一相比量,如見火相煙,知下必有火;二言比量,聞師所説比度而知。於此二量自生決定。他比處在師主之位,與弟子等作其比量,悕他解生。上之二句,如次別配。”今譯:“[《正理門論》説道:‘如果想要使他人產生確定(*niścaya*,決定)[的認知],如同自己確定[的認知]那樣,那麼,宗法性、[因與宗之間的邏輯]聯繫與所立[三者]的言語表達(*ukti*)以外的其他[言語表達]就應當避免’(參見 Tillemans 1999: 74,Tucci 1930: 44 和 Katsura[4]: 74)。這是説有兩種[類型的]比量:一是‘自比’,二是‘他比’。‘自比’發生在弟子的情況下。它又有兩種:一是‘相比量’(基於一定證據的推論,參見 *liṅgato 'numānam*[HV 3. 271,翻譯參見 Yaita 2005: 29 – 30; Wayman 1999: 19 – 20])。例如在觀察到煙作爲火[存在的]證據的情況下,就能知道[煙的]下面一定存在火。二是‘言比量’(基於一定言辭的推論)。[例如]在聽聞老師所説的話的情況下,就能通過[從老師的話進行]推論(比度),從而獲得知識。在這兩種[自比]量的情況下,就能[使]自己產生確定[的認知]。‘他比’發生在老師或主人的情況下,[老師或主人]向弟子等人,提出他[自己得到]的一則‘比量’,想要使他人(即弟子等)產生[確定的]理解。[《正理門論》這一頌的]前兩句,依次分別對應於[‘自比’和‘他比’]。”本段的“自比”和“他比”大致對應於“爲自比量”和“爲他比量”。

實不了解爲自比量、爲他比量的區分。也有可能是在他看來,“爲自”(*svārtha*)與“爲他”(*parārtha*)的區分完全對應於“二益八門”中“悟自”與“悟他”的區分,“爲自比量”與“爲他比量”的區分完全對應於“二益八門”中“比量”與“能立”的區分。至於爲自比量才是真正意義上的比量的思想,則在他看來並不重要。〔41〕假如我們再考慮到《入正理論》的作者商羯羅主,相傳爲陳那的弟子者〔42〕,的確知道陳那的《集量論》。〔43〕那麼,爲什麼商羯羅主還要採用“二益八門”的理論框架,爲什麼還要在《入正理論》的整個理論體系中給予“能立”(論證)以首要地位,更可能的解釋似乎就是:當時的印度學界就是從辯論術的視角而非知識論的視角,來理解、繼承與重組當時以陳那爲代表的印度佛教邏輯學–知識論學派的整個思想體系的。而這就構成了玄奘當時在印度學習和理解陳那思想的一個重要歷史背景。玄奘只是將這一辯論術的思想立場,在傳譯陳那的邏輯學–知識論思想的同時,一併傳來中國,傳給了他的弟子們而已。因而,東亞因明傳統所採取的辯論術的思想立場,極有可能反映了當時印度學界對於陳那邏輯學–知識論學說的理解方式。〔44〕

總之,正是論證(能立)而非推論(比量)構成了“二益八門”的理論框架的核心。因明傳統的學者,實際上就是在這一框架之下展開研究。因而,論證也就成爲了他們理論探究的首要關注點。在因明文獻中,絶大多數提到“比量”

---

〔41〕實際上,因明傳統的確承襲了某些來自《集量論》的重要理論要素,比如該傳統中的“能立”概念,見上注36。

〔42〕見YMDS(13/91c26–92a1):“商羯羅主,即其門人也。豈若蘇、張之師鬼谷,獨擅縱横。游、夏之事宣尼,空聞禮樂而已。既而善窮三量,妙盡二因。啟以八門,通以兩益。考覈前哲,規模後穎。總括綱紀,以爲此論。”

〔43〕因爲《入論》的有些表述,只能追溯到《集量論》而不見於《門論》或之前的著作。比如“如是多言,是遣諸法自相門故”一句(NP 3.1(9):*eṣāṃ vacanāni dharmasvarūpanirākaraṇamukhena*),便大致對應於《集量論》藏譯的如下句子:*'di yaṅ chos kyi raṅ gi ṅo bo daṅ 'gal bas sel ba'i sgo tsam źig bstan pa yin la* |(今譯:“而且,它們顯示爲僅僅與法的自相矛盾而被排除這一途徑”),“遣諸法自相門”對應 *chos kyi raṅ gi ṅo bo daṅ 'gal bas sel ba'i sgo*,見PSV *ad* PS 3.2(K125a5–6 = V41a1;Kitagawa 1985:472,14–15)。而且《入論》的四相違似因學説(NP 3.2.3),也只能追溯到《集量論》第三品第26–27偈及其釋論的相關論述,見PSV *ad* PS 3.26–27(K133b1–134a8 = V47b1–48a5),參見Kitagawa 1985:205–217。因此,認爲商羯羅主僅僅是陳那的早期弟子,而且並不了解陳那晚期的思想,這是不妥的,參見Yu 1989:1。

〔44〕當然,就佛教邏輯學–知識論從印度向中國的傳播而言,就東亞因明傳統的印度源頭而言,有太多的問題有待解答,有太多的謎團尚未解開。本段所述,在没有充足證據支撑的情况下,哪怕可以用來説明許多問題,也還只是一項有待證明的猜測。

或"量"的地方，實際上指的還是"能立"即一則論證。正如玄奘的"唯識比量"，實際上是指玄奘本人提出的一則對於"色不離識"的論證。

"二量"的框架關注推論，"二益八門"的框架關注論證，這從一個很重要的方面反映了印–藏量論傳統所採取的知識論的思想立場與東亞因明傳統所採取的辯論術的思想立場之間的根本差異。這是我們將佛教邏輯學–知識論學派的東亞傳統，稱爲"因明傳統"以區別於"量論傳統"的一種重要理由。

三、三支作法及其論證思路

按照古印度辯論的慣例，一則論證（能立）經常是在一場辯論中，在一位或一組見證者（*sākṣin*，證）監督的情況下，由一位立論者（*vādin*，立）向一位敵論者（*prativādin*，敵）提出的。在因明傳統中，一則好的論證的範例可以完整表述如下：

表一：三支作法〔45〕

宗：	*anityaḥ śabdaḥ* 古譯：聲是無常。 今譯：聲是無常的。
因：	*kṛtakatvāt* 古譯：所作性故。 今譯：因爲［聲］是所作的。
同法喻：	*yat kṛtakaṃ tad anityaṃ dṛṣṭaṃ yathā ghaṭādiḥ* 古譯：若是所作，見彼無常，如瓶等。 今譯：凡所作的都被觀察到（*dṛṣṭa*, observed，見）是無常，如瓶等。
異法喻：	*yan nityaṃ tad akṛtakaṃ dṛṣṭaṃ yathākāśam* 古譯：若是其常，見非所作，如虛空。 今譯：凡恒常的都被觀察到非所作，如虛空。

〔45〕 參見 NP 2.4：*eṣāṃ vacanāni parapratyāyanakāle sādhanam* | *tadyathā* | *anityaḥ śabda iti pakṣavacanam* | *kṛtakatvād iti pakṣadharmavacanam* | *yat kṛtakaṃ tad anityaṃ dṛṣṭaṃ yathā ghaṭādir iti sapakṣānugamavacanam* | *yan nityaṃ tad akṛtakaṃ dṛṣṭaṃ yathākāśam iti vyatirekavacanam* ‖ *etāny eva trayo 'vayavā ity ucyante* ‖ 古譯："如是多言開悟他時，説名能立。如説聲無常者，是立宗言；所作性故者，是宗法言；若是所作，見彼無常，如瓶等者，是隨同品言；若是其常，見非所作，如虛空者，是遠離言。唯此三分，説名能立。"（NP_{Ch} 11b19－23）今譯："對此等（宗、因、喻三者）的表達，在説服他者的時候，被説爲能立，如下：對宗的表達（宗）：聲是無常；對宗法的表達（因）：由於［聲］是所作；對同品跟隨［因法］的表達（同法喻）：凡所作的都被觀察到是無常，如瓶等；對［因法］遠離［異品］的表達（異法喻）：凡恒常的都被觀察到非所作，如虛空（*ākāśa*, ether）。唯有這三部分（三支）應被表達［爲能立］。"參見 Tachikawa 1971：121－122。最後一個方括號中的文字僅見於漢語古譯和依據漢譯的藏譯本。

在因明傳統中,一則論證(能立)包含三個命題,即宗(*pakṣa*, thesis)、因(*hetu*, reason)和喻(*dṛṣṭānta*, example)。由這三個命題(*trayāvayava*,三支)構成一則現代漢語學界稱爲"三支作法"的三支論證式(three-membered argument)。其中的"喻"又分爲"同法喻"或"同喻"(*sādharmyadṛṣṭānta*, positive example, "example by similarity")和"異法喻"或"異喻"(*vaidharmyadṛṣṭānta*, negative example, "example by dissimilarity")。在文獻中,通常唯有"同法喻"是不可缺少的成分,而"異法喻"往往省略。"同法喻"中,又唯有末尾舉出的實例"瓶等",因明中稱爲"同喻依"(basis of positive example)者,是不可缺少的。而之前的那個命題"若是所作,見彼無常",因明中稱爲"同喻體"(statement of positive example)者,由於很容易便能根據論證式的"宗"和"因"重構出來,也經常省略。故而,在因明文獻中,經常把"同喻體"或者"同喻依"直接稱爲"喻"。

在上述論證中,宗命題"聲是無常"可以視爲一個主謂結構的命題,謂項"無常"是對於主項"聲"的限定。這樣一種限定關係應當爲立論者所主張,同時爲敵論者所反對。正是因此,辯論才得以發生。主項"聲"也可以在間接的意義上稱爲"宗"(*pakṣa*),因爲它是宗命題的一部分。它的另一個名稱是"有法"(*dharmin*, property-possessor),因爲在立論方看來,它是謂項"無常"所指示的那種屬性(*dharma*,法)的具有者。謂項所指示的那種屬性(法),即無常性(*anityatva*, impermanence),稱爲"所立法"(*sādhyadharma*, property to be proved/inferable property),或直接稱爲"所立"(*sādhya*, the inferable)。我們如果用 P 來表示主項(*pakṣa*,宗),用 S 來表示謂項(*sādhya*,所立),則整個宗命題的邏輯形式便可以表述爲:$(x)(Px \rightarrow Sx)$。

爲了説服敵論者接受上述"無常"對於"聲"的限定關係,或者説"聲"對於"無常"的持有關係,立論者就必須要援引另外一種屬性。那種屬性必須被立、敵雙方共同承認爲主項"聲"所具有的屬性(法)。上述論證中的所作性(*kṛtakatva*, producedness)正是這樣一種屬性,它爲立論者所援引,以充當論證"聲是無常"的"因"(*hetu*, reason)。三支論證式的第二個命題"因爲[聲]是所作的"(所作性故, because of being produced),由於以"所作性"爲謂項,故而整個因命題,在因明中也可以稱爲"因"。但爲了與該命題的謂項"所作性"相區分,我們也可以將整個因命題稱爲"因言"(reason-statement),將謂項"所作性"稱爲"因法"(reason-property)。[46]

---

〔46〕 在梵語原文中,因命題僅僅是通過因法"所作性"一詞(*kṛtakatva*)的從格(ablative)形式 *kṛtakatvāt* 來表達,而因命題的主項"聲"則總是省略。對應的漢語古譯即"所作性故",也没有提到主項"聲"(見上表一)。但我們在刻畫整個因命題的邏輯形式時,必須要將主項"聲"補足。

我們如果用 H 來表示“因”(*hetu*)——“所作性”,整個因命題的邏輯形式便可以初步表述爲:$(x)(Px \rightarrow Hx)$。這裡,需要留意的是,因命題實際上暗含了一層存在含義(existential import),即:存在某個既體現了主項(P,“聲”)又體現了謂項(H,“所作性”因)的個體。因而,這層存在含義可以表達爲:$(\exists x)(Px \wedge Hx)$。[47] 將這層存在含義與上述因命題的初步邏輯形式進行合取,因命題的完整邏輯形式便可以表述爲:$(x)(Px \rightarrow Hx) \wedge (\exists x)(Px \wedge Hx)$。

接下來,爲了説明“因法”(所作性)與“所立法”(無常性)之間的邏輯聯繫,立論者就應當提出“喻”。“同法喻”和“異法喻”各自均由一個普遍命題(general proposition)[48] 與作爲這個一般命題的證據的若干個體組成。在因明文獻中,這樣一個一般命題稱爲“喻體”(statement of example),爲它提供證據的個體稱爲“喻依”(basis of example),而在梵語文獻中,無論命題還是個體,均一概稱爲“喻”(*dṛṣṭānta*)。“同法喻”和“異法喻”當中的一般命題,都是用來表現理由(H,因)與所立(S)之間的“不相離性”(*avinābhāva*, invariable concomitance)。“不相離性”關係是説:

> “不相離性”:在所立(如無常性)不存在的場合,理由(如所作性)也不存在。

---

〔47〕 參見 NP 3.2.1(4): *dravyam ākāśaṃ guṇāśrayatvād ity ākāśāsattvavādinaṃ praty āśrayāsiddhaḥ* ‖古譯:“虛空實有,德所依故,對無空論,所依不成。”(NP_{Ch} 11c15–16)今譯:“虛空是一種實體(*dravya*,實,substance),因爲[虛空]是屬性(*guṇa*,德,quality)的基體(*āśraya*,所依,substratum)。向主張虛空不存在的人[提出這一論證],[因法“德所依”]相對於[它的]基體(*āśraya*,所依,即主項)而言就不成立。”以及 NP 3.2.1(1): *śabdānityatve sādhye cākṣuṣatvād ity ubhayāsiddhaḥ* ‖古譯:“如成立聲爲無常等,若言是眼所見性故,兩俱不成。”(NP_{Ch} 11c12–13)今譯:“當所要論證的(*sādhya*,所立)是聲是無常的情況下,‘因爲[聲]是視覺對象(*cākṣuṣa*, visible)’[這一理由]對於[立、敵]雙方都不成立。”參見 Tachikawa 1971: 123–124; NMu 2.3; Tucci 1930: 14。NP 3.2.1(4)段落要求了命題$(\exists x)Px$必須爲真,整個因命題才成立。即要求了:存在某個體現因命題的主項(P,即該段所謂“虛空”)的個體。NP 3.2.1(1)段落則要求了命題$(\exists x)(Px \wedge Hx)$必須爲真,整個因命題才成立。即要求了:存在某個既體現了因命題的主項(P,即該段所謂“聲”)又體現了因命題的謂項(H,即該段所謂“眼所見”)的個體。本則注釋得益於與馮耀明教授的討論,謹此致謝!

〔48〕 “普遍命題”(general proposition)是對一定論域内存在的某種事態的概括。只有當這個論域是全集的時候,“普遍命題”才能夠成爲“全稱命題”(universal proposition)。簡言之,在陳那邏輯學中,“喻體”是“在[宗有法]以外的对象中概括得到的”(*bāhyārthopasaṃhṛta*),是一個普遍命題,但不是全稱命題。在法稱邏輯學中,“喻體”是“对一切进行概括”(*sarvopasaṃhāra*),既是普遍命題,又是全稱命題。見 Tang & Zheng 2016: 79–80(亦見本書第四章第二節)。

avinābhāva 一詞的藏譯 *med na mi 'byuṅ ba*(無則不生)便明確揭示了這層含義,即:[所立]無(*med na*, *vinā*),則[因]不生(*mi 'byuṅ ba*, *abhāva*)。[49] 因此,"不相離性"關係的邏輯形式便可以刻畫爲:$(x)(\neg Sx \rightarrow \neg Hx)$。"同法喻體"是從正面證據(positive evidence,如瓶等)的角度來揭示"不相離性"。以瓶等作爲例證,肯定了凡是理由存在的地方,所立也存在。其邏輯形式爲:$(x)(Hx \rightarrow Sx)$。"異法喻體"則是從反面證據(negative evidence,如虛空)的角度來揭示"不相離性"。以虛空爲例證,否定了在所立不存在的場合,理由仍然存在的可能性。其邏輯形式爲:$(x)(\neg Sx \rightarrow \neg Hx)$。[50]

然而,以上對"同法喻體"和"異法喻體"的形式化仍非常初步。假如我們看得更仔細一些的話,就不得不對它們作進一步的補充和修正。首先,"同法喻體"和"異法喻體"這兩個一般命題都限制在立論者與敵論者雙方不存在意見分歧的對象範圍以內。以上述表一所列的論證爲例,所謂不存在意見分歧,即就這些對象是無常還是恆常不存在意見分歧。它們當中的任何一個成員,或者被辯論的雙方共同承認爲無常,或者共同承認爲恆常,不存在一方承認爲無常而另一方承認爲恆常的情況。因此,"同法喻"和"異法喻"兩命題,儘管都以一種一般的方式對論域中的對象進行了概括,但實際上並非真正意義上的全稱命題(universal proposition)。因爲,兩命題所概括的論域,並不是一個無限制的全集(unrestricted realm of discourse),而是辯論雙方就"常"與"無常"問題,已形成確定的知識的對象範圍。[51] "同法喻體"並不是說:"凡所作的都是無常";而是說:"凡所作的都被觀察到/已觀察到(*dṛṣṭa*, observed,見)是無常。"[52] 立論者和敵論者就其常與無常,必定無法達成共識的對象,便是辯論的主項"聲"。正因爲雙方就"聲是否無常"發生分歧,辯論才得以發生。此

〔49〕 在窺基《因明大疏》中,有提到宗的主項與謂項之間"互相差別不相離性以爲宗體"(YMDS 131/100a10-16)。在印度邏輯中,"不相離性"一般用於刻畫兩種屬性之間的邏輯聯繫,而不用於刻畫個體(有法)與屬性(法)之間的關係。這裡取該術語在印度邏輯中的一般用法。

〔50〕 根據古典印度形上學,"虛空"(*ākāśa*, ether)是一種彌散在空間中的物質,屬於勝論派(Vaiśeṣika)的九種實體(*dravya*,實)之一,是傳遞聲音的介質。作爲一種基本實體,它是恒常的,而且並非由其他實體構造而成("非所作")。故而在"虛空"上,既不存在"無常性"(所立),也不存在"所作性"。印度邏輯學家經常用它來充當否定"無常性不存在的場合所作性依然存在"的一個例證。

〔51〕 見上注48。

〔52〕 見上表一,以及 Tang 2015: 304-306; Tang & Zheng 2016: 82(亦見本書第四章第三節)。

“聲”即指向辯論雙方就常與無常的問題,尚未形成確定的知識(見)的那一個或那一類對象。因而,如果一個對象滿足命題$(x)(Hx \rightarrow Sx)$(“對任一x,如果x所作的,x就是無常的”),並且辯論的雙方都能就此達成共識,那麼這個對象就不能是辯論的主項(P)聲。[53] 表達爲邏輯形式,我們就能將“同喻體”的形式進一步刻畫爲:$(x)(\neg Px \wedge Hx \rightarrow Sx)$(對任一$x$,如果$x$不是聲,並且是所作的,$x$就是無常的),將“異喻體”的形式進一步刻畫爲:$(x)(\neg Px \wedge \neg Sx \rightarrow \neg Hx)$(對任一$x$,如果$x$不是聲,並且不是無常的,$x$就不是所作的)。[54]

其次,一方面,“同法喻體”實際上包含了一層存在含義:至少存在一個對象,既體現了理由,又體現了所立。在上文表一的論證中,瓶正是這樣一個存在的個體,既體現了理由所作性,又體現了所立無常性。這層存在含義是爲了肯定理由與所立在實在世界中共同出現(co-occurrence)的可能性。通過一個實際存在的瓶,便體現了理由所作性與所立無常性在實在世界中的共同存在。這裡也需注意,這樣一個存在的對象同時體現所作性和無常性這一點,必須是辯論雙方的共識。[55] 尤其是該對象體現無常性這一點也必須是共識。因此,這一對象就不能是主項(*pakṣa*)聲本身。所以,我們可以將這層存在含義刻畫爲:$(\exists x)(\neg Px \wedge Hx \wedge Sx)$(存在$x$,$x$不是聲,並且$x$是所作的,並且$x$是無常的)。將這一存在含義與上述“同喻體”的邏輯形式進行合取,“同喻體”的完整邏輯形式便可以刻畫爲:$(x)(\neg Px \wedge Hx \rightarrow Sx) \wedge (\exists x)(\neg Px \wedge Hx \wedge Sx)$。另一方面,“異法喻體”則並不包含這樣一層存在含義。[56] 故而,“異法喻體”的完整邏輯形式就是:$(x)(\neg Px \wedge \neg Sx \rightarrow \neg Hx)$。[57]

---

〔53〕 參見 Zheng 2015:161－162。

〔54〕 當然,這裡仍默認了立、敵雙方處於一種理想的認知狀態,即:對於他們而言,聲是雙方在“常”、“無常”問題方面唯一發生分歧的對象。而實際上,我們完全可以設想,除了聲以外,仍有許多對象,是雙方在“常”“無常”問題方面尚未形成共識(見)的對象(見=“其敵、證等見”,YMDS 256/109c18－19,參見 Tang 2015:305)。無論如何,在上文表一所示的辯論情境中,唯一被主題化爲爭議對象的是聲,唯有它是該場辯論的焦點所在。見下注 63。

〔55〕 參見 NMu 5.3 論“同法喻中有法不成”(同喻所舉例證不爲辯論雙方共同承認爲存在的過失);NP 3.3.1(3)論“有俱不成”(由於辯論中一方不承認同喻所舉例證存在,因而理由與所立兩者均不被[辯論雙方共同]承認存在於其上的過失)。

〔56〕 參見 NMu 5.1:“由是雖對不立實有太虛空等,而得顯示無有宗處無因義成。”今譯:“由此,即便是對主張虛空不存在的人而言,[異法喻]也能顯示宗(所立)不存在的地方,理由(因)不存在是成立的。”參見 Tucci 1930:37;Katsura[4]:64。又見下注 62。

〔57〕 參見 Oetke 1994:24, $ES_{+eva}4$。

綜上所述,整個三支論證式的邏輯形式便能表達如下:

表二:三支作法的邏輯形式〔58〕

宗:	$(x)(Px \to Sx)$
因:	$(x)(Px \to Hx) \land (\exists x)(Px \land Hx)$
同法喻:	$(x)(\neg Px \land Hx \to Sx) \land (\exists x)(\neg Px \land Hx \land Sx)$
異法喻:	$(x)(\neg Px \land \neg Sx \to \neg Hx)$

由此可見,整個論證過程並没有體現任何一種演繹(deduction)的理念。爲了保證從"(同法)喻"命題與"因"命題的合取之中,能夠推導出結論"宗"來,必須要默認一點:

> 人類知識融貫性擴張的預設(presupposition of the coherent expansion of human knowledge):P 所代表的辯論主題,應當對"不相離性"關係($(x)(\neg Sx \to \neg Hx)$)爲真而言,不構成"唯一的例外"(a singular abnormal case)。〔59〕

然而,這只是一條預設(presupposition)而已。這條預設無法通過"同法喻"或者"異法喻"乃至兩者的合取來證明。"同法喻"和"異法喻",最多只能保證"不相離性"關係在 P 所指示事物以外的範圍内——例如,對除聲以外的所有個體而言——是有效的。在有其他證據確已證明辯論的主題對"不相離性"爲真構成"唯一的例外"的情況下,這條預設就必須被撤回。

在因明文獻中,對於這一論證思路背後的基本想法,存在如下解釋:

> ZYS 1.13b10 - 14a2:有法聲上有二種法:一不成法,謂無常;二極成法,謂所作。以極成法在聲上故,證其聲上不成無常亦令極成。

〔58〕 在本章的形式化中,P 代表 *pakṣa*(宗),如"聲";S 代表 *sādhya*(所立),如"無常性";H 代表 *hetu*(因),如"所作性"。此外,$(x)(\neg Px \land Hx \to Sx)$ 與 $(x)(\neg Px \land \neg Sx \to \neg Hx)$ 在邏輯上等值。感謝馮耀明教授提醒我注意這一點!因而,"同法喻體"實際上蘊含了"異法喻體",而後者並不蘊含前者。至於表一提到的"瓶等""虚空"之類個體,它們只是體現了"同法喻體"爲真或"異法喻體"爲真的實例。爲此,如果要對它們進行刻畫,我們只需要在表二的形式化方案之下再設定若干個體常項。比如用 a 來代表個體"瓶",我們就能得到 $\neg Pa \land Ha \land Sa$,讀作:瓶不是聲,並且瓶既體現了理由"所作性"又體現了所立"無常性",諸如此類。

〔59〕 見 Oetke 1996:474。

今譯：在屬性持有者（有法，property-possessor）聲上，存在兩種屬性（法，property）：一是尚未確立的（*asiddha*，不成，not established）屬性，即無常；二是得到最終確立的（*prasiddha*，極成，well established）屬性，即所作。由於得到最終確立的屬性（所作）存在於聲上的緣故，［立論者］便能論證尚未確立的［屬性］無常［也存在於］聲上，從而使得［無常相對於聲］也成爲得到最終確立的［屬性］。〔60〕

“聲是所作”，這爲辯論雙方所共同承認（共許）。因而，所作性相對於聲，就是一種得到最終確立的（極成）或得到確立的（成）屬性。而“聲是無常”則尚未得到辯論雙方的共同承認，尤其是爲敵論者所不承認。因而，無常性相對於聲，便是一種尚未確立的（不成）屬性。

同時，如果一個個體可用於檢驗所作性與無常性之間的“不相離性”關係，最低限度的條件就是：或者無常性，或者無常性的否定恆常性，兩者之中必有一種屬性，相對於這一個體而言是得到確立的。例如，瓶就是這樣一個個體，相對於它而言，不僅所作性而且無常性都是得到確立的屬性。〔61〕 虛空（*ākāśa*），根據印度的形上學，是一種實體，相對於它，不僅非所作性而且非無常性（恆常性）都是得到確立的屬性。〔62〕 因此，瓶和虛空便能歸在“同法喻體”和“異法喻體”的論域之中。“同法喻體”和“異法喻體”這兩個命題都是爲了表現“不相離性”關係。

相比之下，主項聲則無論如何也不能歸在“同法喻體”和“異法喻體”的論域中。因爲，不論是無常性，還是無常性的否定恆常性，相對於聲，都是尚未確立的屬性。在辯論的情境中，立、敵雙方既沒有共同承認“聲是無常”，也沒有共同承認“聲是恆常”。因此，“同法喻體”和“異法喻體”的論域，便被説成是

---

〔60〕 類似的解釋，又見 YMDS 177/102c3 - 11 和 YZMS 1. 15b3 - 5，參見 Tang 2015：292。

〔61〕 ZYS 1. 15b6 - 7：“‘所作’兩處俱成就……‘無常’瓶成、聲不成。”今譯：“‘所作性’相對於［聲和瓶］兩者而言，都是得到確立的［屬性］。……‘無常性’相對於瓶是得到確立的［屬性］，相對於聲則是尚未確立的［屬性］。”又 YMDS 129/100a6 - 7 *ad* NMu 2. 2：“故知因、喻必須極成。”今譯：“由此知道，理由（因）和例證（喻）［這兩個命題］都應當是得到最終確立的。”

〔62〕 即便是在不承認虛空存在的辯手那裡，也是如此。因爲，在佛教邏輯學中，一個不存在或者被認爲不存在的個體，便不具有任何屬性。它自然也不具有所作性與無常性。見上注 50、56。

“一切除宗以外有、無法處”〔63〕,即除了主項(*pakṣa*,宗)以外的一切存在和不存在的個體的場合。

現在,立論者要説服敵論者接受“聲是無常”這一主張,用因明的術語來説,就是要使得無常性相對於聲而言,也成爲得到最終確立的(極成)屬性。根據上述因明文獻的解釋,整個論證的思路便能重述如下:

表三:因明對三支作法的認知解讀(epistemic interpretation)

同法喻:	對聲以外的任一個體,如果所作性對它而言是得到確立的,那麼無常性對它而言也是得到確立的,例如瓶等個體。
異法喻:	對聲以外的任一個體,如果無常性的否定(非無常性)對它而言是得到確立的,那麼所作性的否定(非所作性)對它而言也是得到確立的,例如虚空。
因:	現在,所作性對聲是得到確立的。
宗:	無常性對聲也應是得到確立的。

上述認知解讀的基本想法是:論證必須基於辯論雙方既已形成的共識。認知主體通過一則推論獲取新知,實際上是對他先已掌握的知識進行合理擴張的結果。無論如何,辯論不發生在真空之中,求取新知也必須基於現有的知識。

四、結論

佛教邏輯學–知識論學派傳播到東亞世界以後形成的因明傳統,興盛於7世紀的中國,旋即傳到了當時的韓國和日本,並在日本延續至今。可以初步推定,這個傳統主要繼承了6、7世紀之間印度學界對陳那的邏輯學與知識論思想的詮釋、整合與重組。作爲中、印之間文化交流的產物,因明傳統見證了中日韓三國古典學問僧,運用在各個方面都迥異於印–歐諸語言的古典漢語,在一個全新的文化環境中再現古典印度邏輯思想的努力。爲此,古典學僧在古典漢語中

---

〔63〕 YMDS 253/109b14－17,又見YMDS 269/111a7－9,參見Zheng 2015:161－162;Tang & Zheng 2016:79－80(亦見本書第四章第二節)。“同法喻體”和“異法喻體”的論域,在Hayes(1988:113)和Katsura(2004:125)那裡,出於類似的考慮,被稱爲“歸納域”(induction domain)。此外,所謂“一切除宗以外有、無法處”中的“一切”,正是默認了立、敵雙方處於這樣一種理想的認知狀態,即:在辯論的情境中,立、敵雙方在是否具有所立(如無常)問題方面,僅針對“宗”(主項,如聲)存在意見分歧,而對其餘一切事物皆不存在分歧。見上注54。

發明了一套全新的邏輯學語言。據我們今日所知,没有證據可以表明他們曾有借鑒淵源於早期中國的名學和辯學的邏輯學語言,也没有證據可以表明因明傳統對於唐代以後中國本土的哲學思想,曾有何種重要的影響。

在陳那以前以《瑜伽師地論》爲代表的邏輯學説,兼容知識論與辯論術兩個思想方向的大背景下,佛教邏輯學–知識論學派的印–藏量論傳統在其中擇取了知識論的研究進路,以推論(“爲自比量”)爲核心來組織各項學説。而東亞世界的因明傳統(*heuvidyā*-tradition)在其中擇取了辯論術的研究進路,以論證(“能立”)爲核心來組織各項學説。這是兩個朝向不同方向發展的傳統。

從因明傳統對於三支論證式的分析當中,我們可以看到:該傳統強調論證必須基於辯論雙方在辯論之初已有共識的基礎上。這種共識在本質上就是雙方在辯論的情境中對於一定事態作出的口頭承認(許,* *abhyupagama*),因而帶有辯論術的特徵。從知識論的角度來看,該傳統對一個三支論證式的論證思路的闡釋,也可被理解爲主張新知來自於我們對現有知識所作的合理擴張。這種擴張的合理性來源於默認了:人類知識是以邏輯上融貫的方式擴張的。任何接觸到的新事物,在尚未遭遇反證以前,都應被默認爲與現有的知識不發生矛盾。

當代研究者將印度關於 *pramāṇa*(量)的學説,將藏傳佛教關於 *tshad ma*(量)的學説,皆一概稱爲“因明”,甚至用“因明”來統稱從印度到日本的整個佛教邏輯學–知識論學派,這其实和我们今天使用“佛教邏輯學–知識論”一樣,都是一種方便的説法。假如因爲命名相同,便忽略了實質上存在的種種差異,那就得不償失了。

“因明”的源頭儘管可以追溯到《瑜伽師地論》的“因明處”,但因明傳統的主要闡釋者是東亞世界中日韓三國的古代學僧。“因明傳統”是東亞文化圈中的佛教邏輯學–知識論傳統。筆者相信,隨著對於因明的精細的歷史–文獻學(historical-philological)研究的逐步開展,東亞因明傳統與印–藏量論傳統之間的異同將以更豐富、更立體的面貌呈現在我們面前。

第二章　東亞因明傳統中的“能立”概念*

——基於梵藏資料的新考察

“能立”是東亞因明傳統的核心概念。在因明傳統對陳那《正理門論》和商羯羅主《入正理論》的注釋文獻中,“能立”都被解釋爲因、同法喻和異法喻這三個命題,或直接等同於三者旨在體現的論證規則“因三相”。這種解釋在二論中找不到文獻依據,但卻可視爲陳那最晚期著作《集量論》思想的自然延伸。因明傳統中的“能立”概念來自《集量論》。因明所傳承的實際上是陳那以後印度學界對陳那前後期各種思想要素的接受、整合與詮釋。玄奘未譯《集量論》,但《集量論》實際上在因明傳統的理論視域中。本章繼而提出“論證要素”這一概念,由此角度來説明晚期陳那及此後的佛教邏輯學家對於決定一個論證在實際上奏效的核心要素的理論思考,並指出這一思考方向與西方形式邏輯的區别所在。

一、導言

Tom J. F. Tillemans 教授在其 1991 年的文章“再論爲他比量、宗與三段論”

---

* 本章是在筆者向第五屆國際法稱研討會(The Fifth International Dharmakīrti Conference, Aug. 26–30, 2014, Heidelberg)提交的英文稿(The concept of *sādhana* in Chinese Buddhist logic)基礎上補充改寫而成。在撰寫過程中,曾與錢立卿博士(上海社會科學院)進行討論,他還幫我糾正了英文,謹此致謝!本章中文刪節本曾發表於《宗教學研究》2016 年第 4 期,第 101–110 頁。英文版全文發表於 *Reverberations of Dharmakīrti's Philosophy: Proceedings of the Fifth International Dharmakīrti Conference Heidelberg, August 26 to 30, 2014*, eds. Birgit Kellner et al. Vienna: Austrian Academy of Sciences, 2020, 473–495。

(More on *parārthānumāna*, theses and syllogisms)〔1〕中,簡要説明了法稱及其後學的著作對“能立”(*sādhana*,論證的手段)概念的解釋。該文中,Tillemans 一方面展示了陳那從《正理門論》到《集量論》的思想發展中對此概念解釋的相應發展。另一方面通過與亞里士多德三段論相比較,極富洞見地指出“能立”概念解釋的這一發展在理論層面的重要意義。簡言之,在世親(Vasubandhu,約400—480)的邏輯學著作以及陳那的《正理門論》中,“能立”都被視爲一則論證的三支語言表達,即宗(*pakṣa*)、因(*hetu*)和喻(*dṛṣṭānta*)的語言表達。而在陳那晚期的《集量論》及在法稱的傳統中,此概念則僅被認定爲因和喻,而不再包括宗在内。與亞里士多德三段論相比較,佛教邏輯學家將宗命題排除在“能立”之外的新解釋,實質上表現了他們對決定一則論證是否具有可靠性(acceptability)的因素的認識變遷。根據這一“宗非能立”的新解釋,決定一則論證可靠性的因素,或者説“論證要素”(probative factor),在陳那晚期以及在法稱一系學者看來,便在於論證前提的真,而不僅在於推論本身邏輯形式的有效性。

本章在 Tillemans 和稻見正浩二先生文章的基礎上,進一步説明:在漢傳因明的傳統中,“能立”概念被一致解釋爲因命題、同法喻命題和異法喻命題三者的結合,或直接認定爲因三相(*trairūpya*),即正確理由的三項表徵。對“能立”的這一解釋在漢傳因明中被明確歸屬於陳那本人,作爲他相對之前因明論師的一項重要創見。儘管漢傳因明一直以來都被默認爲一個僅以陳那《正理門論》及其弟子商羯羅主的《入正理論》爲理論基礎和文獻依據的思想傳統,但是漢傳對“能立”的上述解釋,卻只能在陳那晚期的《集量論》中找到文獻依據,而不在上述漢傳因明二論之中。正如法稱一系的邏輯學家一樣,追隨陳那的漢傳學者也採取了各種各樣的詮釋學策略,來消弭這一本質上全新的解釋與《入正理論》、《正理門論》及再之前古因明論書中的舊解釋之間的扞格之處。

此外,漢傳因明還記載了陳那以後的印度佛教邏輯學者,早已採用這一新解釋,以取代之前的舊説。與之相應,他們將論證成分不完整所犯的“缺減過性”(*nyūnatā*)謬誤,解釋爲一則論證中因三相没有完全滿足的過失,以取代之

〔1〕 重印於 Tillemans 1999:69 – 87。此前,日本學者稻見正浩的文章“論似宗”(Inami 1991),曾結合似宗(*pakṣābhāsa*,虛假的論題)的理論從陳那到法稱的歷史發展,説明這一階段中宗(*pakṣa*)在一個論證中地位的變遷。兩文均構成了本章研究的基礎。

前認爲“缺減”是三支語言表達不完整的舊説。本章最後嘗試以對於“缺減過性”的這一新解釋爲切入點，從一個與 Tillemans“稍許不同的角度”（a slightly different angle），再一次説明這一新解釋的意義不僅是一種術語措辭上的變更，而與佛教邏輯學家關於“邏輯如何運作”（how logic works）〔2〕的觀念的深層發展密切相關。

二、《入正理論》與《正理門論》的“能立”概念

Sādhana（能立）一詞的字面含義是“論證的手段”（means of proof）。衆所周知，“能立”是《入正理論》“二益八門”理論結構中的八門之一。八門即本論所討論的八項主題，分别爲：能立（demonstration，演證）、能破（*dūṣaṇa*，反駁）、似能立（*sādhanābhāsa*，pseudo-demonstration，虚假的演證）、似能破（*dūṣaṇābhāsa*，虚假的反駁）、現量（*pratyakṣa*，知覺）、比量（*anumāna*，推論）、似現量（*pratyakṣābhāsa*，虚假的知覺）和似比量（*anumānābhāsa*，虚假的推論）。〔3〕“能立”是其中最重要的一個主題。論述“能立”和“似能立”的部分，是本論最重要的兩節，佔據了本論五分之四的篇幅。作爲“八門”之一的“能立”指一個三支論證式（three-membered argument）。它與“能破”（字面含義爲“反駁的手段”）相對，“能立”旨在論證某種觀點，“能破”旨在反駁某種觀點。因此，在這種意義上，我們可將“能立”翻譯爲“演證”（demonstration），即論證的語言表達。

構成一個“能立”的三支語言表達分别爲宗（論題）、因（理由）和喻（例證）。喻通常又由兩個表達構成，即“同法喻”（*sādharmyadṛṣṭānta*，正面的例證）和“異法喻”（*vaidharmyadṛṣṭānta*，反面的例證）。正如《入論》所説：

> NP 2：*tatra pakṣādivacanāni sādhanam* | *pakṣahetudṛṣṭāntavacanair hi prāśnikānām apratīto 'rthaḥ pratipādyata iti* ‖ 古譯：此中宗等多言名爲能立，由宗、因、喻多言開示諸有問者未了義故。（NP_{Ch} 11b1－3）

---

〔2〕 Tillemans 1999：78，81。

〔3〕 NP 1：*sādhanaṃ dūṣaṇaṃ caiva sābhāsaṃ parasaṃvide* | *pratyakṣam anumānaṃ ca sābhāsaṃ tv ātmasaṃvide* ‖ 古譯：“能立與能破　及似唯悟他，現量與比量　及似唯自悟。”今譯：“正是演證、反駁與它們的虚假型態（*ābhāsa*）是爲［令］他人知曉。知覺、推論與它們的虚假型態則是爲［令］自己知曉。”參見 Tachikawa 1971：120。

今譯：這裡[在八門中]，能立是由宗等(即宗、因、喻)構成的三個表達，因爲有疑問的人們尚未明確認識的對象，正是通過宗、因、喻三個表達而[使之]獲知。〔4〕

NP 2.4：*eṣāṃ vacanāni parapratyāyanakāle sādhanam* | *tadyathā* | *anityaḥ śabda iti pakṣavacanam* | *kṛtakatvād iti pakṣadharmavacanam* | *yat kṛtakaṃ tad anityaṃ dṛṣṭaṃ yathā ghaṭādir iti sapakṣānugamavacanam* | *yan nityaṃ tad akṛtakaṃ dṛṣṭaṃ yathākāśam iti vyatirekavacanam* ‖ *etāny eva trayo 'vayavā ity ucyante* ‖ 古譯：如是多言開悟他時，說名能立。如說聲無常者，是立宗言；所作性故者，是宗法言；若是所作，見彼無常，如瓶等者，是隨同品言；若是其常，見非所作，如虛空者，是遠離言。唯此三分，說名能立。(NP_{Ch} 11b19－23)

今譯：對此等(宗、因、喻三者)的表達，在說服他者的時候，被說爲能立，如下：對宗的表達(宗)：聲是無常；對宗法的表達(因)：由於[聲]是所作；對同品跟隨[因法]的表達(同法喻)：凡所作的都被觀察到是無常，如瓶等；對[因法]遠離[異品]的表達(異法喻)：凡恒常的都被觀察到非所作，如虛空(*ākāśa*)。唯有這三部分(三支)應被表達[爲能立]。〔5〕

據此，作爲三支論證式的"能立"可完整表述如下：

論證實例(1)

宗：	聲是無常的，
因：	因爲聲是所作的。
同法喻：	凡所作的都被觀察到是無常，如瓶等；
異法喻：	凡恒常的都被觀察到非所作，如虛空。

陳那的《正理門論》在勾勒全書框架時，也使用了相同含義的"能立"概念。作爲三支論證式的"能立"及其各種虛假型態(似能立)，也構成了本論最重要的主題，佔據本論將近一半的篇幅。正如本論 k. 1a(第 1 偈 *pāda* a)及其自注所說：

〔4〕 參見 Tachikawa 1971：120。

〔5〕 參見 Tachikawa 1971：121－122。最後一個方括號中的文字僅見於漢語古譯和依據漢譯的藏譯本。

NMu k. 1a：宗等多言説能立(*pakṣādivacanāni sādhanam*)。

今譯：能立是由宗等(即宗、因、喻)構成的三個表達。

NMu 1.1：由宗、因、喻多言，辯説他未了義故，此多言於《論式》等説名能立。又以一言説能立者，爲顯總成一能立性(*sādhanam iti caikavacananirdeśaḥ samastasādhanatvakhyāpanārthaḥ*〔6〕)，由此應知隨有所闕名能立過。

今譯：由於他人尚未明確認識的對象，是通過宗、因、喻三個表達[向其]説明的，這三個表達在[世親的]《論式》(*Vādavidhāna*)等[邏輯學著作]中被表述爲能立。而且[在第1偈中]用單數形式來表述"能立"，這是爲了表明能立是一個[由宗、因、喻三個表達構成的]整體。由此應當知道，[這三個表達中]缺少任何一個，便稱爲能立的過失。〔7〕

在以上援引的所有段落中，"表達"(*vacana*，言)都以複數形式(多言)出現，這一語法現象就表明了《入論》和《門論》的作者都認爲能立是由宗、因、喻三個表達構成的。

在《入論》和《門論》中，"能立"還可以用來專指"因法"(reason-property)或因法意義上的"因"，即因命題的謂項，如上述論證實例(1)中的"所作性"(*kṛtakatva*)。在這種情況下，"能立"與"所立"(*sādhya*)即待證的屬性(inferable property)相對，後者即上述實例中的無常。作爲因法的"能立"具備論證的力量，"所立"則是"能立"所要論證在論題的主項(如上例中的聲)上存在的屬性。在這種意義上，當"能立"作爲實詞出現時，可翻譯爲"論證的手段"(means of proof)；作爲形容詞出現時，可翻譯爲"能證"(proving)。譯"能立"爲*probans*(能證)、"所立"爲*probandum*(所證)的傳統譯法，正是鑒於"能立"的這層含義。具備這種含義的"能立"一詞，見於《入論》對四種"相違"(*viruddha*)和十種"似喻"(*dṛṣṭāntābhāsa*，虛假的例證)的命名。〔8〕

---

〔6〕 Inami 1991：76，n. 33；参見 NPṬ 19,5–6。

〔7〕 参見 Tucci 1930：5–6；Katsura[1]：109–111；Tillemans 1999：85，n. 14；Inami 1991：76–77。

〔8〕 NP 3.2.3：*viruddhaś catuḥprakāraḥ* | *tadyathā* | (1) *dharmasvarūpaviparītasādhanaḥ* | (2) *dharmaviśeṣaviparītasādhanaḥ* | (3) *dharmisvarūpaviparītasādhanaḥ* | (4) *dharmiviśeṣaviparītasādhanaś ceti* ‖ 古譯："相違有四，謂法自相相違因，法差别相違因，有法自相相違因，有法差别相違因等。"(NP_{Ch} 12a15–16)今譯："相違的[理由]有如下四種類型：(1) 能證明(*sādhana*，能立)[待證]屬性(法)的自身形式(*svarūpa*，自相)的反面的[理由]、(2) 能證明[待證]屬性的[某種]特定含義的反面的[理由]、(3) 能證明屬性持有者(有法)的自身形式的反面的[理由]和(4)能證 (转下页)

事實上,四種“相違”名稱的漢語古譯,都將“能立”直接譯爲“因”,如“法自相相違因”,原文即“法自相相違能立”,諸如此類。《入論》的印度注釋家師子賢(Haribhadra,約8世紀)在其《入正理廣釋》(*Nyāyapraveśakaṭīkā*)中也遵循相同的訓釋,將該詞解説爲“因”(*hetu*)。在注釋第一種相違因“法自相相違能立”時,他説道:

> NPṬ 39,4–5: *atra dharmasvarūpaṃ nityatvam* | *ayaṃ ca hetus tadviparītam anityatvaṃ sādhayati tenaivāvinābhūtatvāt* |
>
> 今譯:這裡,[待證]屬性的自身形式是恒常性。現在,這個因(*hetuḥ*)成立了(*sādhayati*)那種[待證屬性的自身形式]的反面(*tadviparītam*,彼相違),即無常性,這是由於[此因]僅與那種[反面屬性]之間不相離的緣故。

這就是説,“能立”法自相相違的是“因”。在解釋似喻的第一種類型“能立法不成”(*sādhanadharmāsiddha*)之名時,師子賢又説道:

> NPṬ 44,5–11: ***sādhanadharmo*** *hetur* ***asiddho*** *nāstīti bhaṇyate* | *tataś ca sādhanadharmo 'siddho 'smin so 'yaṃ* ***sādhanadharmāsiddhaḥ*** | ... *evaṃ sādhyobhayadharmāsiddhayor api bhāvanīyam* |
>
> 今譯:這就是説,**能立法**,即因,**不成**,即不存在。因此,這個**能立法不**

---

〔8〕(接上页)明屬性持有者的[某種]特定含義的反面的[理由]。”參見 Tachikawa 1971: 125。NP 3.3–3.3.2: *dṛṣṭāntābhāso dvividhaḥ* | *sādharmyeṇa vaidharmyeṇa ca* ‖ *tatra sādharmyeṇa tāvad dṛṣṭāntābhāsaḥ pañcaprakāraḥ* | *tadyathā* | (1) *sādhanadharmāsiddhaḥ* | (2) *sādhyadharmāsiddhaḥ* | (3) *ubhayadharmāsiddhaḥ* | (4) *ananvayaḥ* | (5) *viparītānvayaś ceti* ‖ ... *vaidharmyeṇāpi dṛṣṭāntābhāsaḥ pañcaprakāraḥ* | *tadyathā* | (1) *sādhyāvyāvṛttaḥ* | (2) *sādhanāvyāvṛttaḥ* | (3) *ubhayāvyāvṛttaḥ* | (4) *avyatirekaḥ* | (5) *viparītavyatirekaś ceti* ‖ 古譯:“似同法喻有其五種:一、能立法不成,二、所立法不成,三、俱不成,四、無合,五、倒合。似異法喻亦有五種:一、所立不遣,二、能立不遣,三、俱不遣,四、不離,五、倒離。”(NP_{Ch} 12b1–4)今譯:“虛假的例證(似喻)有兩種,基於相似性的[虛假例證]和基於不相似性的[虛假例證]。其中,首先是基於相似性的虛假例證,有如下五種類型:(1) 能證的屬性(*sādhanadharma*,能立法)[在其上]不成立的[例證]、(2) 待證的屬性(*sādhyadharma*,所立法)[在其上]不成立的[例證]、(3) [上述]兩種屬性[在其上]都不成立的[例證]、(4) 沒有[表達]正面相隨關係(*anvaya*,合)的[例證]和(5) 正面相隨關係被顛倒[表達]的[例證]。……其次是基於不相似性的虛假例證,有如下五種類型:(1) 待證的屬性[在其上]未被排除的[例證]、(2) 能證的屬性[在其上]未被排除的[例證]、(3) 兩種[屬性在其上]都未被排除的[例證]、(4) 沒有[表達]反面相離關係(*vyatireka*,離)的[例證]和(5) 反面相離關係被顛倒[表達]的[例證]。”參見 Tachikawa 1971: 126–127。

成,就是能立法在其上不成立的那個地方。……對於所立法不成和俱不成,也應如此理解。〔9〕

可見,他將"能立法不成"分析爲"多財釋"(*bahuvrīhi*),即屬性複合詞(possessive compound),並將"能立法"訓釋爲"因"。〔10〕 關於"能立法"(*sādhanadharma*)這個詞,脅天(Pārśvadeva,約 12 世紀上半葉)的覆注《入正理釋難語疏》(*Nyāyapraveśakavṛttipañjikā*)進一步將其分析爲:"**能立法**,它既是能立又是法。何謂? 即因。"(NPVP 109,21 – 22: *sādhanaṃ cāsau dharmaś ca* ***sādhanadharmaḥ*** | *ka ity āha* – ***hetur*** *iti* |)這裡,"能立法"一詞被分析爲"持業釋"(*karmadhāraya*),即同位複合詞(appositional compound)。這是説,"能立法"就是在一則論證中被用作論證手段(能立)的那種屬性(法),這種屬性在論證中具有論證的力量(能立)。"能立"即"法","法"即"能立"。在注釋《入論》關於"無合"(*ananvaya*)的段落(NP 3.3.1.(4))時,師子賢進一步將"能立"直接訓爲"因"。他説道:

NPṬ 46,7 – 9: ***vinānvayena*** *vinā vyāptidarśanena* ***sādhyasādhanayoḥ*** *sādhyahetvor ity arthaḥ* ***sahabhāva*** *ekatravṛttimātram* | ***pradarśyate*** *kathyate ākhyāyate* | *na vīpsayā sādhyānugato hetur iti* |

今譯:意爲:**沒有**[表達]**正面相隨關係**(合),即沒有展示遍充關係,[唯有]**所立和能立**,即所立和因,[兩者的]**共同存在**,即單純地出現於一處,**被揭示**,即被述説、被宣稱,而沒有[表達]因[法]根據遍充的要求爲所立跟隨[這一點]。〔11〕

在《門論》對似喻的分類中,"能立法不成"這個名稱爲"能立不成"所替代,因而"能立"便可視爲"能立法"的同義詞。在這裡,"能立"也在"因法"的意義上使用。《門論》的相關段落如下:

NMu 5.3:"餘此相似"(k.11d)是似喻義。何謂此餘? 謂於是處所立、能立及不同品,雖有合、離而顛倒説。或於是處不作合、離,唯現所立、能立俱有,異品俱無。如是二法或有隨一不成、不遣,或有二俱不成、不遣。

今譯:"與此不同的是虛假[的例證]",這是説虛假的例證。所謂與

---

〔9〕 **粗體**表示被注釋的文字,下同。

〔10〕 相同的訓釋,又見 NPṬ 47,9, 47,18: ***sādhanadharmo*** *hetuḥ* |。

〔11〕 參見 Tachikawa 1971: 127。

此不同的[虛假例證]有哪些？或是在其上雖然[表達了]就所立、能立和非同品(*asapakṣa*,即異喻依[12])而言的正面相隨關係和反面相離關係,但[它們卻是]以顛倒的方式被表達[的例證];或是在其上僅僅顯示了所立和能立的共同存在,或[僅僅顯示了]兩者在異品中的共同缺無,而没有表達正面相隨關係或反面相離關係[的例證]。[還包括]就這兩種屬性[即所立和能立]而言,[在其上]或者其中之一不成立或未排除,或兩者都不成立或不排除[的例證]。[13]

我們發現,對應本段的《集量論・觀喻似喻品》第13–14偈及其釋論的藏譯本中,“能立”的任何一種藏譯形式(*sgrub pa / sgrub par byed pa / sgrub byed*)都没有出現。[14] 取而代之的則是“因”(*gtan tshigs*, *hetu*)或者“推理標記”(*rtags*, *liṅga*)。這種替換與上引《入正理廣釋》(NPṬ 46,7–9)釋“能立”爲“因”、視兩詞爲同義的訓釋正相一致。《集量論・觀喻似喻品》第13–14偈藏譯如下:

K 152a5–6, 152b4–5: *gtan tshigs bsgrub bya gñis ldan min ‖ rjes 'gro ltog pa gñis dag ste ‖ de'i mi mthun phyogs bsal daṅ ‖ rjes 'gro med pa der snaṅ ba'o ‖* (k. 13) *rtags med sogs daṅ rjes 'gro sogs ‖ phyin ci log pa dpe ma yin ‖ ñe bar bsdu ba ma 'brel ba ‖ 'brel pa rab tu ma bstan phyir ‖* (k. 14)

V 63a3–4, 63a7–b1: *gtan tshigs bgrub bya gñis ka med ‖ mi mthun phyogs las med ma byas ‖ rjes 'gro phyin log rnam pa gñis ‖ ltar snaṅ rjes 'gro med pa'aṅ yin ‖* (k. 13) *rtags med sogs daṅ dpe med daṅ ‖ rjes 'gro phyin ci log la sogs ‖ 'brel par ma bstan pa yi phyir ‖ ñer 'jal 'brel pa can ma yin ‖* (k. 14)

今譯:因(*gtan tshigs*)、所立或兩者都不存在,或没有從非同品(*mi mthun phyogs*,即異喻依)中排除,或相隨關係(*rjes 'gro*)以兩種方式(或以同法、或以異法)被顛倒,或相隨關係不存在[的例證],是彼[喻]的虛假形式。(第13偈)推理標記(*rtags*)不存在等等,相隨關係被顛倒等等,都不是[正確的]喻。[因與所立在某一處的單純]匯集[也]並非[邏輯]聯繫,

〔12〕 參見 Kitagawa 1985: 277–278, n. 615。

〔13〕 參見 Tucci 1930: 40–41; Katsura[4]: 67–68。

〔14〕 參見 Kitagawa 1985: 527,12–529, 9,277–281。

因爲[邏輯]聯繫[在那裡還]没有被揭示。(第14偈)[15]

因此,我們可以看到:"能立法"(*sādhanadharma*)、"能立"(*sādhana*)與"因"(*hetu*),在指稱因命題的謂項時,三者均可互换。在《門論》中,還有另一個詞與"能立"相關,那就是"能立因"(*sādhanahetu*):

NMu 8:"餘所説因生"(k. 15b[16])者,謂智是前智餘。從如所説能立因生,是緣彼義。

今譯:"[比量認識與現量認識]不同,是從[上文]已述的因中產生出來的",這是説,[比量]認識有别於前述[現量]認識。它是從[上文]已述的能立因中產生出來的。意爲,它以彼[能立因]爲[產生的]條件。[17]

儘管我們還未找到直接的梵文材料,來證實"能立因"一詞也應如"能立法"一般分析爲"持業釋"即同位複合詞,但考慮到"能立因"與"能立法"在構詞上相同,這種分析還是很有可能的。"能立因"指一個具有論證力量的因,"能立法"指具有論證力量的某種屬性,該屬性就是這裡所謂的"能立因"。兩者均指稱因命題的謂項。《集量論》對於爲自比量(*svārthānumāna*)也有一則與上述《門論》的比量定義類似的定義:

PS2. 1a-b: *svārthaṃ trirūpāl liṅgato 'rthadṛk* |[18]

今譯:爲自[比量]是從一個具有三項表徵的推理標記對於對象的觀察。[19]

《門論》定義中的"能立因"在此爲"推理標記"(*liṅga*)所替换,而"推理標記"不過是"因"的異名而已。[20] 因此,可以發現:在指稱因命題的謂項即"因法"的意義

[15] Kitagawa 1985: 527,12-15, 529,5-8。

[16] 參見 Katsura[5]: 84, n. 2: *anyad nirdiṣṭalakṣaṇam*。

[17] 參見 Tucci 1930: 52;Katsura[5]: 91。

[18] Katsura[5]: 92。

[19] 參見 Hayes 1988: 231。

[20] 又見 NP 4: *anumānaṃ liṅgād arthadarśanam* | *liṅgaṃ punas trirūpam uktam* |古譯:"言比量者,謂藉衆相而觀於義。相有三種,如前已説。"(NP_{Ch} 12b29-c2)今譯:"比量是從一個推理標記對於對象的觀察。推理標記又具有[如上]已述的三項表徵。"參見 Tachikawa 1971: 128。此外,"能立因"一詞還出現於《門論》討論"至非至相似"(*prāptyaprāptisama*)和"無因相似"(*ahetusama*)的段落(NMu 10. 14)。在《集量論釋》的對應段落中,"能立因"一詞也正爲"因"(*gtan tshigs*)所全部替换。參見 Katsura[7]: 46, ns. 3-4。

上,“能立”“能立法”“能立因”“因”與“推理標記”,這一連串詞都是同義的。

在上述討論中,我們幾乎窮盡了“能立”一詞在《入論》和《門論》兩書中的所有出現情況。在兩部著作中,“能立”在某些場合指一個三支論證式,而在另一些場合指因命題的謂項即“因法”。除此以外,不存在第三種含義。

三、遵照《集量論》的新解釋

但是,漢傳因明注釋文獻對“能立”的解釋卻與被注釋的《門論》和《入論》的上述解釋完全不符,這就令某些具有批判眼光的研究者頗感詫異。漢傳因明古德將“能立”概念一致宣稱爲因命題、同法喻命題和異法喻命題三者的結合,或直接等同於“因三相”(*trairūpya*),即正確理由的三項表徵,這種解釋在《門論》和《入論》中根本找不到蹤影。假如我們將視野局限於《門論》和《入論》,這種新解釋的確頗爲牽強,與文本不符。〔21〕

在這種新解釋中,儘管“能立”已不再被認定爲宗、因、喻三支,但是因命題、同法喻命題與異法喻命題也同樣是三個表達,況且因的三相也滿足三數(多言)的要求。故而之前認爲“能立”必須由三個表達構成的思想在這裡仍可以保留。而且,漢傳因明還將這種解釋直接歸屬於陳那本人,作爲他相對之前因明論師的一項重要創見。正如窺基所説:

> YMDS 37－38/93a29－b2:陳那能立,唯取因、喻,古兼宗等。……宗由言顯,故名能立。
>
> 今譯:陳那的“能立”,僅包括因和喻,而之前的古因明還包括宗等要素在内。……宗是通過[因和喻的]語言表達來説明的,故而[因、喻]稱爲“能立”。
>
> YMDS 50/93c28－94a3:古師又有説四能立,謂宗及因、同喻、異喻。世親菩薩《論軌》等説能立有三:一宗、二因、三喻。以能立者,必是多言。多言顯彼所立便足,故但説三。
>
> 今譯:古因明師也有主張“能立”有四個組成部分,即宗、因、同喻和異喻。世親菩薩的《論軌》等[邏輯學著作]主張“能立”有三個組成部分,即(1)宗、(2)因和(3)喻。因爲“能立”必然要由三個表達組成。三個表達

〔21〕 參見 Chen 1997:4－12;Zheng 1996:29－32,173－176。

用來揭示“所立”〔22〕便已充分,故而[世親]僅主張[能立]有三個組成部分。〔23〕

YMDS 52/94a14－17:今者陳那因、喻爲能立,宗爲所立。自性、差别二並極成,但是宗依,未成所諍。合以成宗,不相離性,方爲所諍,何成能立? 故能立中,定除其宗。

今譯:現在,陳那[主張]因和喻是能立,而宗是所立。[宗的]主項(自性)和謂項(差别)都已經極成,[兩者]僅僅是宗[命題]的基礎(依),本身並不是[辯論雙方]所要爭論的[論題]。將[兩者]結合在一起才構成宗[命題],[該命題所表達的主項與謂項之間的]不相離關係,才是所要爭論的[論題]。因而,[主項和謂項這兩個宗命題的基礎本身]又怎能成爲能立? 所以在能立中,一定要將宗排除在外。

在這裡,窺基認爲唯有因命題和喻命題才是“能立”。與之相對,這裡的“所立”指整個宗命題,即雙方爭論的整個論題。因和喻對於這個論題具有論證的功能,而宗命題則是立論方提出因和喻所要論證的主張。儘管這裡的“能立”也與“所立”相對,但這裡的“所立”和“能立”的解釋,與《入論》和《門論》都有不同。在二論中,前者指所立法,後者指能立因法,兩者都被解釋爲一種屬性,不同於這裡將兩者都解釋爲命題。“因”概念在印度邏輯中,的確可以既指整個因命題,又指這個命題的謂項即“因法”。因而之前將“因法”視爲“能立”,現在將整個因命題視爲“能立”,從表面來看,似乎只是轉而强調了“因”概念的另一個所指,因而這種解釋的變遷似乎並不能算一項重要的革新。但是,這一解釋的變遷所藴含的理論意義事實上極爲重要。這不僅是一種單純措辭上的變更,而牽涉到印度邏輯學家在思考一個好的(good)論證的“好”本身(goodness)的時候,所採取的理論視角的變更。在這種新的意

〔22〕 請注意,世親的“所立”(*sādhya*)概念與陳那不同,它僅僅指宗命題的謂項,即待證的屬性,而不指整個待證的論題。而且,世親的“宗”(*pakṣa*)概念也與陳那不同,它僅僅指論題的主項。世親用 *pratijñā*(主張,古譯亦作“宗”)一詞來指整個論題。參見 Frauwallner 1957: 33, frg. 1－3: *pakṣo vicāraṇāyām iṣṭo 'rthaḥ. sādhyābhidhānaṃ pratijñeti pratijñālakṣaṇam. me daṅ sa bon daṅ mi rtag pa ñid rnams rjes su dpag par bya ba ñid du dper brjod pa'i phyir chos tsam rjes su dpag par bya ba ñid du mṅon par 'dod do źes rtogs par bya'o*。今譯:“*pakṣa* 是所要探究的對象。*pratijñā* 是對於所立的言説,這是 *pratijñā* 的定義。由於火、種子與無常性,[在這裡]被説成是所比(*anumeya* = *sādhya*)的實例,故而應當知道,唯有屬性(法)[在這裡]被視爲所比(即所立)。”參見 Frauwallner 1957: 16。

〔23〕 參見 Frauwallner 1957: 16, n. 21。

義上,“能立”可按其字面譯爲“論證的手段”(means of proof),但也不妨按其實質譯爲“論證要素”(probative factor)。

然而,在《入論》和《門論》中,“能立”被清楚地説成是“多言”,即由三個表達構成。〔24〕 爲了將這種新解釋與二論的相關段落協調,“喻”現在被謹慎地算作兩個表達,即同法喻命題和異法喻命題。這樣一來,因命題、同法喻命題和異法喻命題這三個表達,便可以順理成章地詮釋爲“能立”的三個組成部分,從而符合二論“能立多言”的要求。窺基説道:

YMDS 53/94a17 – 21:問:然依聲明,一言云“婆達喃”,二言云“婆達泥”,多言云“婆達[那膩]”。〔25〕 今此能立,“婆達[那膩]”聲説。既並多言,云何但説因、喻二法以爲能立?答:陳那釋云:因有三相,一因、二喻,豈非多言?非要三體。由是定説宗是所立。

今譯:問:然而,根據梵文語法,一個表達(*vacana*)稱爲 *vacanam*,兩個表達稱爲 *vacane*,三個表達稱爲 *vacanāni*。這裡的“能立”是説成三個表達(多言)。既然它要有三個表達組成,爲什麼僅僅説因和喻這兩個表達是“能立”?答:陳那解釋説,因有三項表徵,即一個因命題和兩個喻命題,難道不是三個表達?不是一定要有三個互不關聯的表達[才算“多言”]。因此,便可以確定地斷言宗是所立[而非能立]。

在注釋上引 NP 2.4 段落最後一句“唯此三分,説名能立”時,窺基還指出:

YMDS 304/113b25 – 29:《理門論》云:“又比量中,唯見此理:若所比處,此相審定(遍是宗法性也);於餘同類,念此定有(同品定有性也);於彼無處,念此遍無(異品遍無性也)。是故由此生決定解。”(NMu 5.5)即是此中唯舉三能立。

今譯:《正理門論》説:“而且在比量中,僅有如下規則被觀察到:當這個推理標記(*liṅga*,相=*hetu*,因)在所比[有法]上被確知”,這是[第一相]“理由是主項所普遍具有的一種屬性”(遍是宗法性);“[而且]在別處

〔24〕 參見上引 NP 2, NMu k. 1a 和 NMu 1.1。

〔25〕 參見上引 NP 2, NMu k. 1a 和 NMu 1.1。善珠在《因明大疏》的注釋書《明燈抄》中對 *vacanāni*(多言)的音寫爲“婆達那膩”(IRMS 237a28)而非“婆達”。由此可推測,窺基此處用於表示“多言”的梵語對應詞 *vacanāni*(*vacana*“言”的複數形式)的音寫“婆達”恐有闕文。故據善珠於本段相應位置補上“那膩”兩字。

> (*anyatra*),[我們還]回想到[這個推理標記]在與彼[所比]同類的事物中存在",這是[第二相]"理由在同品中一定存在"(同品定有性);"以及在[所立法]無的事物中不存在",這是[第三相]"理由在異品中普遍不存在"(異品遍無性)。〔26〕[《門論》因而説道:]"由此就產生了對於這個[所比有法]的確知。"〔27〕這與本論[《入論》]僅提到"能立"的三個組成部分相一致。

這裡,窺基將"能立"的三個組成部分(多言)進一步解説爲"因三相",即正確理由的三項表徵。這是佛教邏輯論辯的基本規律。這種提法背後的預設爲:因命題,特別是同法喻命題和異法喻命題,三者無非是對於"三相"的語言表達而已。就是説,這三個命題爲真,當且僅當"三相"被滿足。

事實上,"能立"的這一新解釋,儘管在《入論》和《門論》中不見蹤影,但確實可在陳那晚期的集大成之作《集量論》中找到文獻依據。Tillemans 教授在其"再論爲他比量、宗與三段論"一文中已指出,儘管在《門論》中,陳那確曾將宗命題視爲"能立"的一部分,但是"在《集量論》中,陳那便不再將宗命題視爲'能立'的一部分,而最多不過是默許了宗命題可在一個'爲他比量'中出現而已。"〔28〕正如 Tillemans 指出的那樣,《集量論》的下述段落,恰能表明陳那對於宗命題的這一新態度,即將其排除在"能立"之外,只是允許它可在一個論證式中出現,但不視爲真正起到論證作用的成分。

> PSV *ad* PS 3. 1cd: *tatrānumeyanirdeśo hetvarthaviṣayo mataḥ* ‖ (k. 1cd)
> *yan lag rnams la rjes su dpag par bya ba bstan pa gaṅ yin pa de ni kho bo cag gi sgrub byed ñid du bstan pa ni ma yin te de ñid las the tsom skye ba'i phyir ro*

---

〔26〕 參見 NP 2.2: *hetus trirūpaḥ* | *kiṃ punas trairūpyam* | *pakṣadharmatvaṃ sapakṣe sattvaṃ vipakṣe cāsattvam iti* ‖ 古譯:"因有三相。何等爲三?謂遍是宗法性,同品定有性,異品遍無性。"(NP_{Ch} 11b6-7)今譯:"因具備三相。那麼,什麼是三相?即:[因]是宗的法,在同品中存在和在異品中不存在。"關於本句的翻譯和討論,參見 Tachikawa 1971: 121; Katsura 1985: 161-162。

〔27〕 參見 Tucci 1930: 44; Katsura[4]: 74。本段漢語古譯用"定"來限定"有"、用"遍"來限定"無",並不見於《集量論》藏譯的對應文句,參見 PSV 4, K 150b5-7: *rjes su dpag pa la yaṅ tshul 'di yin par mthoṅ ste* | *gal te rtags 'di rjes su dpag par bya ba la ṅes par bzuṅ na* | *gźan du de daṅ rigs mthun pa la yod pa ñid daṅ* | *med pa la med pa ñid dran par byed pa de'i phyir 'di'i ṅes pa bskyed par yin no* ‖; V 61b5-6: *don rjes su dpog pa la yaṅ rigs pa de ñid blta'o* ‖ *gaṅ rjes su dpag par bya ba la rtags 'di ṅes par gzuṅ bar byas nas gźan la de'i rigs yod pa dran par byas te* | *med pa la med pa ñid kyis bdag ñid kyis ṅes par skyed par byed do* ‖,載 Kitagawa 1985: 521,8-13。

〔28〕 Tillemans 1999: 71。

‖ *'on te gtan tshigs kyi yul gyi don yin pa'i phyir de ni de ma sgrub par byed do* (*de ma sgrub par byed do: des bsgrub par bya'o* V) ‖[29]

今譯：就此而言，對於所比的表述［即宗命題］，被認爲［僅］與因的［論證］目的有關。(k. 1cd)在各個支分(*yan lag*)中，展示所比的表述，對我們而言，並非作爲能立來展現，因爲正是從它當中，産生了［需要通過論證來解決的］疑惑。但由於［它］與因的［論證］目的有關，因而此［宗命題］是要爲彼［因］所論證的。[30]

在《集量論》中，除了上述將宗命題排除在“能立”之外的思想，我們還可發現陳那已有將“能立”視爲“三相”的語言表達的思想。正如該論的“爲他比量”(*parārthānumāna*)定義所説：

PSV *ad* PS 3. 1：*trirūpaliṅgākhyānaṃ parārthānumānam.*[31]

今譯：爲他比量是對一個具有三項表徵的推理標記的言説。

此外，賦予因命題、同法喻命題和異法喻命題以表現“因三相”的任務的思想，在《門論》和《集量論》中都可以找到：

NMu 5. 6：若爾喻言應非異分，顯因義故。事雖實爾，然此因言唯爲顯了是宗法性，非爲顯了同品、異品有性、無性，故須别説同、異喻言。

今譯：［反駁：］如果是這樣，那麽喻命題就不應當構成［因命題之外的］另一個支分，因爲它也是［爲了］表現理由的含義的緣故。［回答：］儘管事實如此，但這個因命題只是爲了表現［理由］是主項(宗)的屬性，而不是爲了表現［理由］在同品中存在、在異品中不存在。因此，還必須［在因命題以外］另外表述同法喻和異法喻命題。[32]

PSV *ad* PS 4. 7：*'on te de lta na dpe'i tshig kyaṅ tha dad par mi 'gyur te gtan tshigs kyi don bstan pa'i phyir ro ‖ . . . gtan tshigs ni mtshan ñid gsum pa can yin la | bsgrub bya'i chos ñid ni gtan tshigs kyi tshig gis bstan pa yin no ‖ de las gtan tshigs lhag ma bstan par bya ba'i don du dpe brjod pa ni don*

[29] K 124b6－7, Kitagawa 1985：471,5－8。

[30] 參見 Tillemans 1999：71。

[31] 見 Kitagawa 1985：126, n. 154。“爲他比量”是一個經由語言表達的推論，對應於《入論》和《門論》所謂的“能立”。

[32] 參見 Tucci 1930：45－46；Katsura［4］：76－77。

daṅ bcas pa yin no ‖〔33〕

今譯：[反駁：]然而，如果是這樣，那麼喻命題就不應當構成[因命題之外的]另一個[支分]，因爲它也是爲了表現理由的含義的緣故。[回答：]……既然理由具有三項表徵，而唯有[理由]是所立(主項)的屬性這一點，爲因命題[本身]所表現。[那麼]爲了表現除此[第一相]以外的理由[的另外兩項表徵]，[在因命題之外又表達]喻命題便有意義。

可見，認爲因、同法喻和異法喻三命題以表現"因三相"爲其實質，是陳那從《門論》到《集量論》一以貫之的思想。將這個思想與上述《集量論》中認爲"能立"的實質在於表現"因三相"的思想相結合，我們便不難得到唯有因和喻才是"能立"而宗不預其列的結論。同時，宗命題儘管不再計入"能立"，但作爲一個表達辯論主題的命題，在論證式中仍有保留的必要，這也是陳那《集量論》相對之前的《門論》而言對"宗"採取的新態度。將這些思想要素綜合起來，便構成了陳那在《集量論》中對於"能立"概念和宗命題的最終理解。而爲了繼續保留"能立"必須要由三個表達(多言)組成的要求，將喻拆分爲同法喻和異法喻，從而與因命題合起來算作三個表達，這也不是一件很難的事情。因爲，同法喻和異法喻兩命題的拆分，可以很自然地從二喻各自表現因的第二相和第三相的思想中引申出來。

因此，漢傳因明將"能立"視爲因和同、異二喻的結合，或直接等同於"因三相"，這種觀點可以視爲陳那晚期思想的自然延伸。在某種程度上，這極有可能也反映了玄奘當時的印度學界對於陳那因明的通行解釋，只不過經由玄奘在印度的學習和歸國以後的譯講，便傳到了中國而已。通過追溯漢傳因明的"能立"概念及其印度淵源，或許能有助於我們注意到這樣一個過去未曾想見的可能情況：儘管漢傳因明過去一直被想當然地認爲是一個僅以《入論》和《門論》爲經典依據和理論源頭的思想傳統，但是在漢傳對這兩部書的注釋文獻中得到闡發的思想觀念，事實上並不限於兩書的內容，甚至並不限於陳那的早期思想。在某些場合，在某種程度上，這些思想觀念極有可能來源於陳那的晚期思想，來源於陳那以後印度學界對陳那前後期各種思想要素的接受、整合與詮釋。而在玄奘當時所從學的印度學界，法稱因明的一系列重要創見很可能尚未得到承認，因而玄奘傳回的這種陳那詮釋也很可能尚未受到法稱因明的影響。然而，通過對比中印兩方面的現有資料，來系統地還原漢傳因明與陳那以後印度因明

〔33〕 K 151a2－4，Kitagawa 1985：522,7－523,2。

的這種過去一直未曾得到認真考慮的淵源關係,可能還是一項頗爲艱巨的工作。因爲,關於陳那早期與晚期思想之間細微差異的記述,即便在漢傳因明也很難找到蹤跡。傳統總是傾向於將一位思想家的思想作爲一個靜態的、完成的整體來闡述,於漢、藏兩地皆然。正是因此,關於法稱及其後學的新近研究,對於我們厘清佛教邏輯從陳那到法稱這一百餘年間發展的各個歷史層次而言,對於增進我們的漢傳因明理解而言,事實上具有極爲重要的參考價值。正是法稱因明界定了這一百餘年發展的終點,細緻地比較陳那、漢傳與法稱的異同,便能賦予我們的研究以歷史的層次感,而不再失於片面。〔34〕

〔34〕 法稱晚期在《因滴論》(*Hetubindu*)和《論議正理論》(*Vādanyāya*)中,明確禁止在爲他比量中陳述宗命題,並完全取消了“似宗”的理論,參見 Tillemans 1999: 71－73;Inami 1991: 76－81。與此不同,宗命題在漢傳文獻所記載的推論實例中均被保留。而且,漢傳因明並没有像法稱那樣,認爲宗命題可以未經言說而通過“蘊含”(*artha*,義)或者“推測”(*arthāpatti*,義准)而被知道。不過,與法稱一系相同的是,漢傳因明也花了不少精力,採取各種迂回的詮釋學策略,來消解在《入論》和《門論》之類較早著作中引導整個“能立”定義的“宗”(*pakṣa*)這個詞,如“宗等多言名爲能立”中的“宗”(參見上引 NP 2,NMu k. 1a 和 NMu 1. 1)。這種迂回策略的要旨在於主張,“宗”這個詞在定義中仍被提到,不過是爲了指示“能立”所要成立的對象或指示“能立”的目的而已。詳見 YMDS(54－56/94a21－b13) *ad* NP 1; YMDS(86－94/96c11－97b7) *ad* NP 2;有關文軌《莊嚴疏》中的類似討論,見 ZYS(1,4b－5b) *ad* NP 2 与 ZYS(2,2a－3a) *ad* NP 2. 4;有關窺基對《門論》第13偈後半“説宗法、相應、所立,餘遠離”(NMu k. 13cd＝PS 4. 6cd)的含混注釋,見 YMDS(305/113c6－10) *ad* NP 2. 4。《門論》現存唯一一部古典注釋書的作者神泰就《門論》中的相關段落,並未留給我們任何實質性的信息。他只是一方面提請讀者參考他對《入論》的注釋,而這部注釋現已不存於世;另一方面,則是誤導性地將“能立”的這種新解釋,歸屬於陳那以前的世親,參見 YZMS(1,3b) *ad* NMu 1. 1。不過,關於“缺減過性”(*nyūnatā*),神泰還是提到了印度方面從世親到陳那及其後學的三種不同觀點(詳下注 36)。事實上,我們發現,據傳是陳那弟子的《入論》作者商羯羅主,的確知道陳那最晚期的著作《集量論》。因爲《入論》的有些表述,只能追溯到《集量論》而不見於《門論》或之前的著作。比如“如是多言,是遣諸法自相門故”一句(NP 3. 1(9): *eṣāṃ vacanāni dharmasvarūpanirākaraṇamukhena*),便大致對應於《集量論》藏譯的如下句子: *'di yaṅ chos kyi raṅ gi ṅo bo daṅ 'gal bas sel ba'i sgo tsam źig bstan pa yin la* |(今譯:而且,它們顯示爲僅僅與法的自相矛盾而被排除這一途徑),“遣諸法自相門”對應 *chos kyi raṅ gi ṅo bo daṅ 'gal bas sel ba'i sgo*,見 PSV *ad* PS 3. 2(K 125a5－6; Kitagawa 1985: 472,14－15)。而且《入論》的四相違似因學説(NP 3. 2. 3),也只能追溯到《集量論》第三品第 26－27 偈及其釋論的相關論述,見 PSV *ad* PS 3. 26－27(K 133b1－134a8),參見 Kitagawa 1985: 205－217。這些綫索,或許能幫助我們將來進一步揭示《入論》之類邏輯學通俗手冊的寫作,與《門論》《集量論》之類嚴格意義上的邏輯學探究性著作之間的有趣關係。一般而言,邏輯學創見的深刻力量通常會在這類通俗手冊中或多或少地爲之前的傳統觀點所沖淡和稀釋,不論這些手冊實際上撰寫於這些創見提出之後不久並且其作者的確知曉這些創見,還是撰寫於甚至這些創見已不再新鮮的數個世紀以後。如吉答利(Jitāri,約 940—1000)的《因真實論》(*Hetutattvopadeśa*),正是《入論》與法稱《正理滴論》兩書學説的簡單拼接。

四、論證的"完整性"與論證要素(probative factor)

正如 Tillemans 教授的"再論爲他比量、宗與三段論"一文所指明的那樣,"能立"解釋的這一變化,並不僅僅是一種措辭上的變更,而牽涉到佛教邏輯學家關於"邏輯如何運作"(how logic works)〔35〕的觀念變遷。假如我們從另一個角度來思考,進一步考察由於"能立"概念的這一新解釋而導致在因明謬誤論方面對"缺減過性"(*nyūnatā*, incompleteness)的重新解釋〔36〕的話,便能較好地說明"能立"概念的這一新解釋的理論意涵。

正如上引《門論》第1偈的釋論(NMu 1.1)所示,陳那將"能立"定義爲一個由宗、因、喻三個表達構成的三支論證式,他又認爲"由此應知隨有所闕名能立過",即缺少宗、因、喻中的任何一個表達,都被認爲是"論證不完整"(缺減過性)的過失。〔37〕 但是,在《集量論》中,陳那則宣稱:

---

〔35〕 Tillemans 1999: 81。

〔36〕 關於陳那《集量論》對"缺減過性"的重新解釋,參見 Tillemans 1999: 75。

〔37〕 參見 Tillemans 1999: 85, n. 14。在注釋《門論》本句的時候,神泰記述了對於"缺減過性"的三種不同解釋。其中,前兩種解釋分別對應於世親本人和世親與陳那之間的學說,第三種解釋對應於陳那本人及其後學,見 YZMS 1,4a–b。但是,神泰關於持前兩種解釋的學者,僅含糊地提到"一師"和"有師",參見 Tucci 1930: 6, n. 5。《入論》對於"缺減過性"的定義與《門論》基本相同,見 NP 6: *sādhanadoṣo nyūnatvam* | *pakṣadoṣaḥ pratyakṣādiviruddhatvam* | *hetudoṣo 'siddhānaikāntikaviruddhatvam* | *dṛṣṭāntadoṣaḥ sādhanadharmādyasiddhatvam* | *tasyodbhāvanaṃ prāśnikapratyāyanaṃ dūṣaṇam* ‖ 古譯:"謂初能立缺減過性、立宗過性、不成因性、不定因性、相違因性及喻過性,顯示此言,開曉問者,故名能破。"(NP_{Ch} 12c12–15)今譯:"[論證]不完整(缺減過性)是能立的過失;與現量等相違,是宗的過失;不成、不定和相違,是因的過失;能立法等不成立,是喻的過失。指出它,[而且]使有疑問的人明確認識到,就是能破。"參見 Tachikawa 1971: 129。《入正理釋難語疏》針對《入正理廣釋》對本段的注釋,有如下詳述: ***sādhanadoṣo nyūnatvaṃ sāmānyeneti*** | *nyūnatvaṃ pakṣādyavayavānāṃ yathoktalakṣaṇarahitatvaṃ pramāṇabādhitatvam iti yāvat* | *ayam arthaḥ — sādhanavākye 'vayavāpekṣayā nyūnatāyā atiriktatāyāś ca sabhāsadaḥ purato 'bhidhānaṃ yat tat sāmānyena dūṣaṇam* | *viśeṣatas tu pakṣadoṣodbhāvanam asiddhaviruddhānaikāntikadoṣodbhāvanaṃ dṛṣṭāntadoṣodbhāvanaṃ vā dūṣaṇam iti* |,見 NPVP(124,8–12) *ad* NPṬ(54,12–13)。今譯:"**能立的過失一般而言(*sāmānyena*)是[論證]不完整**。這就是說,[論證]不完整,是宗等(即宗、因、喻)支分,欠缺如上已說的[這項或那項]定義,[或者]爲[其他]量所違害。其含義爲:能破是在公證人面前以任何一種方式(*sāmānyena*),針對[對方]能立的語言表達中的[任何一個]支分,說出[它]有不完整或者過於冗長[的過失]。而具體來說(*viśeṣatas*),能破或者是指出宗的過失,或者是指出[因有]不成、相違或不定的過失,或者是指出喻的過失。"

PSV *ad* PS 3. 1ab：*'dir yaṅ tshul gaṅ yaṅ ruṅ ba cig ma smras na yaṅ ma tshaṅ ba brjod par 'gyur ro* ‖〔38〕

今譯：而且，這裡［説“爲他比量是對一個具有三項表徵的推理標記的言説”］，［即在因三相中］有任何一相未被言説的時候，便稱爲［論證］不完整。〔39〕

可以説，在《集量論》對於“缺減過性”的重新詮釋中，被變更的不僅是從印度邏輯的早期階段以來便存在的“論證不完整”這種過失的内涵，而且還變更了有關哪些要素構成了一個論證的“完整性”（completeness）的觀念本身。根據這種觀念，當缺乏這類要素的時候，這個論證就必須被視爲“不完整”或不可靠。就是説，在更深層次上被變更的，正是論證“完整性”的觀念本身。現在，我們將這樣一類決定一個論證是否“完整”即是否可靠的要素稱爲“論證要素”（probative factor）。

事實上，使一個論證成爲一個“完整的”、可靠的論證的要素，可以有很多。首先，必須要有一定的語言表達，立論方還必須要有明確的觀點，想要説服敵論方接受。這種語言表達應當遵循一定的語義學規則與慣例，從而可以用來準確表達立論方的觀點。爲了使一個論證成爲可靠，在某種意義上，我們還必須預設敵論方具備足夠的智力，來理解立論方所用語言的意義，從而如立論方所想的那樣來把握他的觀點。還必須預設辯論在一個公正的背景下展開，在其中雙方提出的論證都能夠僅僅根據理性思維的各項準則來得到評判。凡此種種，構成了一個論證在實際辯論中奏效的各項必要條件。因此，我們提出“論證要素”這個概念，並不是想要用它來囊括使得一個論證在實際上“完整”的所有必要條件。這種必要條件事實上無法窮盡。我們使用“論證要素”這個概念，僅僅指爲歷史上某位特定的邏輯理論家所揀選出來、作爲他對人類的日常論證行爲進行理論化的時候所關注的焦點，即在他的邏輯理論化行爲中得到主題化的那些基本要素。因而，“論證要素”僅僅是一個元邏輯的概念，而不是一個通常意義上的邏輯概念。這個概念僅用於再現或者概括歷史上某一位邏輯學家在其有關可靠論證的可靠性本身（soundness）的理論中的首要關注點。事實上，無論過去、現在還是未來，我們都只有在決定一個

〔38〕 V 40b2, Kitagawa 1985：470，7－8。

〔39〕 參見 Tillemans 1999：85，n. 15。

論證可靠的各項因素中選取有限的一部分,才能以一種理論的方式來反思論證的可靠性。但是在理論上僅對一部分因素予以主題化,並不妨礙我們在一般意義上承認實際還存在著其他更多因素,尚未在我們的現有框架中得到理論化,甚至還没有爲我們所想到。

單純地羅列這樣一些論證要素,所能貢獻於一種論證理論者,事實上並不比對一則可靠論證的健全直觀來得更多,兩者都談不上是一種邏輯理論。作爲一種理論,其最核心的特徵在於,在其中被指認的那樣一些論證要素,同時也被視爲能以一種普遍的方式,將可靠論證與不可靠論證區分開來的一組標準。因此,各種各樣的論證理論,在指認不同種類的論證要素的過程中,也就踏上了不同的理論化路徑,並最終形成關於可靠論證的各種不同的標準體系。簡言之,對於不同論證要素的主題化,正是表現了關於論證可靠性的不同觀念,從而導向不同的論證理論,乃至不同類型的邏輯理論。

且讓我們回到漢傳因明的如下歷史記述上來,本段記述恰好印證了《集量論》對"缺減過性"的新詮釋:

> YMDS 57/94b17－21:世親菩薩,缺減過性,宗、因、喻中,闕一有三,闕二有三,闕三有一。世親已後,皆除第七。以宗、因、喻三爲能立,總闕便非。既本無體,何成能立?有何所闕而得似名?
>
> 今譯:[根據]世親菩薩,"缺減過性"[存在七種情況],在宗、因、喻[三個語言表達中],[僅]缺少一個的情況有三種,缺少兩個的情況有三種,缺少三個的情況有一種。世親以後[的學者],都排除第七種情況。因爲宗、因、喻三者組成一個能立,並不可能三者全部缺少[而仍有論證式可言]。[如果那樣的話,]既然[論證的語言]基礎都不存在,又有[什麼]可以成爲"能立"(論證),又有[何種論證]可因缺少[支分]而稱爲"虛假"?

由本段可見,世親本人以及世親與陳那之間的學者,都將宗、因、喻的語言表達本身視爲"論證要素"。只要缺少其中一個表達,整個論證便有"不完整"的過失。然而,尚有一點在這種學説中尚未得到澄清,那就是:論證的語言表達本身對於一個論證的"完整性"或可靠性的貢獻,事實上可以有兩種方式。一方面,語言表達可以因爲表現了特定的有效推理形式從而具有論證的效力。另一方面,語言表達也可以因爲在其中得到表達的前提,即因命題和喻命題是真的或者被認爲真,從而具有論證的效力。正如我們今天所知,一個論證能被視爲可靠,當且僅當它的所有前提都是真的,而且整個論證形式有效。因此,假如這裡將語言表達本身視爲“論證要素”的觀點,不只是表現了對於可靠論證的某種健全直觀,而且還構成爲某種論證理論的話,那麼這種觀點實際上便爲後來的佛教邏輯學家對於論證的“完整性”作進一步理論化,指示了兩條不同的可能路徑。

其中,第一條路徑是將邏輯形式本身視爲“論證要素”,以之爲理論化的焦點,並以之爲普遍的標準來區分可靠的論證與不可靠的論證。我們將這條路徑稱爲“形式的路徑”(formalist approach)。第二條路徑是將因命題和喻命題的真視爲“論證要素”,對語言表達所表達内容的真理性進行理論化,以論證前提的真理性規定爲普遍的標準來區分可靠的論證與不可靠的論證。我們可以將這條路徑稱爲“認知的路徑”(epistemic approach)或者“論辯的路徑”(dialectic approach)。採取哪一個名稱,取決於該理論對“真”採取何種解釋。假如該理論將一個命題的真,解釋爲在認識論的意義上得到確證(*niścayaprasiddha*,決定極成),即爲有效認知的手段(量)所證成,我們便稱之爲“認知的路徑”。假如該理論將一個命題的真,僅僅解釋爲在辯論的情境中爲辯論的雙方承認爲真(**abhyupagamaprasiddha*,共許極成),而不論其認知證據(epistemic evidence)的有無,我們便稱之爲“論辯的路徑”。讓我們再回到漢傳的記述上來:

> YMDS 57－58/94b21－26:陳那菩薩,因一喻二〔40〕,説有六過,則因三相六過是也。闕一有三,闕二有三,無闕三者。大師至彼六十年前,施無厭寺有一論師,名爲賢愛,精確慈悲,特以貫世,因明一論,時無敵者,亦除第七。自餘諸師,不肯除之。因一喻二,即因三相。
>
> 今譯:[根據]陳那菩薩,[既然“能立”由]首先因命題與其次喻命題[即因命題、同法喻命題和異法喻命題組成],[“論證不完整”]的過失便存在六種情況,即[不滿足]因三相的六種過失。[僅]缺少[其中]一項表徵的情況有三種,缺少兩項表徵的情況有三種,而不存在[同時]缺少三項

〔40〕 參見 RINM 30c29－31a2:“且‘能立’者,即有二義:一一因二喻,二因一喻二。一因二喻,約因三相也;因一喻二,約因二喻也。”今譯:“這裡,能立具有兩種含義,其一是‘一因二喻’,其二是‘因一喻二’。‘一因二喻’(一個因命題和兩個喻命題),是就因三相來説的。‘因一喻二’(首先因命題與其次喻命題),是就[在一個論證中先説]因再説二喻[的表達順序]來説的。”日僧護命對“一因二喻”和“因一喻二”的區分多少有些牽強。而且窺基這裡是將“因一喻二”而非“一因二喻”等同於“因三相”,相比護命,更爲直接地將因、同法喻和異法喻的語言表達等同於“因三相”。

> 表徵的情况。大師(玄奘)到達那爛陀寺的六十年前,在那裡有一位論師,名爲賢愛(Bhadraruci)。他尤其因爲縝密的思考與慈悲的情懷聞名於世。在因明這門學科方面,當時無人能與之抗衡。他也主張排除第七種[三項表徵都缺少的情况]。而其他諸位論師則不願意將其排除。首先因命題與其次喻命題[即因命題、同法喻命題和異法喻命題],就是"因三相"。〔41〕

本段表明,陳那以後的印度佛教邏輯學家,遵照陳那晚期《集量論》的思想,將構成一個論證的"完整性"的决定要素,詮釋爲正確理由的三項表徵(因三相)。而因三相正是從世親以來佛教邏輯論證式的基本規則。然而,我們在這裡並不打算援引更多文獻,詳述漢傳因明和法稱因明對"因三相"的解釋,因而無法説明世親以後追隨陳那的邏輯學家(包括漢傳和法稱)究竟是採取"認知的路徑"抑或"論辯的路徑"。

不過,這裡援引的文獻已足夠支持這樣一個結論,即:世親以後追隨陳那的邏輯學家在對於人類論證行爲進行理論化的過程中,並没有選擇"形式的路徑"。爲説明這一點,我們只需指出,爲"因三相"所排除的"不完整"或不可靠的論證,與本章第二節中提到的論證實例(1),實際上具有相同的邏輯形式。而上述實例(1)在佛教邏輯的任何一個版本中都被認爲是一個典型的可靠論證。事實上,我們不難將該實例的邏輯形式粗略表達如下:

---

〔41〕 事實上,窺基本人也不願意排除第七種可能情況。在本段記述之後,他又補充道:"又雖有言,三相並闕。如聲論師,對佛法者,立'聲爲常,德所依故,猶如擇滅。諸非常者,皆非德依,如四大種'。此'德依'因,雖有所説,三相並闕,何得非似?由此第七亦缺減過。"(YMDS 58-59/94b28-c3)今譯:"而且[還存在這樣的情況],雖然存在語言表達,但三項表徵都缺少。例如聲常論師(Śābdika)對佛教徒提出:'聲是常,因爲聲是屬性的承載者(*guṇāśraya*,參見 NP 3.2.1(4)),猶如擇滅(*pratisaṃkhyānirodha*)。凡是非恒常的都非屬性的承載者,如四大種(*caturmahābhūta*)。'這裡雖然存在以'屬性的承載者'爲理由的論證的語言表達,但是三項表徵全部缺少。[這個論證]怎麼能不算作虚假[的論證]呢?因此,[三相都缺少的]第七種情況也是'論證不完整'的過失。"這就是説,在三相都不滿足的情况下,仍可能存在論證的語言表達,儘管它由於三相都不滿足而根本没有論證的效力。對於第七種情況,慧沼給出了一個更爲淺顯的實例:"如立'聲常,眼所見故',虛空爲同,盆等爲異,三相俱闕。"(YMDS 753/141c21-22)今譯:"例如論證聲是常,因爲聲是可見的,虛空爲正面的例證,盆等爲反面的例證。[這個論證]三項表徵全部缺少。"存在第七種三相都不滿足的極端情況,事實上表明了釋"缺減"爲"三相缺減"而非"三支缺減"的新説,已在三支的語言表達之外,獲得了另外一個視角來審視論證的可靠性,從而將"能立"的概念從對象語言的層面,提升到了元語言的規則層面。這也是陳那《集量論》所開啟的"能立"新説的一項重要意義。

宗命題：　Sp
因命題：　Hp
同法喻命題：　$(x)(Hx \to Sx)$
異法喻命題：　$(x)(\neg Sx \to \neg Hx)$〔42〕

若進一步將異法喻命題權且視爲同法喻命題的逆否命題，則我們連異法喻命題亦可暫時忽略。如是，整個推理的過程便可以認爲發端於同法喻命題而歸結於宗命題。假如我們姑且認爲這裡的形式化大致不謬，這樣的邏輯形式顯然應視爲有效。

在注釋《入論》關於"能破"的段落〔43〕時，慧沼〔44〕給出了上述不滿足"因三相"因而犯有"缺減過"的七種可能情況的論證實例。〔45〕 這裡，我們只需關注前三種唯有一項表徵不滿足的情況，其實例如下：

> YMDS 752/141c12－16：闕一有三者：如數論師，對聲論立："聲是無常，眼所見故"，聲無常宗，瓶、盆等爲同品，虛空等爲異品，此但闕初而有後二；聲論對薩婆多立："聲爲常宗，所聞性故"，虛空爲共同品，瓶、盆等爲異品，闕第二相；"所量性"因，闕第三相。
>
> 今譯：[僅]缺少[因三相中]一項表徵的三種情況[的實例依次爲]：[第一種情況]如數論師對聲常論師提出："聲是無常，因爲聲是可見的(*cākṣuṣatva*)。"[這裡，立論方想要論證爲]無常的宗(有法)"聲"，以瓶、盆等爲同品(*sapakṣa*，同類的事例)，以虛空等爲異品(*vipakṣa*，異類的事例)。這個[論證]僅缺少第一項表徵，但具備後二項表徵；[第二種情況如]聲常論師對説一切有部論師(Sarvāstivādin)提出"聲是常"這個論題，

---

〔42〕 p=*pakṣa*，宗有法，即論題的主項，如實例(1)中的聲；S=*sādhyadharma*，所立法，即待證的屬性，論題的謂項，如該例中的無常；H=*hetu*，因法，即因命題的謂項，如該例中的所作。請注意，這裡的形式化只是一個臨時方案。首先，喻命題中提到的正、反兩種個例(同喻依和異喻依)與本章的論點關係不大而暫且被忽略。其次，尚有其他許多本來不應忽略的因素，在這裡也因與論旨無直接關聯而暫且不予考慮。不過，這裡的形式化雖然簡略，但已能充分説明本章的論點。至於更細緻的形式化，詳見本書第一章第三節。此外，下文對"因三相"的討論默認了一種筆者認爲比較準確的邏輯刻畫，但詳細理由，請容另文展開。

〔43〕 NP 6，參見上文注 36。

〔44〕《因明大疏》(YMDS)從 NP 3.3.1(1)的注釋到最後，乃窺基弟子慧沼所續，參見 Zheng 2010：605。

〔45〕 見 YMDS 752－753/141c11－22。

[並給出理由]"因爲聲是可聞的(*śrāvaṇatva*)"。[這裡,]虛空是雙方都認可的同品,瓶、盆等是異品,[這個論證僅]缺少第二項表徵;[第三種情況如]理由"可知性"(*prameyatva*)[用於論證"聲是常"這個論題],[僅]缺少第三項表徵。

將本段提到的三則論證都寫成類似三段論的形式,忽略其中的異法喻命題、同喻依和異喻依,將"同法喻"簡稱爲"喻",並將宗、因、喻三個命題的主、謂項都表述完整,我們便能將它們重寫如下:

	論證實例(2)	論證實例(3)	論證實例(4)
宗:	聲是無常的,	聲是恒常的,	聲是恒常的,
因:	因爲聲是可見的。	因爲聲是可聞的。	因爲聲是可知的。
喻:	凡可見的都是無常。	凡可聞的都是恒常。	凡可知的都是恒常。

不難發現,所有這些在陳那及其後學看來不可靠的論證,與上述實例(1)所表現的可靠論證,實際上具有相同的邏輯形式。若參照上文給出的刻畫,這種邏輯形式便應視爲有效。它們的差别僅在於:

在實例(2)中,因命題"聲是可見的"不是真的,因爲聲顯然不是可見的。這裡,Hp 這一命題爲假。這就是慧沼所謂的"此但闕初",唯有第一項表徵"遍是宗法性"(理由是主項所普遍具有的一種屬性)爲假,即不滿足。[46]

在實例(3)中,喻命題"凡可聞的都是恒常"不是真的。因爲它無法在除了論題的主項(宗有法)"聲"以外任何一個存在的個體中得到體現,其主項爲空,因爲唯有聲才是可聞的。在這裡,同法喻命題應被理解爲一個帶有存在含義(existential import)的命題,即 $(x)((x \neq p \ \& \ Hx) \rightarrow Sx) \ \& \ (\exists x)(x \neq p \ \& \ (Hx \ \& \ Sx))$。[47] 讀作:對任一 x,如 x 不是宗有法(p)且具有因法(H),則 x 具有所立法(S),而且存在一個 x,x 不是宗有法且 x 具有因法和所立法。整個合取命題爲假,因爲後一合取支 $(\exists x)(x \neq p \ \& \ (Hx \ \& \ Sx))$ 爲假。後一合取支爲假,就是慧沼所謂的"闕第二相",第二項表徵"同品定有性"(理由在同品中一定存

〔46〕 參見 NP 3. 2. 1(1):*śabdānityatve sādhye cākṣuṣatvād ity ubhayāsiddhaḥ* ‖ 古譯:"如成立聲爲無常等,若言是眼所見性故,兩俱不成。"(NP_{Ch} 11c12－13)今譯:"在論證聲是無常的時候,[理由]'因爲[聲]是可見的'對[辯論]雙方而言都不成立。"參見 Tachikawa 1971:123。

〔47〕 見 Oetke 1994:24, $ES_{+eva}4$。

在）爲假。因爲這裡的“同品”，即與宗（有法）同類的事例，事實上並不將聲包括在内。而將聲除外的“同品”，即除了聲以外具有所立法“恒常性”的事物中，没有任何一個能體現理由“可聞”。“理由在同品中一定存在”這一要求便不滿足。〔48〕

在實例（4）中，喻命題“凡可知的都是恒常”不是真的。因爲在聲以外，的確存在可知而且無常的事物，可作爲喻命題的反例（counterexample），就比如瓶。在這裡，同法喻命題的邏輯形式也應刻畫如上。其中，前一合取支$(x)((x \neq p \ \&\ Hx) \rightarrow Sx)$爲假，因而整個合取式$(x)((x \neq p \ \&\ Hx) \rightarrow Sx) \ \&\ (\exists x)(x \neq p \ \&\ (Hx \ \&\ Sx))$便假。前一合取支爲假，就是慧沼所謂的“闕第三相”，第三項表徵“異品遍無性”（理由在異品中普遍不存在）爲假。因爲這裡的“異品”（與宗異類的事例），即聲以外不具有所立法“恒常性”的事物中，也存在體現理由“可知”的實例（如瓶）。“理由在異品中普遍不存在”這一要求便不滿足。〔49〕

在上述三個實例中，推理形式本身並未起到區分可靠論證與不可靠論證的作用。這三個論證僅僅是根據缺少“因三相”中的這一相或那一相而被認爲不可靠。可見，在這種理論中得到指認的“論證要素”並非邏輯形式本身，而是所謂正確理由的三項表徵，正如三項表徵爲晚期陳那及其追隨者宣稱爲“能立”，即論證的手段或憑據。因此，佛教邏輯學家視三項表徵爲“論證要素”，表明他

---

〔48〕 參見 NP 3.2.2（2）：*asādhāraṇaḥ śrāvaṇatvān nitya iti* | *tad dhi nityānityapakṣābhyāṃ vyāvṛttatvān nityānityavinirmuktasya cānyasyāsaṃbhavāt saṃśayahetuḥ* | *kiṃbhūtasyāsya śrāvaṇatvam iti* ‖ 古譯：“言不共者，如説聲常，所聞性故，常、無常品皆離此因，常、無常外餘非有故是猶豫因，此所聞性其猶何等？”（NP_{Ch} 11c22－24）今譯：“不［爲同品或異品］共有的［理由，如］：‘［聲是］常，因爲［聲］是可聞的。’這個［理由］正是［產生］疑惑的原因（*hetu*），因爲［它］從恒常與無常兩類（*pakṣa*，品）中都被排除，而且脱離了恒常和無常［兩類］，便不存在别的事物。［問題仍然是：］這個有所聞性的［聲］究竟是怎樣的？”翻譯和討論，參見 Tachikawa 1971：124；Oetke 1994：33－35。

〔49〕 事實上，第三相“理由在異品中普遍不存在”的邏輯形式，應刻畫爲：$(x)((x \neq p \ \&\ \neg Sx) \rightarrow \neg Hx)$，與上述合取式的前一合取支等值，參見 Oetke 1994：27，EV 2。本段所述實例（4），參見 NP 3.2.2（1）：*sādhāraṇaḥ śabdaḥ prameyatvān nitya iti* | *tad dhi nityānityapakṣayoḥ sādhāraṇatvād anaikāntikam* | *kiṃ ghaṭavat prameyatvād anityaḥ śabda āhosvid ākāśavat prameyatvān nitya iti* ‖ 古譯：“共者，如言聲常，所量性故，常、無常品皆共此因，是故不定。爲如瓶等，所量性故，聲是無常；爲如空等，所量性故，聲是其常？”（NP_{Ch} 11c19－22）今譯：“共有［於同品和異品］的［理由，如：］‘聲是常，因爲［聲］是可知的。’這個［理由］正是不定（*anaikāntika*），因爲［它］共有於恒常與無常兩類。［問題仍然是：］聲究竟是無常，因爲［聲］是可知的，如瓶；還是常，因爲［聲］是可知的，如虚空？”參見 Tachikawa 1971：124。

們並未真正走上"形式的路徑"。

而且,上述每一個缺少即不滿足某一項表徵的實例,事實上都能還原到論證的某一個前提非真的情形,或者因命題爲假,或者喻命題爲假。由此可見,三項表徵所約束的並非邏輯形式本身,並不是對形式本身的規定。它們不過是對於論證前提(因命題和喻命題)爲真的定義而已。就是説,一個論證中所有的前提(因命題和喻命題)爲真,當且僅當三項表徵都滿足。因此,視三項表徵爲"論證要素"的理論化方向,其隱含的意向就在於默認了:能以普遍的方式區分可靠論證與不可靠論證的核心要素或標準,應當是論證前提的真理性。佛教邏輯的"因三相"學説,正是對於這一隱含意向的理論化。也正是在這種意義上,因命題、同法喻命題和異法喻命題才被宣稱爲"能立"即"論證要素"。重點落在規則層面的三項表徵,還是規則所規範的語言表達,即因命題和喻命題,只是側重點放在元語言層面還是對象語言層面的不同,所表達的理論意向則是一致的。

或許可以認爲:在上述遵循《集量論》的"能立"新説中,至少因命題和喻命題仍被保留爲"能立",所以在佛教對論證的理論化中,肯定還有某種論證形式,構成了他們關注的焦點,因而"形式的路徑"並没有完全爲他們所拒絶。但這種觀點其實並不恰當。事實上,在這種"能立"新解釋中,真正重要的並不是論證的邏輯形式,而僅僅是因和喻這兩個命題的真。正如上文所述,一方面,對於可靠論證的健全直觀,就它本身來説,並不構成一種論證理論,更談不上一種形式化的理論了。而佛教關於三支論證式的形式的論述,僅僅表現了這樣一種健全的直觀而已。而且,在佛教三支論證式的理論中,事實上唯有一種近似於三段論第一格第一式(*Barbara*)的形式得到闡述。這種形式只能算作一種在佛教邏輯看來所有論證都必須遵循的語言表達格式(a linguistic standard)而已。[50] 無論如何,形式邏輯都不可能在唯有一種形式得到闡述的情況下出

〔50〕 佛教邏輯學家通常都將一個否定命題轉換爲相應的肯定形式,再來討論其内在結構,這一點正體現了他們對語言表達格式齊一性的追求,參見 NP 2.3: *vaidharmyeṇāpi* | . . . *tadyathā* | *yan nityaṃ tad akṛtakaṃ dṛṣṭaṃ yathākāśam iti* | *nityaśabdenātrānityatvasyābhāva ucyate* | *akṛtakaśabdenāpi kṛtakatvasyābhāvaḥ* | *yathā bhāvābhāvo 'bhāva iti* ‖ 古譯:"異法者,…,謂若是常,見非所作,如虛空等。此中常言表非無常,非所作言表無所作,如有非有説名非有。"(NP_{Ch} 11b15-18)今譯:"基於不相似性的[例證],……如下:凡恒常的都被觀察到非所作,如虛空。在這裡,對於無常性的否定(*abhāva*,非是),通過'恒常'這個詞來表述,對於'所作性'的否定也是通過'非所作'這個詞[來表述]。正如'非是'(*abhāva*)即對於'是'(*bhāva*)的否定(*abhāva*)。"參見 Tachikawa 1971: 121。

現。因爲既缺少各種無效的形式與之相對,更缺少各種同樣有效的形式與之相區分,這根本就不構成一種形式化的理論。另一方面,將理論化的重心放在邏輯形式本身以外的某種因素之上,從而踏上一條不同於"形式路徑"的理論化道路,這並不必然意味著對於此處得到指認的"論證要素"以外構成論證可靠性的其他必要條件(如邏輯形式),採取一種拒斥的態度,或者將其視爲與論證的"完整性"毫無關聯。踏上哪一條理論化的路徑,僅僅意味著理論化從哪里發生。與此同時,"論證要素"的其他可能選項,在現有的框架中則可能處在視域的邊緣。無論如何,並非必然在其視域之外。〔51〕

因此,僅根據佛教三支論證式的字面表達,將其解釋爲某種印度版本的亞里士多德三段論,這多少有過度詮釋的嫌疑。爲滿足因明的三段論解釋,宗命題即整個論證的結論,就必須在整個論證中被保留而不能省略。這樣,才有一個從前提到結論的完整推理過程,可供檢查其形式是否有效。因爲有效性的定義就是在前提爲真的情況下,結論不能爲假。但假如在一個論證式中,連結論亦可省略不説,又何以判斷其形式有效與否?而漢傳因明遵循陳那晚期的學説,正是將宗排除在"能立"之外。法稱進一步認爲因、喻二命題便足以構成一個論證。其晚期的《因滴論》(*Hetubindu*)和《論議正理論》(*Vādanyāya*),更明確禁止在爲他比量中陳述宗命題。在後一部書中,更將在一個論證中陳述宗命題列爲"負處"(*nigrahasthāna*,失敗的情況)之一。〔52〕漢傳的"宗非能立"與法

〔51〕在"因三相"的框架外,的確還存在其他相對次要的過失種類,如 NP 3.3.1(5):*viparītānvayo yathā* | *yat kṛtakaṃ tad anityaṃ dṛṣṭam iti vaktavye yad anityaṃ tat kṛtakaṃ dṛṣṭam iti bravīti* ‖ 古譯:"倒合者,謂應説言,諸所作者,皆是無常,而倒説言,諸無常者,皆是所作。"(NP_{Ch} 12b14-15)今譯:"正面相隨關係被顛倒[表達]的[例證],如:應表達爲'凡所作的都被觀察到是無常'的場合,[卻]説成'凡無常的都被觀察到是所作'。"又如 NP 3.3.2(5):*viparītavyatireko yathā* | *yad anityaṃ tan mūrtaṃ dṛṣṭam iti vaktavye yan mūrtaṃ tad anityaṃ dṛṣṭam iti bravīti* ‖ 古譯:"倒離者,謂如説言,諸質礙者,皆是無常。"(NP_{Ch} 12b25)今譯:"反面相離關係被顛倒[表達]的[例證],如:應表達爲'凡無常的都被觀察到有形體(*mūrta*)'的場合,[卻]説成'凡有形體的都被觀察到無常'。"參見 Tachikawa 1971:127,128。

〔52〕參見 Inami 1991:78-80;Tillemans 1999:71-73,77-81。Tillemans 教授 1991 年文章的結論(Tillemans 1999:78-81)正是三段論與"能立"之間"根本的不可通約性"(fundamental incommensurability)。他清楚地向我們表明,宗或者結論構成了對於評價任何一種三段論形式而言"不可或缺的一部分"(an integral part),但對於佛教邏輯評價其"能立"是否可靠的內在視角而言則並非如是。在一定程度上,本章對漢傳"能立"概念的論析,僅僅是換了"一個稍許不同的角度"來表達一個類似的結論。

稱的“二支論式”,都建立在陳那晚期對“能立”的新解釋基礎上。這種解釋中,宗命題被明確排除在“論證要素”之外,排除在佛教邏輯關於論證可靠性的核心思考之外。對形式有效性的考察,並非陳那以後佛教論證理論立説的意趣所在。

五、結論

通過以上分析,本章得出如下兩項結論。其中,第一項是歷史性的,第二項是理論性的:

1. 漢傳因明將“能立”解釋爲正確理由的三項表徵(因三相),或旨在體現三項表徵的因命題、同法喻命題和異法喻命題,並將這種解釋明確歸屬於陳那本人。其文獻依據在陳那晚期的集大成之作《集量論》,而不在其早期的《正理門論》或其弟子商羯羅主的《入正理論》。過去由於玄奘僅翻譯了《門論》和《入論》,其弟子的疏記也都是爲兩書作注,便得出錯誤的印象,以爲實際上爲玄奘所創立的漢傳因明其理論視域僅限於這兩部書。但我們以漢傳的“能立”概念爲例,通過追溯其理論源頭,便説明了事實並非如此。在漢傳因明的理論視域中,實際上也包括了陳那晚期《集量論》的某些思想要素。這就爲我們探究漢傳因明的理論來源提供了一個新的視角,啓發我們進一步探究漢傳因明是如何將陳那早晚期的各種思想要素整合在一起的。我們期待將來的研究會發現:漢傳因明是一個建立在陳那以後印度學界對其思想所作整體闡發和系統詮釋的基礎上的思想傳統。如果這一點成立,我們就能通過研究漢傳的陳那解釋,反過來了解玄奘當時印度學界對陳那思想的接受與詮釋。而這種詮釋很可能構成了法稱後來變革陳那因明的歷史背景和理論土壤。

2. 佛教邏輯從世親到陳那及其印度與中國後學的發展歷程中,從認爲“能立”是宗、因、喻三支論證式的語言表達,到將其僅僅解釋爲正確理由的三項表徵(因三相)或旨在體現它們的因、同法喻和異法喻三個命題,這一學説演變的過程,實際上表現了佛教邏輯學家對於何種因素決定了一個論證可靠與否的探究逐步從模糊趨向明朗的過程。通過將這種決定因素指認爲“因三相”或者論證前提的真理性,陳那及其後學便將佛教關於論證的理論引向了一條與西方形式邏輯截然不同的道路。

剩下的問題就在於,陳那以後更進一步的發展究竟採取了“認知的路徑”

還是“論辯的路徑”。如上已説,這已經超出了本章所能討論的範圍。但我相信,該問題將通過仔細對比陳那、漢傳與法稱對“因三相”及其中所隱含認知算子(epistemic operator)的不同解釋逐步得到解答。〔53〕

〔53〕 在這方面,筆者已作了一些初步的嘗試,初步探討了漢傳因明的“同品”(*Sapakṣa*)和“異品”(*vipakṣa*)概念,以及漢傳因明對第二相的解釋及其邏輯刻畫,參見 Tang 2015: 289－307,321－336,亦見本書第三章。目前爲止,對“因三相”及印度邏輯中的認知算子最詳盡、最深刻的分析,見於 Oetke 1994。

第三章 佛教邏輯學的論辯解釋與認知解釋*

——陳那、法稱與因明

佛教邏輯有别於西方形式邏輯的一項重要特徵,在於對論證前提爲真的强調,並在此基礎上提出了著名的"因三相"理論,作爲指導一則論證的基本規則。論證前提的真,在陳那著作中又被理解爲辯論主體將該前提確定爲真。這種"確定",體現爲文獻中對極成(*prasiddha*)、成(*siddha*)、決定(*niścita*)、見(*dṛṣṭa*)、已知(*vidita*)的强調。這些表達辯論者認知狀態的詞彙,皆可概括爲佛教邏輯中的"認知算子"(epistemic operator)。這種認知算子與佛教邏輯的諸多基本理論設定直接相關,如基本概念同品、異品、基本論證規律"因三相"以及用於體現"因三相"的因命題、同法喻命題和異法喻命題。然而,關於這種認知算子的性質、作用及其轄域,學界迄無基於文獻的確切説明。

本章通過研究因明與法稱兩個傳統對陳那《正理門論》中"決定同許"的理論設定(NMu 2.2)的不同解釋,説明因明傳統在陳那奠定的方向上,進一步採取了"論辯解釋"(dialectic interpretation),將這種"確定爲真"解釋爲在辯論的情境中爲辯論的雙方承認爲真(共許、同許)。法稱《釋量論自注》(PVSV 13,5 - 19)對陳那"決定同許"的解釋,則表明由他開啓的傳

* 筆者曾以本章初稿在佛教知識論工作坊(北京大學哲學系,2019 年 10 月 6—7 日)、第三届東方唯識學年會暨唯識學與佛教中國化學術研討會(上海大學道安佛學研究中心,2019 年 11 月 16—17 日)、首屆長三角邏輯論壇(南京大學哲學系,2019 年 12 月 23 日)等不同場合作過報告。承與會師友不吝賜正,獲益匪淺。在本章的同名删節本發表於《邏輯學研究》2021 年第 14 卷第 1 期(第 82—100 頁)之前,又承二位匿名審稿人惠予指正。謹此一併致謝! 當然,文責在我。又本章處理的部分一手材料,曾在 Tang(2015: 289 - 307)中有過先行討論。

統在陳那的基礎上,進一步採取了"認知解釋"(epistemic interpretation),將"確定爲真"解釋爲在認識論的意義上得到確定(*niścita/niścaya*,決定),即爲有效認知的手段(量)所證成。這是因明傳統與法稱傳統的一項根本差異。因明傳統對辯論術的關注,極有可能反映了法稱以前印度學界對陳那思想的詮釋路徑。

至於陳那本人採取"論辯解釋"還是"認知解釋",本章基於方法論的懷疑態度持開放的解讀,以待將來進一步的文獻學研究來説明。在明確了該認知算子的性質在佛教邏輯不同傳承中的不同解釋以後,其作用與轄域問題,亦留待將來進一步研究。

一、引言

佛教邏輯有别於西方形式邏輯的一項重要特徵,在於對論證前提爲真的强調,並在此基礎上提出了著名的"因三相"理論,作爲指導一則論證的基本規則。[1] 論證前提的真,在陳那著作中又被理解爲辯論主體將該前提確定爲真。這種"確定",體現爲文獻中對極成(*prasiddha*)、成(*siddha*)、決定(*niścita*)、見(*dṛṣṭa*)、已知(*vidita*)的强調。這些表達辯論者認知狀態的詞彙,皆可概括爲佛教邏輯中的"認知算子"(epistemic operator)。關於這種認知算子的性質、作用及其轄域,學界迄無基於文獻的確切説明。[2]

本章即嘗試對佛教邏輯中的認識算子作一些初步的探究,嘗試説明以玄奘爲實際奠基人的東亞因明傳統,與大致同時代的印度佛教邏輯學家法稱,對這種認知算子的性質的不同解釋,即論辯解釋(dialectic interpretation)與認知解釋(epistemic interpretation)。首先,本章試圖闡明:認知算子問題與佛教邏輯學的諸項基本理論設定直接相關。如基本概念宗、同品、異品的區分,基本論證規則"因三相"的滿足標準,以及用於體現"因三相"的因命題、同法喻命題和異法喻命題在何種意義上爲真,皆與辯論者的認知態度直接相關。在這一部分,筆者還嘗試羅列對這一認知算子的性質的各種可能解釋,並界定本章所謂的論辯解釋與認知解釋。

---

〔1〕 參見 Tang 2009 以及之後更精確的表述 Tang 2016: 106 - 110(亦見本書第二章)。

〔2〕 目前爲止,對印度邏輯學中的認知算子最廣泛而且深入的探討,見 Oetke 1994: 77 - 92。Oetke 的研究富於哲學洞見,但他對不同性質的認知算子的精細區分,未能落實到文獻。

其次,本章以因明傳統與法稱對他們共同的先行者陳那的《正理門論》中"決定同許"的理論設定(NMu 2.2[3])的不同解釋爲切入點,試圖論證:因明傳統在陳那奠定的方向上,對佛教邏輯學採取了"論辯解釋",將"確定爲真"解釋爲在辯論的情境中爲辯論的雙方共同承認爲真(共許、同許)。[4] 法稱《釋量論自注》(*Pramāṇavārttikasvavṛtti*)對陳那"決定同許"的解釋(PVSV 13,5–19),則表明由他開啓的傳統在陳那的基礎上,對佛教邏輯學採取了"認知解釋",將"確定爲真"解釋爲在認識論的意義上得到確定(*niścita/niścaya*,決定),即爲有效認知的手段(*pramāṇa*,量)所證成。

最後,本章再回到因明傳統的"論辯解釋"上來,從這個角度來説明該傳統對一則論證背後的實際論證思路的理解。至於陳那本人採取論辯解釋還是認知解釋,本章基於方法論的懷疑態度(methodological skepticism)持開放的解讀,以待將來進一步的文獻學研究來説明。在明確了認知算子在佛教邏輯的不同傳承中的不同解釋以後,其作用與轄域問題,亦留待將來進一步研究。

需要特别注意的是,本書所謂的"因明傳統"(*hetuvidyā*-tradition),專指在古典東亞世界(中日韓三國)以古典漢語爲主要學術語言,得到傳承與詮釋的佛教邏輯學–知識論傳統。該傳統以玄奘爲實際奠基人。它與發源於印度並傳播我國西藏地區的印–藏"量論傳統"(*pramāṇa/tshad ma*-tradition),應被視爲佛教邏輯學–知識論學派的不同傳承。這也是國際學界對佛教邏輯學–知識論學派的不同研究分支最初步的劃分。雖然東亞因明傳統和印–藏量論傳統都可以遠溯到陳那的邏輯學與知識論學説,但是,將兩個傳統一概稱爲"因明",正如將兩者一概稱爲"量論"一樣是不妥的。[5] 7世紀前後定型的印–藏量論傳統實際上建立在法稱學説的基礎上。而因明傳統對辯論術的關注,極有可能反映了法稱以前印度學界對陳那思想的詮釋路徑。比較法稱與因明傳統對佛教邏輯中的認知算子的不同解釋,也有助於我們進一步審視東

---

〔3〕 參見下注22。爲簡明計,本章稱此段落爲"《門論》關於'決定同許'的規定"。但這一稱呼並不意味著"同許"二字是這一段落的必要成分。詳見下文的展開論述。

〔4〕 本章所謂"論辯解釋"僅涉及佛教邏輯中認知算子的解釋問題。儘管這一解釋難免牽一髮而動全身,但筆者並無意將佛教邏輯等同爲一種辯論術。毋寧説,若取論辯解釋,佛教邏輯便應理解爲一種論辯邏輯。

〔5〕 關於東亞因明傳統與印–藏量論傳統各自特徵的初步説明,參見 Tang 2020a(亦見本書第一章)。

亞因明傳統與印–藏量論傳統的異同。

二、佛教邏輯學中的認知算子問題

陳那邏輯學説規定下的一則典型論證,可完整表述如下：

論題(宗)：	聲是無常的。 *anityaḥ śabdaḥ* ।
理由(因)：	因爲聲是所作的。 *kṛtakatvāt* ।
正面的例證(同[法]喻)：	凡所作的都被觀察到是無常,如瓶等。 *yat kṛtakaṃ tad anityaṃ dṛṣṭaṃ yathā ghaṭādiḥ* ।
反面的例證(異[法]喻)：	凡恒常的都被觀察到非所作,如虛空。 *yan nityaṃ tad akṛtakaṃ dṛṣṭaṃ yathākāśam* ‖〔6〕

其中,論題(*pakṣa*,宗,thesis)表現爲一個主謂形式的命題,它是整個論證的結論。根據印度邏輯學的術語體系,不僅整個論題可稱爲"宗",而且該論題的主項(如上例中的聲)與謂項(如上例中的無常)都可稱爲"宗"。論題主項意義上的 *pakṣa*,一般直接譯爲 subject(主項)。在印度邏輯學中,這甚至是 *pakṣa* 一詞更爲常見的用法。〔7〕 論題的謂項所指示的是論證的提出者(*vādin*,立、立論者)所想要論證爲論題的主項所具有的那一屬性,而論題的主項則相應地被立論者主張爲該屬性的具有者。從這個角度著眼,論題的謂項亦稱爲"所立法"(*sādhyadharma*,有待成立的屬性)或直接稱作"所立"(*sādhya*,有待成立者)。

〔6〕 NP 2.4,參見本書第一章注 45。

〔7〕 如在世親的《論軌》(Vādavidhi)中,*pakṣa* 就僅僅指論題的主項,而用 *pratijñā*(主張,古譯亦作"宗")一詞來指整個論題。參見本書第二章注 22。正是以指涉論題主項意義上的 *pakṣa* 爲基礎,進而有 *sa-pakṣa*(同–品,*pakṣa*-like,"與宗相似者")和 *vi-pakṣa*(異–品,*pakṣa*-unlike,"與宗不相似者")兩概念的提出。關於"宗"、"同品"和"異品"的三分,詳見下文。下文亦主要在論題主項的意義上使用"宗"一詞。當前漢語學界一般稱這個意義上的"宗"爲"宗有法"(作爲論題主項的屬性持有者)。

論題的主項則稱爲"有法"(*dharmin*,屬性持有者)。

上述論證中的理由(*hetu*,因,reason),也表現爲一個主謂命題。該命題整體與該命題的謂項(如上例中的所作),都可以稱爲"因"(*hetu*)。立論者陳述該理由的目的在於指出論題主項的一種屬性,以論題的主項(宗)具有該屬性(法)這一事實(即 *pakṣadharmatva*,宗法性)爲依據,來支持"該主項亦具有所立法"這一論題。因此,與論題的謂項稱爲"所立法"相對,理由的謂項便稱爲"能立法"(*sādhanadharma*,作爲成立的手段的屬性)或直接稱爲"能立"(*sādhana*,成立的手段)。

最後,立論者還需要陳述例證(*dṛṣṭānta*,喻,example),它包括兩方面:正面的例證(*sādharmyadṛṣṭānta*,同[法]喻,positive example)和反面的例證(*vaidharmyadṛṣṭānta*,異[法]喻,negative example)。同法喻和異法喻各自包含有一個普遍命題(general proposition〔8〕)與體現該命題爲真的至少一個實例(如上例中的瓶和虛空)。這兩個普遍命題連同各自的實例,分别從正、反兩方面對能立法與所立法之間的邏輯關係作出確認。這種邏輯關係稱爲"不相離性"(*avinābhāva*,"無[所立法]則[能立法]不生",invariable concomitance)。瓶和虛空之類被援引的實例,也可分别稱爲"同[法]喻"和"異[法]喻",或直接稱爲"喻"。

(一) 論域全集的三分與認知算子

爲了檢查能立法與所立法之間的"不相離性"是否爲真,整個論證涉及的論域全集便需要劃分爲三部分:宗(*pakṣa*,主項)、同品(*sapakṣa*, similar instance)與異品(*vipakṣa*, dissimilar instance)。〔9〕 同品的字面含義爲"與宗相似者",即由

〔8〕 對"普遍命題"(general proposition)與"全稱命題"(universal proposition),學界常有混淆。普遍命題是對一定論域内存在的某種事態的概括。只有當這個論域是全集的時候,普遍命題才能夠成爲全稱命題。

〔9〕 關於將宗排除在同品和異品之外或國際學界所謂"三分法"(tripartitionism)的理論設定,結合印度和西藏材料的探討見 Hayes 1988: 113 – 118; Tillemans 1990; Oetke 1994: 33 – 51; Oetke 1996: 465 – 474,488 – 490; Katsura 2004a; Tillemans 2004; Hugon 2004; Ganeri 2004: 342。結合東亞因明傳統的探討見 Chen 1997: 70 – 76; Zheng 1996: 48 – 50; Franco 2004: 207 – 211; Zheng 2010: 11 – 19; Zheng 2015。筆者關於該問題的最近討論見 Tang & Zheng 2016(亦見本書第四章)。國内學界關於此問題的最新討論尚有不少,筆者將另文專述。

於具有所立法(如上例中的無常)因而與宗(如上例中的聲)相似的事物。[10] 異品的字面含義爲“與宗不相似者”,即由於不具有所立法因而與宗不相似的事物。《入正理論》對同品和異品的定義如下:

> NP 2.2: *sādhyadharmasāmānyena samāno 'rthaḥ sapakṣaḥ* | *tadyathā* | *anitye śabde sādhye ghaṭādir anityaḥ sapakṣaḥ* ‖ *vipakṣo yatra sādhyaṃ nāsti* | *yan nityaṃ tad akṛtakaṃ dṛṣṭaṃ yathākāśam iti* | 古譯:謂所立法均等義品説名同品,如立無常,瓶等無常是名同品。異品者,謂於是處無其所立,若有是常,見非所作,如虛空等。(NP_{Ch} 11b7–10)
>
> 今譯:同品是因爲共享(*sāmānya*,均)所立法而[與宗]相似的(*samāna*,等)事物(*artha*,義)。例如,在聲要被論證爲無常的場合,無常的瓶等是同品。異品是其中不存在所立的[事物]。即:凡恒常的都被觀察到非所作,如虛空。[11]

窺基對本段的解釋由於混雜了過多與之前學者的辯論因而有些複雜。[12] 相比之下,文軌的下述解釋要清楚得多:

> ZYS 1.17a2–6:“所立法”者,宗中能別名之爲法,此法爲因所成名“所立法”。“均等義品”者,除宗以外一切有法俱名“義品”,不得名“同”。若彼義品有所立法與宗所立法均等者,如此義品方得名“同”,故云“所立法均等義品”。
>
> 今譯:“所立法”是説,論題(宗)中的限定項(*viśeṣaṇa*,能別)稱爲“法”(屬性)。由於該屬性是有待於理由(因)來成立的,故而稱爲“所立法”。“均等義品”(°*sāmānyena samāno 'rthaḥ*)是説,除了論題的主項(宗)以外的一切屬性持有者(有法)都稱爲“義品”(事物的集合),但[它們還]不能稱爲“同”。如果該事物的集合具有與論題中的所立法共通(均,common)、平等(等,equal)的所立法,這樣的事物的集合才可以稱爲“同”,故而[《入正理論》]説[“同品”的定義爲]“所立法均等義品”(與所立

---

〔10〕 同品與宗的相似性乃從立論者的角度著眼。因立論者想要論證宗有所立法,故從他的角度將已確定有所立法的事物視爲“與宗相似者”。宗與同品雖然相似,但非全同。兩者的差異在於,所立法對同品而言是已被確立的屬性,對宗而言則是尚待成立的屬性,見下文對 *sādhya*(所立)一詞的解釋。

〔11〕 參見 Tachikawa 1971: 121; Tillemans 1990: 58–59; Katsura 2004a: 121, Source 6。

〔12〕 參見 YMDS 233–240/107b20–108a22。

> 法共通、平等的事物的集合,group of things common and equal to the property to be proved)。[13]
>
> ZYS 1.18a3–6:“所立”者,即宗中能別法也。“處”者,除宗以外一切有法皆名爲“處”,“處”即是“品”。若於是有法品處,但無所立宗中能別,即名“異品”。
>
> 今譯:“所立”,就是論題中用於限定[主項]的那一屬性(能別法)。“處”(*yatra*,[於是]處)是説,除了論題的主項以外的一切屬性持有者都稱爲“處”。“處”就是“品”(集合)的意思。在任何一個屬性持有者的集合中,只要不存在論題中用於限定[主項的那一屬性],[該集合]就稱爲“異品”。[14]

由此可見,同品是具有所立法的個體組成的集合,異品是不具有該所立法的個體組成的集合。以上述“聲是無常”的論證爲例,同品就是無常的事物的集合,異品就是恆常(非無常)的事物的集合。同品集合中的每一個體,如瓶,也可直接稱爲“同品”。異品集合中的每一個體,如虛空,亦可直接稱爲“異品”。然而,一旦我們考慮到該論證的論題主項(聲)的歸屬,問題就變得有些複雜。在

---

〔13〕 比較上引 NP 2.2“同品”定義的今譯可知,古譯的“所立法均等義品”若按照梵本句讀,當作“所立法均”(*sādhyadharmasāmānyena*,因爲共享[均,*sāmānya*]所立法)、“等義”([與宗]相似的[等,*samāna*]事物[義,*artha*])。“均”、“等”非並列關係,非“均和等”,而是“因爲均,所以等”的意思,故而不能連讀。而文軌將之連讀爲“與所立法均(共通)、等(平等)的事物”。這一讀法爲窺基所沿襲,見 YMDS 233/107b22–26。然而在同一處,窺基還提到“均謂齊均,等謂相似”。這似乎保存了對“均”(共享)和“等”(相似)兩詞梵本原意的準確理解。又“所立法均等義品”中的“品”(集合)字或對應於 *pakṣa* 一詞,並不一定爲古譯所擅增。因爲,*pakṣa* 也有譯爲“品”的譯例,見 NP 3.2.2(2):*nityānitya<u>pakṣā</u>bhyām*(古譯:常、無常<u>品</u>,NP_{Ch} 11c23;今譯:在恆常和無常的兩<u>方面</u>中),這裡的 *pakṣa* 意爲“方面”,也可稍許自由一些,譯爲“種類”。況且,印度的注釋家師子賢在其《入正理廣釋》(NPṬ 23,8)解釋《入論》“同品”定義的段落中也有提到:***samānaḥ*** *pakṣaḥ* ***sapakṣaḥ***,“**相似的** *pakṣa*(一方、方面)即**同品**”(本處及下文的**粗體**,若無特別説明,皆表示被注釋的文字)。關於 NPṬ 此處對 *pakṣa* 的用法,脅天在覆注《入正理釋難語疏》(NPVP 73,17–19)中解釋如下:*samānaḥ sadṛśo yo ’rtho ghaṭādiḥ pakṣeṇa saha śabdādinā sa ghaṭādiḥ pakṣa upacārāt, dṛṣṭāntalakṣaṇo ’rtha iha pakṣaśabdavācyaḥ, tataḥ* ***samānaḥ pakṣaḥ*** | *samānasya sakāraḥ* |今譯:“與聲等 *pakṣa*(宗)相似、相類的瓶等事物,此瓶等由於轉義(*upacāra*)的緣故[也可稱爲]*pakṣa*。具備喻(*dṛṣṭānta*)的定義的事物,在這裡[也]可以用 *pakṣa* 這個詞來言説。由此,[NPṬ 説道:]**相似的** ***pakṣa***[即同品]。[*sapakṣa*(同品)中的]*sa* 這個字(前綴),指 *samāna*(相似)。”

〔14〕 神泰對《正理門論》同、異品定義(NMu 3.1)的解釋,見 YZMS 2.11a6–b4。

上述引文中,文軌便強調同品和異品的界定,都要以“除宗以外”爲前提,即論題的主項(宗)既不在同品中,也不在異品中。本來,從存在論的視角來看,聲不是恆常的就是無常的,不存在第三種可能。

事實上,只要認真讀過陳那本人的文字,就能發現他是從認識論的視角而不是從存在論的視角,來考慮宗(主項)、同品和異品的外延範圍問題的。陳那在《門論》中曾明確指出論題的主項聲不能歸屬於同品。這是由於無常是否存在於聲上,在立、敵之間尚存在爭議,故而無常相對於聲而言僅僅是“有待成立者”(*sādhya*,所成);而無常存在於同品瓶上,則在立、敵之間不存在爭議。《門論》原文如下:

> NMu 3.3:若爾,同品應亦名宗。不然,別處說所成故。因必無異,方成比量,故不相似。
>
> 今譯:[問:]如果是這樣,同品應當也稱爲宗(論題主項)。[答:]不是這樣的,這是因爲,[無常這一屬性]對不同於[同品]的[宗]而言,被説爲[尚且]有待於成立(*sādhya*,所成)[,而對同品而言,則被説爲已經得到成立(*siddha*,成)]。而理由[對宗而言與對同品而言]一定要不存在[“不成”與“成”的認知態度上的]差異,一則推論才有成立的可能。因此,[在有待成立的屬性(所立法)與用作成立的手段的屬性(能立法)之間]不存在相似性。[15]

陳那指出相對於聲而言尚有待成立的(*sādhya*)無常,在東亞因明傳統中,更被稱爲“不成法”,“不成”(*asiddha*)即尚未成立的意思。正如文軌所説:

> ZYS 1.13b9–14a2 *ad* NP 2.2(*pakṣadharmatvam*[遍]是宗法性):今言“宗”者,唯取有法。……有法聲上有二種法:一不成法,謂無常;二極成

---

〔15〕 參見 Tucci 1930:26;Katsura[2]:126–128;Katsura 2004a:122–123。神泰對本段的注釋(YZMS 2.18b4–8)指出:“謂聲望瓶是瓶家別處,於此別處成立無常。其聲上無常,由敵論人不許是無常,今以因成立,即説聲上無常爲所成立。……其瓶上無常,立、敵先成共許,不須成立。既不須成立,何名所成?”今譯:“這是説,聲與瓶相比,是與瓶這一方面不同的‘別處’,[立論者想要]成立無常存在於這一[不同於瓶的]別處之上。就聲上的無常而言,由於敵論者不承認(不許)[聲]是無常,現在就用理由來成立[它],因而説聲上的無常[尚且]有待於成立(所成立,*sādhya*)。……就瓶上的無常而言,立論者與敵論者先前已經共同承認(共許)[瓶是無常],不需要[再來]成立[它]。既然不需要[再來]成立[它],[瓶上的無常]又怎能稱爲[尚且]有待於成立(所成,*sādhya*)呢?”類似的解釋,亦見 YMDS 200/104b6–13。

法,謂所作。以極成法在聲上故,證其聲上不成無常亦令極成。

今譯:現在,[“宗法”中]所説的“宗”,僅僅指[論題(宗)中的]屬性持有者(有法=主項)。……在屬性持有者聲上,存在兩種屬性:一是尚未成立的(*asiddha*,不成,not established)屬性,即無常;二是[已得到]極成的(*prasiddha*, well established,充分成立/最終確立)屬性,即所作。由於極成的屬性(所作)存在於聲上的緣故,[立論者]便能論證尚未成立的[屬性]無常[也存在於]聲上,從而使得[無常相對於聲]也成爲極成的[屬性]。〔16〕

印度邏輯學中表示“成立”、“論證”、“證明”等含義的常用動詞爲 *SĀDH* 及其弱形式 *SIDH*(後者僅在自動詞的含義上使用)。從構詞來看,*sādhya*(所立、所成,what is to be established/proved)爲 *SĀDH* 的將來被動分詞(future passive participle = gerundive);*siddha*(成, established/proved)爲 *SIDH* 的過去被動分詞(past passive participle)。*sādhya* 是現在未被成立而有待於將來成立的意思,*siddha* 是現在已成立的意思,其否定形式 *asiddha*(不成,not established/not proved)則是現在還未成立的意思。故而,在現在還未成立的意義上,將 *sādhya* 稱爲 *asiddha*(不成)是一件很自然的事情。

總之,根據陳那的觀點以及因明文獻中的相關解釋,聲(宗)便不能包括在無常的事物的集合(同品)中,因爲“聲是無常”還未得到“成立”。由於“聲是恆常”也還未得到“成立”,故而聲也不能包括在恆常的事物的集合(異品)中。〔17〕 陳那晚年集大成之作《集量論》的印度注釋家聖主覺(Jinendrabuddhi, 約 8—9 世紀)也曾提到,同品是在其中所立法“已知”(*vidita*, known)的事物,而論題主項(宗)則是在其中所立法尚且“未知”(*avidita*, unknown)的對象。〔18〕

這樣看來,在陳那及其追隨者將一則論證涉及的論域全集劃分爲宗(論題

---

〔16〕 類似的表述,見 YMDS(177/102c3 - 11) *ad* NP 2. 2(*pakṣadharmatvam*);YZMS(1. 15b3 - 5) *ad* NMu 2. 1。亦參見本書第一章第三節關於上引段落的討論。

〔17〕 陳那《正理門論》關於“懷兔非月有故”的討論(NMu 1. 3),默認了論題主項不包括在異品中,參見 YZMS 1. 10a3 - b8。容另文專述。

〔18〕 見 Katsura 2004a: 123, Source 7: *yatra sa*(i. e. , *sādhyadharmaḥ*) <u>*viditaḥ*</u> *sa sapakṣa ity ucyate* | *yatrā<u>viditaḥ</u> sa pakṣa iti* |今譯:“在其中它(所立法)已知者,被説爲‘同品’。在其中[所立法]未知者,[被説爲]‘宗’。”

主項)、同品和異品三部分的理論設定中,具有決定意義的是辯論雙方的認知態度。無論這種認知態度,在文獻中稱爲成(*siddha*,被成立)、極成(*prasiddha*,被充分成立)還是已知(*vidita*),我們都可以將其概括爲現在所謂的認知算子(epistemic operator)或認知要素(epistemic element)。依據這一認知算子,我們便能將陳那實質上主張的宗、同品和異品概念定義如下:

同品: 是被(充分)成立([*pra*]*siddha*)/被知道(*vidita*)爲具有所立法的事物;

異品: 是被(充分)成立/被知道爲不具有所立法的事物;

宗: 是尚未被(充分)成立/被知道爲具有還是不具有所立法的事物。

這就是對論域全集的"三分法"(tripartitionism)。如果進一步將論域限制在滿足"被確定""被成立""被知道"這樣一種認知要求的對象範圍以内,即"除宗以外"的範圍内,同品與異品兩概念之間就的確可以成爲兩個互補的集合。有論者便將這一"除宗以外"的對象範圍稱爲"歸納域"(induction domain)。[19]

(二) 因三相與認知算子

除了上述在宗、同品、異品的三分的語境中提到的成、極成、已知等具有認知算子意義的詞彙以外,在因三相的語境中,陳那還提到了"决定"(*niścita*,被確定,ascertained)。該詞也具有認知算子的意義。陳那在《正理門論》中説道:

NMu 2.2: 此中"宗法"唯取立論及敵論者决定同許(*pakṣadharmo vādiprativādiniścito gṛhyate*[20])。於同品中有、非有等,亦復如是。

---

〔19〕 見 Hayes 1988: 113; Katsura 2004a: 125。承《邏輯學研究》雜誌的匿名審稿專家指出,上述從認知算子角度界定的同品、異品和宗,三者並在一起也無法構成全集。這的確是個好問題。對此問題的回答,需要我們考慮到邏輯學作爲一種理論的理想化的方面,佛教邏輯學亦然。在刻畫一場辯論的時候,圍繞是否具有所立法這個問題,宗被主題化爲辯論雙方唯一未形成共識或唯一未知的對象,除宗以外的所有對象則被理想化爲已形成共識或已知的全領域。若就實際情形言,自然無法排除宗以外其他未形成共識或未知的個體存在。

〔20〕 該梵文殘片,見 PVSVṬ 63,18; Katsura[1]: 122, n.1。本處及下文的下劃綫,若無特别説明,皆係筆者的強調。

今譯：在這一[頌(NMu k. 2〔21〕)]中，[唯有]爲立論者(*vādin*)與敵論者(*prativādin*)所確定的(*niścita*，決定)論題主項的屬性(*pakṣadharma*，宗法)被選取[爲理由(因)]。在[該頌的]“[理由]於同品中存在、不存在”等[文字中]，[隱含的規定]也是如此。〔22〕

在本段中，陳那主張，必須選取已被辯論雙方“決定”爲論題主項所具有的屬性(宗法)來作爲理由。這就要求第一相“遍是宗法性”(理由是論題主項所普遍具有的屬性)的滿足，以辯論雙方對這一相所述事項的“決定”爲前提。不僅如此，陳那還提到理由在同品和異品中的存在或不存在(於同品中有、非有等)，即理由與同品、異品之間的外延關係，也應當爲辯論雙方所“決定”。否則的話，在理由與同、異品的關係方面，也會存在各種稱爲“不成”(*asiddha*)的過失。這就是説，因第二相“同品定有性”(理由確實於同品中存在)和第三相“異品遍無性”(理由於異品中普遍不存在)的滿足，也以辯論雙方對這二相各自所述事項的“決定”爲前提。因此，陳那實際上要求因三相的滿足，都必須得到辯論雙方的確定。

事實上，“[因]於同品中有、非有等”也能滿足這一“決定”的理論設定的先決條件，正是同品和異品兩概念的外延對辯論雙方而言，不存在任何分歧與不確定之處。但是，論題的主項聲是歸於同品還是異品，即是否具有所立法無常，恰恰是立、敵雙方圍繞“聲是無常”論證展開辯論的主題所在。因此，論題主項聲既不能歸於同品，也不能歸於異品。否則，立、敵雙方便無法對同品和異品的外延範圍形成“決定”。或許也正是因此，在文軌對於《入論》同品和異品定義的上述解釋中，一開始便强調兩者都必須“除宗以外”(除了論題的主項以外)。〔23〕

由此亦可見，陳那在上述段落中所謂的“決定”，若應用於界定同品和異品的場合，便與上述的成、極成、已知等詞含義相同。同品之“被確定”(*niścita*)爲

---

〔21〕 NMu k. 2=PS 3. 9：*sapakṣe sann asan dvedhā pakṣadharmaḥ punas tridhā* | *pratyekam asapakṣe ca sadasaddvidhatvataḥ* ‖古譯：“宗法於同品，謂有、非有、俱，於異品各三，有、非有及二。”見 Tucci 1930：11, n. 17；Katsura[1]：119, n. 2。

〔22〕 參見 Tucci 1930：13；Katsura[1]：122。

〔23〕 對此難題的一種解決方案，是在因三相表述中取消同、異品概念，代之以理由與所立法之間的合(*anvaya*)、離(*vyatireka*)關係。參見 Hugon 2004：107－111，“Sa paṇ's strategy”(薩班的策略)。

具有所立法,即"被(充分)成立"([極]成)或"被知道"(已知)爲具有所立法的意思。"決定"與"成""極成""已知",表達的是同一種認知態度。在下文中,我們將一再回到這個段落(NMu 2.2)上來。爲簡明計,姑且稱此段落爲"《門論》關於'決定同許'的規定"。但這並不意味著"同許"二字是這一段落的必要成分。

無獨有偶,法稱著作的傑出注釋家法上(Dharmottara,約740—800)在其《正理滴論廣釋》(*Nyāyabinduṭīkā*)中也曾强調:法稱《正理滴論》(*Nyāyabindu*)的因三相表述中使用的 *niścita* 一詞,儘管放置在這一表述的末尾因而似乎僅意在限定最後一相(即第三相),但它必須被理解爲對於全部三相的限定。法稱《正理滴論》中的因三相表述如下:

> NB2.5: *trairūpyaṃ punar liṅgasyānumeye sattvam eva, sapakṣa eva sattvam, asapakṣe cāsattvam eva niścitam* ||
>
> 今譯:而且,三相,是標誌在所比中的唯存在,唯在同品中的存在,以及在非同品中的唯不存在,[這都是]被確定的(*niścita*)。

上述今譯對句尾 *niścitam* 一語的翻譯([這都是]被確定的),已經遵照了法上的注釋。否則的話,最後一句應當譯爲:"以及在非同品中被確定的唯不存在"(*asapakṣe cāsattvam eva niścitam*)。法上對這裡 *niścitam* 一語的注釋如下:

> NBṬ 91,9–92,5: ***trairūpyam*** *ityādi* | ***liṅgasya*** *yat trairūpyaṃ yāni trīṇi rūpāṇi tat idam ucyata iti śeṣaḥ* | *kiṃ punas tat trairūpyam ity āha-* ***anumeyaṃ*** *vakṣyamāṇalakṣaṇam* | *tasmin* ***liṅgasya sattvam eva niścitam****-ekaṃ rūpam* | *yady api cātra* ***niścita****grahaṇaṃ na kṛtaṃ tathāpi ante kṛtaṃ prakrāntayor dvayor api rūpayor apekṣaṇīyam* | *yato na yogyatayā liṅgaṃ parokṣajñānasya nimittam* | *yathā bījam aṅkurasya* | *adṛṣṭād dhūmād agner apratipatteḥ* | *nāpi svaviṣayajñānāpekṣaṃ parokṣārthaprakāśana{ṃ}[m]* | *yathā pradīpo ghaṭādeḥ* | *dṛṣṭād apy aniścitasambandhād apratipatteḥ* | *tasmāt parokṣārthanāntarīyakatayā niścayanam eva liṅgasya parokṣārthapratipādanavyāpāraḥ* | *nāparaḥ kaścit* | *ato 'nvayavyatirekapakṣadharmatvaniścayo liṅgavyāpārātmakatvād avaśyakarttavya iti sarveṣu rūpeṣu* ***niścita****grahaṇam apekṣaṇīyam* | (本處及下文的**粗體**,若無特别説明,皆表示被注釋的文字。)
>
> 今譯:"三相"等等。補充:**標誌的**三相(*trairūpya*),即三項表徵(*rūpa*),這就是[現在要]被説明的。那麽,這"三相"是什麽?[作者]説

道：**所比**，[其]定義將[在之後]被説明。在此[所比]中，**標誌被確定的**(***niścita***)**唯存在**，即[第]一項表徵。而且，儘管在這裡，不存在**被確定一**詞，[它]存在於末尾，但在之前的二項表徵中，[被確定一詞]也應被要求。因爲，標誌不是像[產生]芽的種子一樣，憑藉[自身的]能力(*yogyatā*)，就[可以成爲]不可見[事物]的認識的原因(*nimitta*)。因爲從没有被觀察到的煙，不會有對火的認識。[標誌]也不是像[照顯]瓶等的燈一樣，依賴以自己爲對象(*viṣaya*)的認識，就能顯示[另一]不可見的事物。因爲即便是從[某一]被觀察到的[標誌，只要它與那一不可見事物之間的]聯繫(*sambandha*)没有被確定，也不會有[對該事物的]認識。因此，標誌所具有的揭示不可見的事物的作用，僅僅在於對[標誌]與不可見事物之間的内在關聯(*parokṣārthanāntarīyakatā*)進行確定(*niścayana*)，而非其他任何一種[作用方式]。因此，對相隨關係(*anvaya*，合)、相離關係(*vyatireka*，離)和宗法性(*pakṣadharmatva*)[三者]的確定(*niścaya*， ascertainment)，由於是標誌的[推斷]作用的本質所在，故而必定要被提到。故而，在所有[三項]表徵之中，**被確定一**詞都應被要求。

在本段中，法上強調理由(*hetu*=*liṅga*，標誌)對論題的論證效力，並不是像種子一樣，只要將自己產生芽的能力發揮出來就能夠產生芽。它一定要"被觀察到"存在於論題主項(所比)之中。不僅如此，理由也並非像燈照物一樣，只要自己被自己照亮，就能使對象(瓶等)也被照亮。這就是説，理由自身不僅要"被觀察到"存在於所比之中，而且它與論題謂項指示的屬性(所立法)之間存在必然的邏輯聯繫也要"被觀察到"，即理由還必須"被觀察到"僅在同品中存在、"被觀察到"在異品中普遍不存在。唯有自身和自身與結論間的邏輯聯繫兩者都"被觀察到"，理由才能最終實現論證論題的作用。正因此，因三相的每一相的滿足，都要"被確定"。法稱上述因三相表述中的每一相，都要受到"被確定"一詞的限定。

這與上述陳那《正理門論》(NMu 2.2)要求不僅"宗法"要被確定，而且"[因]於同品中有、非有等"也要被確定的説法極爲相似。兩者不僅都使用了*niścita*(被確定)一詞，而且都強調了因三相中每一相的滿足，都以辯論雙方這種稱爲"確定"(*niścaya*)的認知態度爲先決條件。更值得注意的是，法上在上述注釋中，還引入了另一個表達具有認知算子意義的詞語——"被觀察到"(*dṛṣṭa*)。這個詞即常見於同法喻命題(如"若是所作，見彼無常")與異法喻命題(如“若是其常,見非所作”)中的“見”。[24] 法上在這裡將“被觀察到”與“被確定”視爲同義。

當然,我們也必須考慮到:一方面,陳那本人、因明傳統與法稱及其注釋者法上,各自對佛教邏輯學中有關辯論雙方認知態度的這一認知算子,是否持相同的解釋,仍有待詳細考察。另一方面,他們對佛教邏輯學中的各項理論細節,如因三相以及同品、異品等問題,還存在理解上的種種分歧。儘管如此,至少有一點是他們的共識,他們都强調這樣一種認知算子對決定一則論證是否能實際上發揮論證效力的決定意義。

(三) 論辯解釋與認知解釋

綜上所述,成(*siddha*,被成立)、極成(*prasiddha*,被充分成立)、已知(*vidita*)、決定(*niścita*,被確定)以及見(*dṛṣṭa*,被觀察到),儘管各自出現的語境不盡相同,但表現的都是辯論雙方的同一種認知態度。故而,筆者將它們合併起來處理,視爲同一認知算子的不同表達方式。進一步的問題就是如何來解釋佛教邏輯中的這一認知算子。

對它,有兩種可能的解釋:第一種是將它解釋爲通過一定的認知證據(epistemic evidence),如“量”(*pramāṇa*,有效認知的手段)從而得到確定或成立。[25] 第二種是將它解釋爲僅僅通過辯論中立、敵雙方的共同承認(共許)從而得到確定或成立。第一種解釋可以稱作認知的解釋(epistemic interpretation),第二種解釋可以稱作論辯的解釋(dialectic interpretation)。這兩種解釋是不同的。一方面,某些原則上無法被觀察到(*adṛśya*,不可見)因而根本無法確知的對象,關於這些對象的陳述,立論者與敵論者也完全可以僅僅依據各自傳統的教義(*āgama*,教)來達成共同承認。另一方面,即便是客觀存在因而原則上可以被確知的對象,也並不是關於它們的所有真命題,都能爲辯論雙方所共同承認而毫無猶疑。我們完全可以採取極端的懷疑論立場,主張“是怎樣”不外乎“被認爲是怎樣”,因而根本不存在什麼認識論意義上能被確知的事項。我們也可以稍許溫和一些,考慮到在辯論的現實情境中,辯論雙方都是

---

[24] 見上注 6。

[25] 這裡,我們姑且忽略該認知算子的轄域(scope)問題。儘管 Oetke(1994: 77－92)對此已有討論,但結合文獻來考察,以確定其轄域,仍將面臨諸多可預見的困難。泛泛而言,在佛教邏輯學中,一則論證的所有前提及這些前提中的詞項所指的對象,都與此認知算子相關。

基於各自的有限視角展開各自的論證,而不可能做到對所有真命題的通觀。無論如何,在一場辯論中,對確定一個命題的真而言,共同承認的原則往往比經由一定的認知證據從而確定爲真這一要求來得更切合實用。因此,對"確定"這一認知算子的論辯解釋,與對它的認知解釋相比,儘管更爲寬鬆,卻更切合辯論的實際情形,而認知解釋則要嚴格得多。

儘管論辯解釋與認知解釋有上述區别,但兩者並非絶不相容。因爲,我們完全可以將兩種解釋進行合取,從而獲得第三種解釋,即將佛教邏輯學中提到的"確定"或"成立",解釋爲辯論中的立、敵雙方基於一定的認知證據對某一命題爲真的共同承認。但是,這第三種解釋又可以化歸到單純的第一種解釋(認知解釋),只要我們爲認知解釋增加一個前提。這個前提就是:

> 認知證據的客觀性預設:當認知主體對某一命題的真,通過一定的認知證據予以確定或成立以後,該命題的真也必然能爲其他認知主體在適當的認知情境之下確定或成立。

事實上,在佛教邏輯學乃至古典印度哲學的絶大部分傳統中,對有效認知的手段(量)的客觀性從未喪失過信任。"量"這一概念本身,就是印度人對"人憑什麽能獲得真知"這一問題的回答。量的分類(如現量、比量等等),就是認知證據在哲學上的分類。認知主體一旦通過量獲取某種知識,便理所當然地默認其他主體也能通過相同的量獲取相同的知識。在印度哲學中,不存在僅對某一主體有效而對他人無效的量。量根據定義便具有這樣一種客觀性。因此,在佛教邏輯學肯定量的客觀性的前提下,上述第三種解釋方案,便實際上可以化歸到第一種解釋。對佛教邏輯學中的"確定"或"成立"這一認知算子,我們實際上只能有兩種可能的解釋,即認知解釋與論辯解釋。結合佛教邏輯學中量的客觀性預設,這兩種解釋便可進一步界定如下:

(1) 認知解釋:某一事項之被確定(*niścita*)/被(充分)成立([*pra*]*siddha*)/被知道(*vidita*,即被辯論雙方基於一定的認知證據(量)而共同確定;

(2) 論辯解釋:某一事項之被確定/被(充分)成立/被知道,即被辯論雙方共同承認,而不管這種承認是基於什麽理由。

還應指出,滿足上述第一種解釋的情況,實際上是滿足上述第二種解釋的情況的集合的一個子集。因爲,經如上界定以後的認知解釋,無非是爲論辯解釋所謂的“共同承認”，增加了“基於一定的認知證據”這樣一重限制而得到的結果。因此，滿足認知解釋的情況，必然滿足論辯解釋；而滿足論辯解釋的情況，未必滿足認知解釋。認知解釋只是論辯解釋的一個加強版本。

也正因此，在具體的文獻中，要分辨作者採用或者默認的究竟是哪一種解釋，並非一目了然。畢竟，在諸多正面論述的語境下，經常只是提到“確定”、“成立”之類的字眼，而没有進一步的説明。爲此，我們不妨將注意力轉向文獻中的另一些段落，在其中，作者爲了排除某些特定的“不成”過失，才感覺有必要確切闡述他對什麼才可以算作“成”的理解。從中，就可以看出對“成”的哪一種解釋實際上爲該作者所採用，而哪一種解釋爲他所反對。

三、共許即成：因明傳統中的論辯解釋

有了認知解釋與論辯解釋的區分以後，再回看上引《門論》（NMu 2.2）關於“決定同許”的規定，就能發現那一段的確切含義並不像字面所顯示的那樣明白。那一段文字本身實際上既容許作認知解釋，也容許作論辯解釋。〔26〕基於這樣一種解讀的開放性，再回看玄奘漢譯，便能發現：漢譯將 *niścita*（確定、決定）翻譯爲“決定同許”。嚴格來説，其中的“同許”二字應被認爲不見於原文，而很有可能是漢譯者對“決定”的補充説明。以“同許”來解釋“決定”，這似乎已經默認了一種論辯解釋。

無獨有偶，我們發現在《門論》重述“決定同許”規定的另一段文字中（NMu 2.4），漢譯者對“決定”一詞也作了類似的補充説明。這一段落是《門論》結合因第一相申明了“決定同許”的規定（NMu 2.2）並説明了相應的“四不成”過失（NMu 2.3）以後，對“決定同許”規定的再一次強調。該段強調，這一規定對認定“同品有、非有”等即理由與同品、異品之間的外延關係而言也同樣適用。其漢譯與現存的梵語殘片如下：

NMu 2.4：a→於其同品有、非有等，亦隨所應當如是説。←a 於當所説因與相違及不定中，b→唯有<u>共許決定</u>言詞説名能立，或名能破，非互不成、猶豫言詞，復待成故。←b（a–a *sapakṣe sann asann ity evamādiṣv api yathāyogam udāhāryam*. 見 PVSV 13,12–13；Katsura [1]：125–126，n. 1。b–b *ya eva tū<u>bhayaniścita</u>vācī*

〔26〕相比之下，聖主覺使用的“已知”（*vidita*）一詞，似更傾向於認知解釋。參見上注 18。

sa sādhanam, dūṣaṇaṃ vā, nānyatarāprasiddhasaṃdigdhavācī, punaḥ sādhanāpekṣatvāt. 見 PVSV 153,19–20; Katsura[1]: 126, n. 2。)

今譯: 即使對"[理由]在同品中存在、不存在"(NMu k. 2a〔27〕)這樣一些[情況],["爲立論者與敵論者所確定"這一要求〔28〕]也應根據情況而被提出。在[下文]將被説到的[正確的]理由、相矛盾的[理由]與不確定的[理由]中,[一個表達]唯有表達被[辯論的]雙方所確定的(*ubhayaniścita*)[具備三相的屬性或者相應的過失],才具有論證的作用(能立)或者具有反駁的作用(能破),而表達對[辯論的]一方而言並非充分成立或者可疑的[理由或者過失]的[言辭,就不具有論證的作用或反駁的作用],因爲[它們]還有待於論證的緣故。〔29〕

在本段中,漢譯"唯有共許決定言詞"一句中的"共許決定",梵語原文作 *ubhayaniścita*(共決定,被雙方所確定)。其中的"共許"或至少"許"字,應係漢譯者的補充説明。這與上述《門論》(NMu 2.2)段落將 *niścita*(決定)譯爲"決定同許"的做法如出一轍。

玄奘以"同許"或者"許"來補充説明"決定"的翻譯方式,是否帶有明確的理論意圖?爲進一步確定這一點,我們可以參考玄奘門人神泰的《因明正理門論述記》對《門論》(NMu 2.2)"決定同許"規定的下述解釋:

YZMS 1.16b10–17a3: 謂此立宗中,欲取宗法爲因者,唯取立敵決定同許所作性宗法,不取無常宗法,立許敵不許故。有亦須立敵決定同許。

今譯: 這是説,在這一對論題(宗)作出論證的場合,如果[立論者]想要選取論題主項的一種屬性(宗法)來作爲理由,[他就必須]僅僅選取爲立論者與敵論者決定同許的論題主項的屬性所作性[來作爲理由],而不能選取論題主項的[另一]屬性無常性,因爲[無常性僅僅]爲立論者所承認(許)而爲敵論者所不承認(不許)。[該被選取的理由在同品和異品中的]存在[、不存在、或部分存在而且部分不存在]也必須爲立論者與敵論者決定同許。

在本段中,解釋的重點顯然放在"同許"上面,而"決定"則未得到解釋。也可

〔27〕 NMu k. 2 見上注 21。

〔28〕 參見上文引用並討論過的 NMu 2.2。

〔29〕 參見 Tucci 1930: 15; Katsura[1]: 125–126。

以説,“決定同許”在這裡被直接解釋爲“同許”(共同承認)。神泰在作出上述解釋的時候,似乎默認了對佛教邏輯的一種論辯解釋。這也提示我們,漢譯將“決定”譯爲“決定同許”的做法,很可能的確藴含了以“同許”來界定“決定”的理論意圖。當然,這種論辯解釋的立場未必是唐代因明學者的創新,而很可能在某種程度上反映了當時印度方面對佛教邏輯的某種特定理解。

因明傳統對佛教邏輯的這樣一種論辯解釋,可在它對佛教邏輯中另一個表現認知算子的詞“極成”(*prasiddha*,充分成立)的解釋中得到進一步確認。在這方面,相關的典據是《入論》(NP 2.1)對“宗”的定義中提到的“極成有法,極成能别”〔30〕,文軌在注釋該句的時候將“極成”解釋爲:

> ZYS 1.7b5:言“極成”者,主賓俱許名爲“極成”。
>
> 今譯:所謂“極成”,爲立論者(主)與敵論者(賓)共同承認(俱許),就稱爲“極成”。

與文軌相比,窺基對《入論》該句中“極成”一詞的解釋更爲詳盡,而且力求還原該詞的構詞,但也同樣把“極成”解釋爲辯論雙方的“共同承認”(共許名爲至極成就)。窺基的解釋如下:

> YMDS 106/98a15–19:“極”者至也,“成”者就也,至極成就故名“極成”。有法、能别,但是宗依,而非是宗。此依必須兩宗至極共許成就,爲依義立,宗體方成。所依若無,能依何立?由此宗依必須共許。共許名爲“至極成就”,至理有故,法本真故。
>
> 今譯:“極”(前綴 *pra-*)意爲“終極”(至),“成”(*siddha*)意爲“確立”(就)。在終極的意義上得到確立(至極成就),故而稱爲“極成”。屬性持有者(有法)與限定項(能别)只是構成論題的[兩個]依據(宗依,substratum of thesis),而不是論題[本身]。這[兩個]構成[論題]的依據一定要爲[辯論的]雙方(兩宗)經由共同承認從而在終極的意義上得到確立

---

〔30〕 NP 2.1:*tatra pakṣaḥ prasiddho dharmī prasiddhaviśeṣaṇaviśiṣṭatayā svayaṃ sādhyatvenepsitaḥ* | *pratyakṣādyaviruddha iti vākyaśeṣaḥ* | *tadyathā* | *nityaḥ śabdo 'nityo veti* ‖ 古譯:“此中宗者,謂極成有法,極成能别差别性故,隨自樂爲所成立性,是名爲宗。如有成立聲是無常。”(NP_{Ch} 11b3–5)今譯:“其中,宗是被[立論者]自己想要成立爲是被極成的能别所差别的極成的有法。補充説言:[它]不與現量等相違。例如:聲是常,或[聲是]無常。”參見 Tachikawa 1971:120。

（至極共許成就），才能在構成［論題］的依據的意義上得到確立，作爲論題的整個命題（宗體，thesis-statement）才能被構造起來。如果構成的依據（所依）不存在，以之爲構成依據的（能依）［整個論題］如何能夠確立？因此，構成論題的依據一定要［爲辯論的雙方］共同承認（共許）。［一個表達爲辯論的雙方］共同承認，就稱爲"在終極的意義上得到確立"，因爲［這樣一個表達所指涉的事物］在終極真理的層面存在，［這些］事物（法）在原初的意義上是真實的。

在本段中，窺基將"極成"解釋爲"至極成就"（在終極的意義上得到確立），而"至極成就"又被窺基表述爲"至極共許成就"。這與玄奘將上引《門論》段落原文的"決定"（*niścita*）翻譯爲"決定同許"（NMu 2.2）、原文的"共決定"翻譯爲"共許決定"（NMu 2.4）的做法，可謂如出一轍。

值得注意的是，窺基在上引段落中，除了將"極成"解釋爲"共許"，還嘗試說明"共許"背後的根據所在。正如該段末尾所說，一個表達（語詞或命題）被視爲"極成"，是因爲該表達所指涉的對象在存在論的意義上是實在的（法本真故），或它所言說的事項在絶對真理的層面爲真（至理有故）。在另一處，窺基還對這一點作了發揮：

YMDS 127/99c14－19：問：既兩共許，何故不名"共成"而言"極成"？答：自性、差别，乃是諸法至極成理。由彼不悟，能立立之。若言"共成"，非顯真極。又因明法，有自比量及他比量能立、能破。若言"共成"，應無有此。又顯宗依，先須至於理極究竟，能依宗性方是所諍，故言"極成"而不言"共"。

今譯：問：既然［論題的主項和謂項都必須］爲［辯論的］雙方共同承認，爲什麼［《入論》（NP 2.1）對論題的定義］不［將這一要求］稱爲"共成"（即共許）而表述爲"極成"？答：［第一，］論題主項自身（自性）及其限定（差别，即謂項），實際上［必須］是一切事物中在終極意義上得到成立的真理。由於敵論者尚未領悟到，故而［立論者提出］一個論證（能立）來使之成立。如果表述爲"共成"，就不能表現"真極"（真實、終極）［這層要求］。而且［第二］，根據因明的規則，存在自比量形式的論證和他比量形式的反駁。如果表述爲"共成"，就不會存在［自比量和他比量］這兩種形式［的論證和反駁，因爲它們不滿足"共成"的要求］。而且［第三］，［這是爲了］表明構成論題的［兩個］依據（主項和謂項），首先必須觸及真理中最後、最終

> 極的層面,以之爲依據的(能依)論題本身才能成爲辯論的對象,故而[這一要求在《入論》中]表述爲“極成”而不表述爲“共成”。

從本段的理論意圖來看,窺基試圖在“極成”與“共許”(共成)之間作出區分。他將“極成”解釋爲在絶對真理的意義上真實存在(真極)。這樣一來,“極成”就直接指向“共許”背後的存在論根據,而與這一根據所要保證的“共許”拉開了距離。然而,這一理論意圖能否實現,窺基的“真極”説能否構成對“極成”的一種存在論解釋(ontological interpretation),還取決於窺基爲此所作的論證從因明理論的角度來看是否站得住脚,以及他本人在闡述佛教邏輯的時候,在多大程度上運用了“真極”意義上的“極成”概念。

從本段的論證思路來看,窺基給出的三條理由其實各有各的問題。第一條理由指出:《入論》(NP 2.1)“極成有法,極成能别”一句中的“極成”一詞,是爲了表明論題的主項(自性)和謂項(差别)都是自在成立的真理;因爲敵論者不承認,故而立論者要組織一個論證來使之成立。但是,窺基在這裡混淆了“宗依”和“宗體”。《入論》此處的確是用“極成”來規定論題中作爲“宗依”的主項和謂項,但這兩個詞項不是雙方辯論的對象。由這兩個詞項結合起來構成的整個命題(宗體)才是雙方辯論的對象,但這一命題又不能用“極成”來要求,否則便犯有宗過“相符極成”,只能是一個錯誤的論題。〔31〕 第二條理由指出:《入論》在這裡使用“極成”而非“共成”,是爲了容許以自比量和他比量的方式提出一個論題,因爲在這兩種情況下,論題的主項和謂項可以不滿足“共許”的要求。但是,僅滿足“極成”而不滿足“共許”的情況,根本就不見於《入論》乃至其他因明文獻對“極成”或“成”的用例。甚至自比量和他比量這兩種推理方式,也不在《入論》的理論視域中。第三條理由指出:唯有作爲“宗依”的主項和謂項滿足“極成”的要求,作爲整個命題的論題(能依宗性)才有可能提供給辯論的雙方作出真、假兩種截然不同的判斷。但是,正如窺基在前一段引文中所説的那樣,爲構成一個可供辯論的論題,該論題的主項和謂項所要滿足的“極成”,實際上不外乎“共許”(此依必須兩宗至極共許成就,爲依義立,宗體方成)。

---

〔31〕 Chen 2018: 208, n. 372 對本條理由已提出類似的質疑。“相符極成”見 NP 3.1(9): *prasiddhasaṃbandho yathā* | *śrāvaṇaḥ śabda iti* ‖ 古譯:“相符極成者,如説聲是所聞。”(NP_{Ch} 11c6–7)今譯:“在其中[主項與謂項之間的]聯繫已經極成的[宗],如:聲是可聽到的。”參見 Tachikawa 1971: 123。

可見,窺基給出的三條理由,都不足以支撑起他在"極成"與"共許"之間所要作出的區分。而且,即便窺基本人也並未將他對"極成"的這一發揮,組織到他對佛教邏輯學的體系性解釋中。這就是説,既没有根據"真極"意義上的"極成",來重新解釋佛教邏輯學的一系列理論設定,也並未運用"真極"這一標準來衡量具體的論證,没有用這一標準來排除論證中特定的過失。因此,窺基將"極成"解釋爲"真極",對此後的整個因明傳統乃至他本人而言,都不構成對"極成"的一種具有實質理論意義的新解釋。〔32〕 正如鄭偉宏先生所説:"因明家在掌握極成的標準時,事實上是偏重共許而不計實有(按:即'真極')的。……《大疏》在解釋實例時也遵循《理門論》以共許爲極成的傾向。"〔33〕

相比之下,《入論》的印度注釋家師子賢在注釋《入論》(NP 2. 1)同一句話的時候説道:

> NPṬ 20, 14: *tatra prasiddhaṃ vādiprativādibhyāṃ* <u>*pramāṇabalenaiva*</u> *pratipannam* |
>
> 今譯:這裡,極成是爲立論者與敵論者<u>僅僅根據有效認知的手段(量)的力量</u>所確認(*pratipanna*)。

這就强調"極成"的根據在於一定的認知證據,唯有"根據有效認知的手段的力量"從而達成的共許,才可以稱爲"極成"。這體現了一種認知解釋,而不同於文軌和窺基側重於單純"共許"意義上的"極成"並以此來解釋佛教邏輯學的一系列理論設定的做法。因明傳統與印度方面的學者對這樣同一句話中的同一個詞(極成)存在理解上的差異,也情有可原。因爲師子賢在年代上晚於法稱,

---

〔32〕 參見窺基弟子慧沼與再傳弟子智周從"真極"的方面對"極成"的進一步闡發,分别見於 IRMS 240c22 和 YMQJ 806b24 – c2。然而,原則上來説,窺基以後的唐代因明學者一方面體現出某些獨立思考的萌芽,而另一方面,他們除了解釋與捍衛窺基的話以外,並没有爲佛教邏輯學做出多少實質性的推進。有的時候,他們給出的信息甚至還具有誤導性。例如,慧沼在其《因明入正理論義纂要》(YZY 165a24 – 26)中將《門論》從九句因的角度區分正因、不定因與相違因的第 7 頌(NMu k. 7 = PS 3. 22)歸屬於足目(Akṣapāda)和世親。Sugiura 1900: 21 – 23 沿襲了這一誤解,甚至將整個九句因理論都歸屬於足目。

〔33〕 Zheng 2007: 210,參見 Chen 1997: 12 – 14; Zheng 1996: 267 – 268。關於《理門論》是否帶有"以共許爲極成的傾向"的問題,誠如本章開篇所説,將暫時擱置,留待之後的研究來充分討論。

他對《入論》的注釋受到過法稱的影響。[34]

處於因明傳統相對晚期的日本學者寶雲(Hōun,1791—1847),在其《因明正理門論新疏》(*Inmyō shōri mon ron shin sho*)中,對上述《門論》有關"決定同許"的規定的下述解釋更直截了當指出:

ISMSS 1.21a7–8:立、敵同謂"然,是宗法於聲是有",謂之"同許"。此論共比,故必同許。同有、異無,亦須同許。

今譯:立論者與敵論者共同宣稱"是的,這一'宗法'(論題主項的屬性)在聲上存在"[的場合],就稱爲"同許"(共同承認)。在這裡,[《門論》]是在談論共比量(共比)。因此[被選取爲理由的宗法]一定要爲[辯論的雙方]共同承認。[而且,這一被選取的理由]在同品中存在和在異品中不存在,也必須爲[辯論的雙方]共同承認。

總之,通過以上討論,我們可以大致了解:東亞因明傳統對佛教邏輯中的認知算子,實際上採取的是一種論辯解釋。在下一節中,我們便將看到法稱對《門論》有關"決定同許"的規定的解釋方式與此截然不同,而體現爲一種認知解釋。

四、共許非成:法稱學説中的認知解釋

在法稱的《釋量論自注》中,對《門論》"決定同許"規定的解釋,主要是在批判當時正理派的一則著名的有我論(Ātmavāda)論證的語境中作出的。[35]以下,我們先介紹這一論證,再來看法稱在批判它的過程中,對《門論》"決定同許"規定的解釋。

(一) *Kevalavyatirekin*:單純基於相離關係的邏輯理由

這一論證見於正理派的著名注釋家烏調達迦羅(Uddyotakara,6世紀)的《正理經釋》(*Nyāyavārttika*)。烏調達迦羅的年代位於陳那與法稱之間。該論

---

〔34〕例如,師子賢對《入論》(NP 2.2)中帶有 *eva*(唯、的確)一詞的因三相表述的注釋(特別是第一相和第二相),正是基於法稱關於"對無聯繫的排除"(*ayogavyavaccheda*)與"對與他者相聯繫的排除"(*anyayogavyavaccheda*)的理論,因而帶有鮮明的法稱學説的烙印。參見 NPṬ 24,8–13。法稱關於 *eva* 在肯定句中的三種用法的理論,參見 Kajiyama 1973 和 Gillon & Hayes 1982。關於法稱主張的"認知解釋",詳見下文。

〔35〕見 PVSV 13,5–19。

證的具體内容如下：

NV 43,11－12 *ad* NS 1.1.5：*vyatirekī vivakṣitavyāpitve sati sapakṣābhāve sati vipakṣāvṛttiḥ, yathā nedaṃ jīvaccharīraṃ nirātmakam, aprāṇādimattvaprasaṅgād iti* ।

今譯：[單純]基於相離關係的[理由]，在遍充於所主張的[主項]的情況下，在同品不存在的情況下，在異品中不出現，如：此有生命的身體並不是没有自我的，因爲[否則的話]，就會導致[它]不具有呼吸等[生命特徵]的結論。[36]

爲看清這一論證的結構，可將它轉換爲如下三支作法的形式：

論題（宗）：	有生命的身體是具有自我的。
理由（因）：	因爲有生命的身體是具有呼吸等[生命特徵]的。
相離關係（離）：	爲[辯論的]雙方讚成不具有呼吸等[生命特徵]者，就是所有被觀察到没有自我的[事物]。[37]

[36] 這與《釋量論自注》援引的論證相同，見 PVSV 13,2：*nedaṃ nirātmakaṃ jīvaccharīram aprāṇādimattvaprasaṅgād iti* ।。參見 Gillon & Hayes 2008：343；Steinkellner 2013：32。關於該論證的歷史背景，見 Eltschinger & Ratié 2013：119－126；理論背景，見 Matilal 1998：9－11。

[37] 這裡，論題的謂項從否定的"不是没有自我"（*na ... nirātmakam*）改寫爲肯定的"具有自我"（*sātmakam*），理由從否定的"不是不具有呼吸等[生命特徵]"（*na ... aprāṇādimad bhavati*）改寫爲肯定的"具有呼吸等[生命特徵]"（*prāṇādimattvam*）。這是基於法稱後來在《正理滴論》中的表述，見 NB 3.96－97：*anayor eva dvayo rūpayoḥ sandehe 'naikāntikaḥ* ‖ *yathā sātmakaṃ jīvaccharīraṃ prāṇādimattvād iti* ‖ 今譯："在這兩項表徵（即合與離）都有疑惑的情況下，[理由]是不確定的。如：有生命的身體是具有自我的，由於[它]是具有呼吸等[生命特徵]的緣故。""離"則是基於烏調達迦羅的表述，見 NV 116,10－14 *ad* NS 1.1.35：*udāharaṇaṃ tu nedaṃ nirātmakaṃ jīvaccharīram aprāṇādimattvaprasaṅgād iti* । *yad ubhayapakṣasaṃpratipannam aprāṇādimat, tat sarvaṃ nirātmakaṃ dṛṣṭam* । *na cedam aprāṇādimad bhavati* । *tasmān nedaṃ nirātmakam iti* । *so 'yam avītaḥ parapakṣapratiṣedhāya bhavatīti* ।今譯："而[正確的]實例爲：此有生命的身體並不是没有自我的，因爲[否則的話]，就會導致[它]不具有呼吸等[生命特徵]的結論。爲[辯論的]雙方讚成不具有呼吸等[生命特徵]者，就是所有被觀察到没有自我的[事物]。而且，此[有生命的身體]不是不具有呼吸等[生命特徵]的。由此，此[有生命的身體]不是没有自我的。這就是旨在反駁對方的間接的（*avīta*, indirect）[邏輯理由]。"參見 Eltschinger & Ratié 2013：123－124, n. 19；Okazaki 1995：493。此外，儘管按照三支作法的通常形態，上述將否定的表達替换爲相等的肯定表達的改寫方法是允許的，而且後來的正理派學者也的確如此改寫（參見 Matilal 1998：10），但烏調達迦羅仍强調這一論證必須是由否定"具有呼吸等[生命特徵]"從而否定"没有自我"。因爲在他看來，這一論證是一個反駁形式的論證。參見 NV 117,7－9：*yathā vītahetor avyabhicāriṇa ekasya dharmasya darśanād itaradharmānumānam, evam avītahetāv api ekadharmanivṛttidarśanād itaradharmanivṛttyanumānam iti* ।今譯："正如直接的理由（*vītahetu*），從展示某一無偏離的屬性來比度另一屬性，在間接的理由（*avītahetu*）的場合也是如此，從展示某一屬性的否定來比度另一屬性的否定。"

如上所述,在一個三支作法中,同法喻和異法喻分别從正、反兩方面説明理由(即能立法)與所立法之間的邏輯關係。同法喻中的普遍命題(同法喻體)旨在表現所立法對於理由的“相隨關係”(*anvaya*,合,association),即:凡體現理由的個體,皆體現所立法。異法喻中的普遍命題(異法喻體)旨在表現理由對於所立法的否定的“相離關係”(*vyatireka*,離,disassociation),即:凡體現所立法的否定的個體,皆體現理由的否定。體現“合”爲真的實例,必須在同品中選取同時體現理由的個體,即所謂的“同法喻依”。體現“離”爲真的實例,必須在異品中選取同時不體現理由的個體,即所謂的“異法喻依”。以上述“聲是無常,所作性故”論證爲例,瓶等即在主項聲以外具有無常性的事物(同品)中,同時兼具理由所作性的個體;虚空即在主項聲以外不具有無常性的事物(異品)中,同時不具有理由所作性的個體。[38]

一般情況下,一則可靠的三支作法,能兼具“合”(相隨關係)與“離”(相離關係)兩方面並舉得出相應的實例。但是,在烏調達迦羅看來,還存在兩種特殊情況:一種情況是,由於根本就没有異品故而舉不出體現“離”爲真的個體(異法喻依),但是“合”仍然爲真並舉得出相應的實例。符合這種情況的論證的理由,就稱爲“[單純]基於相隨關係的[理由]”([*kevala*] *anvayin*)。[39] 另一種情況是,由於根本就没有同品故而舉不出體現“合”爲真的個體(同法喻依),但是“離”仍然爲真並舉得出相應的實例。符合這種情況的論證的理由,就稱爲“[單純]基於相離關係的[理由]”([*kevala*] *vyatirekin*)。這兩種邏輯理由也被烏調達迦羅視爲“正因”,這是他在陳那九句因理論的基礎上提出的全新觀點。

在上述有我論的論證中,“具有呼吸等[生命特徵]”這一理由,在用於論證“有生命的身體具有自我”這一論題的時候,就是一個“[單純]基於相離關係的[理由]”(*vyatirekin*)。正如上引《正理經釋》(NV 43,11 – 12)所述,第一,該論證的理由“遍充於所主張的[主項]”(*vivakṣitavyāpitve sati*),即理由“具有呼吸等[生命特徵]”是主項“有生命的身體”所普遍具有的屬性。第二,在這一論證

---

〔38〕 參見上注 6 及本書第一章注 45,“對同品跟隨[因法]的表達”(*sapakṣānugamavacana*,隨同品言)與“對[因法與異品]相離的表達”(*vyatirekavacana*,遠離言)。

〔39〕 具體實例,參見 NV 43,9 – 11 *ad* NS 1.1.5: *anvayī vivakṣitatajjātīyavṛttitve sati vipakṣahīnaḥ, yathā sarvānityatvavādinām anityaḥ śabdaḥ kṛtakatvād iti* | *asya hi vipakṣo nāsti* |今譯:“[單純]基於相隨關係的[理由],在所主張的[主項]以及與它同類的[事物]中出現的情況下,没有異品,如:在主張一切皆是無常的人們那裡,聲是無常,因爲[它]是所作的。因爲,就此而言,不存在異品。”

中,"同品不存在"(*sapakṣābhāve sati*),因爲它的論題的謂項(所立法)"具有自我"與主項(宗)"有生命的身體"在外延上是全同關係,故而在主項以外,根本就不存在其他體現"具有自我"這一屬性的個體。既不存在"同品",便無法從中舉出體現"合"爲真的個體。第三,論證的理由"在異品中不出現"(*vipakṣāvṛttiḥ*),即:理由"具有呼吸等[生命特徵]"不存在於異品中,即不存在於任何一個既不是主項"有生命的身體"、又不體現"具有自我"這一屬性的個體中。這一點對應到三支作法的層面,就是"離"爲真,而且還舉得出相應的實例(瓶等[40])。烏調達迦羅將該論證所基於的"離"表述爲:

> 爲[辯論的]雙方讚成不具有呼吸等[生命特徵]者,就是所有被觀察到沒有自我的[事物](*yad ubhayapakṣasampratipannam aprāṇādimat, tat sarvaṃ nirātmakaṃ dṛṣṭam*)。[41]

根據"離"的通常表述方式,應該先否定所立法"具有自我",再否定理由"具有呼吸等[生命特徵]",即應當表述爲"[在有生命的身體以外的論域中]凡是沒有自我的[事物],都不具有呼吸等[生命特徵]"之類的形式。但烏調達迦羅的上述表達先言說"不具有呼吸等",再言說"沒有自我",恰好將否定的順序顛倒了過來。根據岡崎康浩的研究,這是由於在這個論證中,"不具有呼吸等[生命特徵]"(理由的否定)與"沒有自我"(所立法的否定)兩概念之間,在外延上是全同關係。而且,烏調達迦羅的上述表達所採用的句子結構"*yad A tat sarvam B*",應被理解爲"具有 *A* 屬性者即全部具有 *B* 屬性者"的意思。[42] 故而這裡的"離"應被理解爲一個等價式。對等價式來説,前後兩個等價項本來便可以互換位置而不影響整個表達式的真值。因此,烏調達迦羅上述顛倒了通常順序的表達,在這一論證的情況下還是可以接受的。

(二)《釋量論自注》(PVSV 13,5-19)釋讀

在我們接下來關注的《釋量論自注》段落中,法稱對這一有我論論證的批判,正是聚焦在它的"離"上。法稱指出,作爲這一論證的基礎的相離關係,即理由"具有呼吸等[生命特徵]"排除(*nivṛtti*,止、離)在異品(瓶等不具有自我的

---

〔40〕 見下文所引《釋量論自注廣釋》(PVSVṬ 63,7-13)。

〔41〕 参見上注 37。

〔42〕 見 Okazaki 1995: 493-492。

事物,即體現所立法的否定的事物)之外這一點,本身還是有疑問的。這是因爲,這一相離關係只是以反例的“未觀察到”(*anupalambha/adarśana*,不可得、不可見,non-observation)爲根據。法稱主張,對一個命題是否爲真的“疑惑”(*saṃśaya*,猶豫),並不會單純因爲我們没有觀察到對這一命題爲真構成反例的事項而消失。

正是在這一語境中,法稱提到了對認知算子“成”的一種解釋。這種解釋認爲:在正理派與佛教的教義(*āgama*)中,均承認凡是不具有自我的事物都不具有呼吸等生命特徵;僅根據這樣一種“承認”(*abhyupagama*,許[43]),上述論證中的相離關係就應當是成立的(*siddha*)。在引入這一解釋以後,法稱便對它展開了批判。法稱的原話如下:

> PVSV 13,5－9: *abhyupagamāt siddham iti cet* | *katham idānīm ātmasiddhiḥ* | *parasyāpy apramāṇikā kathaṃ nairātmyasiddhiḥ* | *abhyupagamena ca sātmakānātmakau vibhajya tatrābhāvena gamakatvaṃ kathayatā āgamikatvam ātmani pratipannaṃ syāt* | *nānumeyatvam* |
>
> 今譯:若[有人主張]:由於[佛教方面對瓶等不具有呼吸等生命特徵的事物也不具有自我這一點的]承認(*abhyupagama*),[呼吸等生命特徵之

[43] 承狩野恭教授(神戸女子大学)惠予指出:正理派一般將 *abhyupagama* 一詞理解爲一種臨時的承認,而非一般意義上的承認。而且,該詞是否對應因明中的“許”,还需更多的語文學證據來支撑。今按,撿玄奘譯籍,“許”對應 *abhyupagama* 及相關詞形的譯例,可見於《唯識二十論》($VŚ_{Ch}$ 76a10－11):“聚有方分亦<u>不許</u>合故”＝VŚ XIII. B: *sāvayavasyāpi hi saṃghātasya saṃyog<u>ānabhyupagamāt</u>* |今譯:“因爲,即便對具有部分的聚合物,也<u>不承認</u>有結合。”奘譯《阿毗達磨俱舍論》有將動詞 *abhy-upa－GAM* 的被動語態形式 *abhyupagamyate* 譯爲“許”的譯例,奘譯《瑜伽師地論》有將該動詞的過去分詞 *abhyupagata* 譯爲“許”的譯例,分别見 Hirakawa 1973: 47, s. v. *abhy-upa－GAM*; Yokoyama & Hirosawa 1997: 37b, s. v. *abhyupagata*。雖然這些綫索還不足以將因明中的“許”追溯到梵語中的某一個唯一的源頭上,但從下文將討論的法稱《釋量論自注》段落(PVSV 13,5－19)及角宫的《釋量論自注廣釋》的相應注解(PVSVṬ 63,2－64,14)來看:第一,法稱和角宫是將 *abhyupagama* 及相關詞形理解爲一般意義上的承認,而非臨時的承認;第二,這一意義上的 *abhyupagama* 及相關詞形,即便不是因明所謂“許”的唯一源頭,也與後者在含義上一致。兩者間未必有詞彙上的對應,但存在含義上的對應則應無疑問。近承王俊淇博士(中國人民大學)見示大作“月稱《顯明句論》中的自他共比量”(日文版見 Wang 2019),筆者得以了解到,在與法稱年代相近的月稱(Candrakīrti,6—7世紀)那裡,*abhyupagama* 及相關詞形也是作爲一般意義上的承認來使用的。因此,即便因明中的“許”最終證明並非來源於 *abhyupagama*,也不妨礙我們將兩者作爲同義詞來看待。關於因明中的“許”的語文學考察,筆者將另文專論。

排除(*nivṛtti*)在無我的事物以外]便被成立(*siddha*,成)。[對此,我們認爲:]在此情況下,[如果佛教方面的承認有效,]自我何以[在有生命的身體中]成立?[如果佛教方面的承認無效,]不具有自我這一點(*nairātmya*)對[有生命的身體以外的]其他[事物]而言又何以在[佛教方面的承認]無效的情況下(*apramāṇika*)成立?而且,以[單純的]承認爲根據,在具有自我者與不具有自我者之間作出區分以後,根據[呼吸等生命特徵]不存在於那些[不具有自我的事物]中,從而宣稱[其理由即"具有呼吸等"]能指明(*gamakatva*)[自我這一對象]的人,[也]應接受:關於自我,[只]存在基於教義的(*āgamikatva*)[認識],不存在[任何]比量認知的對象(*nānumeyatvam*)。[44]

法稱主張,不能僅僅根據辯論雙方的共同承認,就認爲這一論證中理由與異品之間的相離關係是成立的。法稱的注釋者角宮(Karṇakagomin,約770—830)在其《釋量論自注廣釋》(*Pramāṇavārttika*[*sva*]*vṛttiṭīkā*)中,對法稱所批判的這一"成"的解釋背後的基本想法説明如下:

PVSVṬ 63,6 – 13: *kiṃ* ***cābhyupagamena*** *kevalena* ***sātmakānātmakau vibhajya*** *ghaṭādayaḥ pareṇāsmābhiś cānātmakā abhyupagatāḥ* | *tenānātmakāḥ* | *jīvaccharīraṃ sātmakam asmābhir abhyupagatan tvayā tu nirātmakam evam vibhajya* ***tatra*** *nirātmakeṣu prāṇādīnām* ***abhāvenā****tmaviṣaye* ***gamakatvaṃ kathayatā*** *pareṇ****āgamikatvam ātmani pratipannaṃ nānumeyatvaṃ*** | ***tasmād*** *ātmano ghaṭādāv* ***adarśane*** ['] ***py*** *adṛśyasvabhāvasy****ātmano nivṛttyasiddher*** *nāsti kutaścin nirātmakāt prāṇāder* {*n*} *nivṛttir ity* ***agamakatvaṃ*** | *etat tāvan naivātmanaḥ kutaścin nivṛttiḥ siddhā* | *abhyupagamya tūcyate* |

今譯:而且,以單純的**承認爲根據,在具有自我者與不具有自我者之間作出區分以後**——[即一方面,]瓶等爲對方(佛教徒)與我們(正理論師)承認爲不具有自我,根據這一點,[瓶等]就是不具有自我的,[另一方面,]有生命的身體爲我們承認爲具有自我,而爲你[承認爲]不具有自我,在這樣作出區分以後,**根據**呼吸等[生命特徵]**不存在於那些**不具有自我的[事物]**中,從而宣稱**[其理由]**能指明**自我這一對象**的人**,即對方(正理論師),[也應]接受:**關於自我**,[只]**存在基於教義的**[認識],**不存在**[任何]**比量認知的對象。因此,由於即便**在瓶等[不具有呼吸等生命特徵的

〔44〕 參見 Gillon & Hayes 2008: 343 – 344; Steinkellner 2013: 33; PVSVṬ 63,2 – 63,10。

> 事物］中**未觀察到**自我，自己的存在［根本］不可觀察到的（*adṛśya*，不可見）**自我之排除**［在瓶等事物以外這一點］也是**不成立的**（*asiddha*，不成），即呼吸等［生命特徵］從任何一個不具有自我的［個體］之中的排除就不存在，因而［這一理由］**就不能指明**［自我這一對象］。这就是说，自我之排除在任何一個［個體］之外都是不成立的，［這一排除關係］只是基於承認而被言説。

根據角宫的上述解釋，正理論師的基本想法爲：佛教徒不同於正理論師，不承認自我存在於有生命的身體中。但與正理論師相同的是，他們也承認有生命的身體以外的其他事物，比如瓶等物理存在，既不具有自我，也不具有呼吸等生命特徵。因此，至少就理由“具有呼吸等生命特徵”對於異品（既非有生命的身體、亦不具有自我的事物）的相離關係，或前者排除在後者之外這一點，正理論師與佛教徒之間是能達成共識的。在此基礎上，如果正理論師又將“成”解釋爲單純的辯論雙方共同的“承認”，那麼對於他們來説，便能以合乎辯論規則的方式，利用佛教方面也承認的“在有生命的身體以外，凡是不具有自我的事物，都不具有呼吸等生命特徵，如瓶等”，來論證佛教徒所不承認的“有生命的身體既然具有呼吸等生命特徵，就應當具有自我”。這一論證思路得以生效的理論背景，正是對“成”這一認知算子的論辯解釋。

法稱針對這一論辯解釋指出，對一個表達的“成立”而言，辯論雙方的共同承認並不是充分條件，因爲這裡的有我論論證所基於的相離關係，實際上涉及一個根本無法被觀察到的（*adṛśya*）對象，即自我（*ātman*）。而關於一個根本無法觀察到的對象，我們除了“未觀察到”以外不能得到更多。就“未觀察到”而言，如果某一本質上是可以觀察到的對象（如瓶），在觀察到它的各項條件都具備的情況下仍然没有被觀察到，這樣一種“未觀察到”就是有意義的，即能爲我們對該對象在這一特定場合的存在作出否定提供認識論意義上的確證。〔45〕然而，對某一根本不可能觀察到的對象的“未觀察到”，只能給我們留下“疑惑”（*saṃśaya*）。正如法稱接下來説的那樣：

---

〔45〕 參見 NB 2. 12：*tatrānupalabdhir yathā* | *na pradeśaviśeṣe kvacid ghaṭaḥ* | *upalabdhilakṣaṇa-prāptasyānupalabdher iti* ‖ 今譯：“在這［三種正確的理由］中，未觀察到，如：在某一特定的地点没有瓶，因爲［它］在觀察到［它］的［各項］特徵已經具備的情況下［仍］未被觀察到。”法稱進一步認爲，某一可觀察到的對象的未被觀察到，實際上仍是一種“觀察”，即觀察到有別於該對象的另一對象。單純的未觀察到是没有意義的。參見 Matilal 1998：115。

PVSV 13,9 – 11: *tasmād adarśane 'py ātmano nivṛttyasiddheḥ* | *tannivṛttau kvacin nivṛttāv api prāṇādīnām apratibandhāt* | *sarvatra nivṛttyasiddher agamakatvam* |

今譯: 因此,由於自我之排除[在瓶等以外]是不成立的,即便[在其中]未觀察到[自我];由於[呼吸等與自我之間]無[本質]聯繫(*pratibandha*),即便在某一個排除彼(自我)的場合(如瓶等),也排除呼吸等[生命特徵];由於[呼吸等生命特徵之]排除[在不具有自我的事物以外],並不是在所有場合成立,[這一理由]就不能指明[自我這一對象]。[46]

在法稱看來,這一論證中的理由與所立法之間的邏輯關係(不相離性),正由於涉及不可能觀察到的對象,故而其真假無法通過認識得到檢驗,也就無法被確定(*niścita*)。這種邏輯關係,連同作爲它的正面表述的相隨關係(合),與作爲它的反面表述的相離關係(離),正因此都被視爲"不成立"。因此,理由"具有呼吸等"在用於論證"有生命的身體具有自我"的場合,便被視爲"不能指明[自我這一對象]"(*agamakatva*),即不能使我們獲得關於自我的確定的知識。實際上,唯有正面積極的"觀察"(*darśana/upalambha*,見、得,observation),才能保證我們對相應的事項通過認識進行檢驗,對它作出確定(*niścaya*),從而消除由於單純的未觀察到而產生的疑惑。然而,對於根本不可能觀察到的事物,認知主體所能獲得的最佳認知狀態就是"未觀察到"。

與上述正理論師所採用的對於"成"的論辯解釋相比,法稱實際上對"成"主張一種更爲嚴格的解釋。這種解釋主張:一個表達的"成立"(*siddha*),不僅要求辯論雙方對該表達的"承認"(*abhyupagama*),而且要求對該表達的"確定"(*niścaya*)。這就是説,唯有辯論的雙方基於一定的認知證據(觀察),對一個表達作出"確定"以後,該表達才能被視爲"成立"。這種"確定"不同於單純的"承認",更要求以"觀察"爲前提,因而是一種認識論意義上的"確定"。法稱在這裡主張的是一種對"成"的認知解釋。正是在這一語境下,法稱援引了《門論》關於"決定同許"的規定,並給出了他自己的解釋:

PVSV 13,12 – 16: *yāpy asiddhiyojanā tathā* <u>*sapakṣe sann asann ity evamādiṣv api yathāyogam udāharyam*</u> *ity evamādikā* | *sāpi* ***na vācyā 'siddhiyojanā*** ‖ 18 ‖ *anupalambha eva saṃśayāt* | *upalambhe tadabhāvāt* |

[46] 參見 Gillon & Hayes 2008: 344; Steinkellner 2013: 33; PVSVṬ 63,10 – 63,15。

anupalambhāc ca vyatireka iti saṃśayito 'nivāryaḥ syāt | (本段中,**粗體**表示《釋量論自注》的頌文,畫綫部分表示被引用的《門論》文字。)

今譯:[否則,]"即使對'[理由]在同品中存在、不存在'(NMu k. 2a[47])這樣一些[情況],['爲立論者與敵論者所確定'這一要求[48]]也應根據情況(*yathāyogam*)而被提出。"(NMu 2.4[49])這樣一些[表述]中的這一[對與]不成立(*asiddhi*)[相關的諸項規定]的應用(*yojanā*),此**[對與]不成立[相關的諸項規定]的應用不應被[陳那]表述。**(k. 18d)因爲,在只有未觀察到的場合,[關於理由對於異品的關係]便存在疑惑;[而]在[存在]觀察的場合,這一[疑惑]便不存在。而且,如果認爲:[理由對於異品的]相離關係是基於未觀察到,那麼,受到懷疑的[相離關係]就會無法避免。[50]

如上所述,在《門論》的語境中,這裡引用的段落(NMu 2.4),是該書依次解説了違反因第一相"宗法性"的四種"不成"(*asiddha*)過失以後(NMu 2.3),對之前已經提出的"決定同許"的規定(NMu 2.2)的再一次強調。[51] 而四種"不成"過失,無非是違反就因第一相而言的"決定同許"規定的四種情況——"決定同許"的反面就是"不成"。因而,這三個段落(NMu 2.2－2.4)可以視爲一個整體,是《門論》結合因第一相對"決定同許"的展開討論。角宮在注釋上引《釋量論自注》(PVSV 13,12－16)段落的時候,也將法稱引用的《門論》(NMu 2.4)段落與我們上文已經討論過的《門論》(NMu 2.2)段落聯繫在一起,並闡明了法稱引用《門論》(NMu 2.4)段落的理論意圖。角宮對本段文字的完整注釋如下:

PVSVṬ 63,16－64,5: *adarśanamātrād vyatirekābhyupagame saty ayam*

---

〔47〕 見上注21。

〔48〕 參見上文引用並討論過的NMu 2.2,以及上注22。

〔49〕 古譯:"於其同品有、非有等,亦隨所應當如是説。"(NMu 2.4)參見Tucci 1930: 15; Katsura[1]: 125－126, n.1,以及上注29。

〔50〕 參見Gillon & Hayes 2008: 344; Steinkellner 2013: 33－34; PVSVṬ 63,16－64,5。

〔51〕 見NMu 2.2:"此中'宗法'唯取立論及敵論者決定同許。於同品中有、非有等,亦復如是。"NMu 2.4:"於其同品有、非有等,亦隨所應當如是説,於當所説因與相違及不定中,唯有共許決定言詞説名能立,或名能破,非互不成、猶豫言詞,復待成故。"參見Tucci 1930: 13－15,以及上注22、29。

aparo doṣa ity āha | ***yāpī****tyādi* | *kā punaḥ sety āha* | ***tathā sapakṣe sann*** *ityādi* | *ācāryasya cāyaṅ granthaḥ* | *tatra {sandi} hy uktam pakṣadharmo vādiprativādiniścito gṛhyate* | *tenobhayor anyatarasya cāsiddhasya [sandi-] gdhasyāśrayāsiddhasya ca vyudāsaḥ* | *yathā ca pakṣadharmaniścayena caturvidhasyāsiddhasya vyudāsas tathā* ***sapakṣe sann asann ity evamādiṣv apy*** *anvayavyatirekaniścayena nirastam asiddhajātam anyatarāsiddhādīnāṃ sapakṣādiṣv asambhavāt* | ***yathāyogam udāhāryam*** *ity āha* | ***sāpi na vācyā asiddhiyojanā*** |

tad vyācaṣṭe ***'nupalambha eve****tyādi* | *apramāṇake [']* ***nupalambha eva sati*** *hetor vipakṣe* ***saṃśayāt*** (|) *katham* ***upalambhe tadasambhavāt*** | *vipakṣe hetor* ***upalambhe sati*** *tasya saṅśayasyābhāvāt* | *tasmād* ***anupalambhād*** *dhetoḥ vipakṣād* ***vyatireka ity*** *arthāt sandigdhavyatireko hetur iṣṭa eva* | *tasmāt* ***saṃśayito 'nivāryaḥ*** | *saṃśayena viṣayīkṛtaḥ saṃśayito vyatireko na vāryaḥ syāt* | (本段中，粗體表示被注釋的文字，畫綫部分表示被引用的《門論》文字。〔52〕)

今譯：出於單純的未觀察到而對相離關係存在［共同］承認的場合，［就會有］下述另一種過失。［法稱］説道："**這一**"等等。這一又是什麽？［法稱］説道："'**［理由］在同品中存在……**'**這樣一些［表述］**"等等。這是阿闍梨［陳那］的偈頌（NMu k. 2a）。正是對此［偈頌］，［陳那］説道："［唯有］爲立論者與敵論者所確定的論題主項的屬性被選取［爲理由］。"（NMu 2. 2）依據這［項規定］，［我們］捨棄了兩俱［不成］、隨一不成以及猶豫［不成］、所依不成。猶如［我們］依據對宗法的確定（*niścaya*）而捨棄［上述］四種不成，"**即使對'［理由］在同品中存在、不存在'這樣一些［情況］**"也是如此，依據［我們］對［同品對於理由的］相隨關係、［理由對於異品的］相離關係的確定，由不成立而產生的［種種過失］也被摒棄，因爲隨一不成等［四種不成據此便］在同品［有、非有］等中不出現的緣故。［陳那由此］説道："**應根據情況而被提出。**"此［**對與**］**不成立**［**相關的諸項規定**］**的應用不應被**［**陳那**］**表述**。（k. 18d）

［法稱］對此注釋道："**因爲，在只有未觀察到的場合**"等等。**因爲，在**

〔52〕 這裡被注釋的《釋量論自注》本文（本段中粗體部分），與上文援引和翻譯的 PVSV 13, 12－16 文字有些許出入，今不作統一，在翻譯上亦盡量保留這些不同。

只有並非有效認知的手段的（*apramāṇaka*）**未觀察到的場合**，關於理由對於異品的［關係］**便存在疑惑**。［那又］怎樣？**在存在觀察的場合，這一［疑惑］便不出現**。**在**關於理由對於異品的［關係］**存在觀察的場合**，這一疑惑便不存在。因此，**如果認爲**：理由對於異品的**相離關係是基於未觀察到**，那樣的話，可疑的相離關係［也］必須被承認爲理由。因此，**受到懷疑的［相離關係］就無法避免**。受到懷疑的，即被當作懷疑的對象的相離關係，就會是不可避免的。

根據角宮對法稱觀點的説明，陳那對違反因第一相的四種"不成"的排除，並非單純因爲在這四種情況下，"同許"的要求未得到滿足，更是因爲這四種情況沒有達到"確定"（*niścaya*）。而一個表達唯有得到"確定"，才能被視爲"成立"。這種"確定"以"觀察"（*upalambha*）爲核心内容。這個意義上的"觀察"指向一定的認知證據，爲"量"（*pramāṇa*，有效認知的手段）所支撑。與之相反的"未觀察到"（*anupalambha*）便被視爲"並非有效認知的手段"（*apramāṇaka*）。因而，這裡主張的"確定"是一種認識論意義上而非辯論雙方單純口頭的"確定"。它與"承認"（*abhyupagama*）不同，是比後者更強的一項要求。所以，將認知算子"成"解釋爲認識論意義上的"確定"，這的確構成了一種認知解釋。

法稱主張"成"應被解釋爲認識論意義上的"確定"，並且明確拒絶將它僅僅解釋爲辯論雙方的"承認"。這就從邏輯學理論設定的高度，指出了正理論師基於單純相離關係的有我論論證何以不是一個可靠的論證。在我們關注的這一《釋量論自注》段落中，法稱最後説道：

PVSV 13，16 – 19：*yathāyogavacanād anivārita eveti cet* | *na* | *ya eva tūbhayaniścitavācītyādivacanāt* | *tenānupalambhe 'pi saṃśayād anivṛttiṃ manyamānaḥ tatpratiṣedham āha* |

今譯：若［有人主張］：由於"根據情況"（*yathāyoga*，隨所應，NMu 2.4）這一表述，［這樣一種受到懷疑的相離關係］本來就是免不了的。［對此，我們認爲：］並非［如此］，［這是］因爲［陳那接下來又有］"［一個表達］唯有表達被［辯論的］雙方所確定的［具備三相的屬性或相應的過失］"（唯有共許決定言詞，NMu 2.4[53]）等等表述的緣故。因此，即使在未觀察到的場合，由於疑惑的緣故，［理由］並不［真的］排除［在異品之

〔53〕 關於 NMu 2.4，詳見上文的引用與討論，參見上注 29。

> 外],在[這樣]考慮的時候,[陳那通過將“決定”的要求,擴展應用於“同品有、非有”等情況,從而]言說了對此[可疑的相離關係能作爲理由]的否定。〔54〕

實際上,對於正理論師的這一有我論論證的不同態度,是從肯定“共許”即是“成”的角度接受這一論證,還是從主張單純的“共許”並不就是“成”的角度拒絕這一論證,恰好反映了對於佛教邏輯中的認知算子“成”或者“極成”的兩種不同解釋,即論辯解釋與認知解釋。爲了滿足佛教邏輯通過“成”之類的認知算子所要求的那樣一種認知狀態,對該算子的論辯解釋僅要求辯論的雙方對“成”所涉的事項達成共同承認即可,哪怕這種承認只是停留於口頭。而對該算子的認知解釋則要求辯論雙方的共同承認必須奠基於一定的認知證據。因此,在論辯解釋中,共同承認就已經是“成”的充分條件——共許即成。而在認知解釋中,它只是必要條件之一——共許非成。此時,共許必須與一定的認知證據相結合,才能滿足“成”的要求。上述正理論師所主張的相離關係“凡是不具有自我的事物都不具有呼吸等生命特徵”,若以論辯解釋的標準來看就滿足“成”的要求,若以認知解釋的標準來衡量,則不滿足“成”的要求。

而且,肯定“共許”即是“成”的觀點,恰好與因明傳統對佛教邏輯學的論辯解釋相同。因明傳統正是從“共許即成”的論辯的角度來理解陳那《門論》中“決定同許”的規定,將陳那所謂的“決定”理解爲“同許”。而法稱則是從“共許非成”的角度,將陳那所謂的“決定”理解爲得到一定的認知證據的支撐。因明傳統與法稱對陳那的“決定”的不同理解,體現了因明傳統所持有的論辯解釋與法稱所主張的認知解釋之間的差異。

因此,假如我們將因明傳統對佛教邏輯學的論辯解釋納入考察的範圍,在上述《釋量論自注》段落的開頭,作爲批判對象而被提到的“由於承認便被成立”(*abhyupagamāt siddham*, PVSV 13,5-6)的觀點,就應該不是法稱所虛構出來的假想敵,而更可能現實存在於法稱當時或者以前的印度邏輯學界。而且,這種觀點很可能隨著佛教邏輯學在東亞世界的傳播,而被帶入了因明傳統之中。古代東亞世界的因明學者對於他們的兩大根本原典——陳那的《正理門論》與商羯羅主的《入正理論》——的理解與闡釋,正是基於這樣一種論辯解釋。

---

〔54〕 參見 Gillon & Hayes 2008: 344; Steinkellner 2013: 34; PVSVṬ 64,3-64,14。

五、結語：因明視角下的三支作法

在上文中，我們從一則論證所涉論域全集的三分、論證規則“因三相”所要求的論辯雙方的認知態度等方面，指出了認知算子問題在6—7世紀的佛教邏輯學家對佛教論證理論的總體構想中的重要意義，並通過比較指出：對於文獻中以“成”“極成”“已知”“決定”以及“見”等詞彙來表示的認識算子，東亞因明傳統採取了一種論辯解釋，印度方面大致同時期的法稱則採取了一種認知解釋。這一差異也體現在雙方對他們的共同理論源頭陳那本人的文字的不同解讀中。對於陳那《門論》關於“決定同許”的規定，因明傳統所保存的“論辯解釋”將“決定”僅僅理解爲“同許”；法稱則主張“決定”不僅是“同許”，更要基於確定的認知證據，即通過“量”而得到認識論上的辯護。法稱明確反對將“決定”或“成”僅僅理解爲“同許”的觀點。

如果暫不考慮陳那學説的其他方面，《門論》關於“決定同許”的規定及其前後文脈絡，對於因明傳統的論辯解釋與法稱主張的認知解釋這兩種解讀都是開放的。在這方面，研究陳那對“不共不定因”(*asādhāraṇānaikāntikahetu*)的處理，或許有助於我們解答：陳那本人的論述是否已經爲上述正理派基於單純相離關係的有我論論證留下了發揮的餘地。〔55〕因爲，這一論證得以生效的一個重要理論背景即將“成”僅僅解釋爲“同許”，而這就是本章所謂的“論辯解釋”。同時，我們或許還能對陳那本人的相關論述作通盤考察，以追問陳那本人對佛教邏輯中的認知算子，究竟取認知解釋還是論辯解釋，抑或兩者都不是。然而，這已經超出了本章的研究範圍。儘管從理論體系的角度來推想陳那本人應會採取何種解釋，這並不困難，但我們也必須時刻意識到：文本本身的複雜程度往往超出我們的想象；而且，歷史上任何一種對陳那的解釋，無論東亞因明的版本還是法稱的版本，都不能無批判地拿來作爲陳那本人的思想來看待。以對一手資料認真仔細的釋讀爲主導，才能幫助我們謹慎地還原陳那本人的思想。因而，在這裡，我們不妨先對陳那本人究竟採取論辯解釋還是認知解釋的問題，抱著方法論的懷疑態度持開放的解釋，以待將來進一步的文獻學研究來説明。

---

〔55〕關於“不共不定因”的研究，參見 Oetke 1994：33－35；Matilal 1998：94－98；Ganeri 2004：346－349；Tillemans 1990：61－64，76－79。

以下,回到東亞因明傳統上來。在明確了該傳統採取的論辯解釋以後,便能從這個角度來重構該傳統對一則論證背後的實際論證思路的理解。因明傳統中的論辯解釋主張:在一個論證中作爲前提出現的任一表達,一旦爲辯論的雙方共同承認,便能被充分地視爲"成""極成"或者"決定"。將這一解釋應用於論域全集的三分,我們便能得到因明傳統對宗、同品和異品這三個概念的下述界定:

同品:是被辯論的雙方共同承認爲具有所立法的事物;
異品:是被辯論的雙方共同承認爲不具有所立法的事物;
宗: 是尚未被辯論的雙方共同承認爲具有還是不具有所立法的事物。

正如《門論》關於"決定同許"的規定所説的那樣,不僅理由是論題主項所具有的屬性(宗法)這一點必須"決定同許",而且同品對於理由的相隨關係(合)和理由對於異品的相離關係(離),都必須"決定同許"。落實到三支作法的層面,這就要求因命題、同法喻命題與異法喻命題都必須"決定同許"。在一個論證中作爲前提出現的任一表達,都應當受到"決定同許"的約束。假如我們嚴肅看待陳那的上述規定,認知算子便應被理解爲因命題、同法喻命題與異法喻命題中隱而不顯的構成要素。這三個命題本身即處在内涵語境中。整個論證的過程便有必要以帶有認知算子的形式來重述。

事實上,在因明文獻中,文軌與窺基在注釋《入論》給出的同法喻實例(NP 2.3)的時候,便嘗試過這樣一種重述。《入論》給出的同法喻命題爲:

NP 2.3: *tadyathā* | *yat kṛtakaṃ tad anityaṃ dṛṣṭaṃ yathā ghaṭādir iti* ‖
古譯:謂若所作,見彼無常,譬如瓶等。(NP_{Ch} 11b14 – 15)
今譯:如下:凡所作的都被觀察到是無常,如瓶等。

根據文軌的注釋,這一句中的"被觀察到"(*dṛṣṭa*,見)應被理解爲認知算子。文軌説道:

ZYS 1.23a8 – 9:謂所作性去處,世間愚、智同知無常必定隨去。
今譯:[《入論》給出的實例]是説,所作性所到的地方,世界上愚笨的人和聰明的人共同知道無常性一定跟著去那裡。

窺基對《入論》這一句的解釋説道:

YMDS 256/109c18 – 19:若有所作,其敵、證等見彼無常。

今譯：凡是具有所作[這一屬性的事物]，敵論者、見證人（*sākṣin*，證）[與立論者]都觀察到它是無常的。

在這裡引用的兩段話中，文軌和窺基都注意到同法喻命題中的"見"字作爲認知算子的意義，並對它作了論辯解釋。如上所述，法上在解釋《正理滴論》中的因三相表述時（NBṬ 91,9－92,5），也曾將"見"（*dṛṣṭa*）理解爲認知算子，並將它等同於"決定"（*niścita*）。儘管如此，在解釋三支作法的場合，將喻命題中屢見不鮮的"見"字，也作爲認知算子予以强調的做法，在因明文獻中卻不多見。〔56〕不僅如此，《入論》的印度注釋家師子賢對本句的注釋，甚至連"見"這個詞也未曾提到。〔57〕文軌和窺基對《入論》中的異法喻實例的注釋，也未再對其中的"見"字發表意見。〔58〕況且，這一"見"字的確普通，甚至並非喻命題的必要組成部分。〔59〕文軌和窺基以帶有認知算子的形式來重述同法喻命題的做法，似乎只是偶然爲之，似乎還不能反映當時學者對三支作法的通常理解。這樣看來，將認知算子視爲三支作法的題中應有之義，也似乎帶有一定的假設性。

即便如此，只要我們嚴肅看待陳那"決定同許"的規定，這一規定就必須要全面貫徹到我們對整個三支作法的理解中，將認知算子視爲三支作法的題中應有之義。這樣，我們便有理由爲因命題、同法喻命題與異法喻命題配以適當的認知算子。在此基礎上，假如我們進一步遵照因明傳統對認知算子的論辯解釋，而不論這一算子被稱作"成"還是"見"，我們便能對整個三支作法，得到如下形式的重述：

宗：	聲也應被你方承認爲無常。
因：	因爲聲是被你我雙方共同承認爲所作的。

〔56〕參見 YZMS 3. 16b3－17b7 *ad* NMu 5. 1；ISMSS 2. 27b10－28b2 *ad* NMu 5. 1；以及 IRMS 288c9－10 對上引 YMDS 256/109c18－19 的注釋。

〔57〕參見 NPṬ 25,12－13，25,15－16 *ad* NP 2. 3。

〔58〕參見 ZYS 1. 26a8－b6 與 YMDS 274/111b13－16 *ad* NP 2. 3：*tadyathā* ǀ *yan nityaṃ tad akṛtakaṃ dṛṣṭaṃ yathākāśam iti* ǀ 古譯："謂若是常，見非所作，如虛空等。"（NP_{Ch} 11b16－17）今譯："如下：凡恒常的都被觀察到非所作，如虛空。"

〔59〕參見 NB 3. 11：*yat kṛtakaṃ tad anityam*。今譯："凡所作的都是無常。"

同法喻：	［對聲以外的任一個體，］凡是被你我雙方共同承認爲所作的，都被你我雙方共同承認爲無常，如瓶等。
異法喻：	［對聲以外的任一個體，］凡是被你我雙方共同承認爲恒常的，都被你我雙方共同承認爲非所作，如虛空。〔60〕

這一重述實際上也體現了佛教邏輯學家在將認知算子視爲三支作法的題中應有之義，並對它取論辯解釋的情況下，對於三支作法背後的實際論證思路的理解。事實上，這種類型的論證，正是日僧實雲在解釋陳那"決定同許"規定時候提到的"共比量"（ISMSS 1. 21a7－8）。這也是東亞因明傳統所主張的最典型的論證方式。簡言之，假如我們將上例中畫綫的任何一處"被你我雙方共同承認"（共許、極成），替換爲"［僅］被你方承認"（汝執），整個論證就變成了因明中所謂的"他比量"。假如將畫綫的任何一處"被你我雙方共同承認"替換爲"［僅］被我方承認"（自許），同時將宗命題中畫綫的"被你方承認"替換爲"被我方承認"，整個論證就變成了因明中所謂的"自比量"。共比量、他比量和自比量，即因明中所謂的"三種比量"。共比量兼有立自、破他的雙重功用；他比量僅能破他，不能立自；自比量僅能立自，不能破他。

〔60〕 需要説明的是，這一重述仍是非形式的。而形式的刻畫必將面臨更多的問題，特别是認知算子的轄域問題。上述重述默認了對轄域的一種理解，這主要考慮到因明中所謂的"成"，通常是指某一屬性相對於某一個體而言，比如所作性相對於聲而言是"成法"，無常性相對於聲而言是"不成法"；所作性與無常性相對於瓶而言都是"成法"。參見上引 ZYS 1. 13b9－14a2 以及注 16、25。儘管聲和瓶在邏輯學中都可被理解爲一個類，但在印度邏輯學中，它們通常被理解爲與"法"（屬性）相對的"有法"（屬性持有者）。此外，在這一重述中，同法喻和異法喻也被限制在主項聲以外的論域中。否則，兩命題便不具有成真的可能性。以同法喻命題爲例：若設定該命題的論域爲全集，而且允許將該命題由直陳式改寫爲藴含式，則我們就能以"聲"代入該藴含式，得到"若聲被你我雙方共同承認爲所作，它就被你我雙方共同承認爲無常"。這一命題的前件真（因爲第一相已滿足）而結論假（否則便無辯論的必要），整個藴含式爲假。對同法喻命題的嚴格的邏輯刻畫，還會遇到另一些問題，容另文專述。

第四章　同、異品除宗有法的再探討[*]

同品(*sapakṣa*)、異品(*vipakṣa*)和宗有法(*pakṣa*)是陳那邏輯學的初始概念。以“聲是無常”宗爲例,宗有法即這裡宗命題的主項聲,是辯論雙方尚未共許是否無常的對象;同品是辯論雙方已經共許爲無常的對象,即除了主項聲以外無常的事物,如瓶、電等;異品是雙方已經共許爲常的對象,即除了主項聲以外恒常的事物,如虛空、極微等。同、異品除宗有法即宗有法(如這裡的聲)被排除在同品和異品的外延範圍之外。同品、異品和宗有法三者各別,是陳那對於推論所涉及的論域全集最初的三分(tripartitionism),是陳那邏輯學的一項體系性規定。在除宗以外的同、異品範圍中,即雙方未發生意見分歧的對象範圍中,考察邏輯理由(因)與立論方所要論證在聲上出現的屬性無常之間的邏輯聯繫,用雙方共許的證據來論證對方不承認的主張,是陳那論辯邏輯的核心思想,體現了陳那的邏輯學非演繹、非單調的特徵。沈海燕教授對於因明原典斷章取義,以附會傳統的陳那邏輯學歸納演繹合一説,錯失了決定陳那推理理論的邏輯性質的關鍵所在。她強調存在論上常與無常之間非此即彼的關係,默認聲本來

---

* 在本章基礎上,筆者與業師鄭偉宏先生合作定稿的版本,以“同、異品除宗有法的再探討——答沈海燕《論‘除外説’——與鄭偉宏教授商榷》”爲題,正式發表於《復旦學報》(社會科學版)第58卷(2016年)第1期,第76—85頁(即Tang & Zheng 2016)。這裡結集的是在筆者當時撰寫的初稿全文基礎上修訂補充以後的版本。當然,初稿的撰寫也曾得到鄭老師的指導。本章採用的若干術語(如“因明”)和措辭(如“最大限度的類比推理”),因而也與鄭老師著作中的用法保持一致,而與本書其他篇章稍異(關於筆者建議的用法,參見本書序言)。又沈海燕教授“論‘除外説’——與鄭偉宏教授商榷”一文所謂的“普遍命題”,實即本書所謂的“(概括一切的/毫無例外的)全稱命題”(見本書第一章注48關於普遍命題與全稱命題的區分)。本章引用沈教授文字時作“普遍命題”者,對應於筆者自己行文中的“全稱命題”,有的時候,筆者復配以“概括一切的/毫無例外的”這一限定語以避免混淆。

就是無常,將一己之見強加給古印度論辯的雙方,這都脱離了陳那學説的論辯邏輯特徵。本章依據原典,徵引國際相關研究成果,結合邏輯學基礎知識,與之進行商榷。

因明是佛教發展到4、5世紀之際對其邏輯學、辯論術與認識論學説從邏輯推理的角度所作的系統組織。陳那因明是印度邏輯從簡單類比推理向演繹推理發展過程中關鍵的一環。如何從邏輯的角度來準確理解陳那的因明體系,是世界三大邏輯比較研究中的一項重要課題。在這方面,漢傳因明關於同、異品除宗有法的重要論述爲我們留下了一把打開陳那因明邏輯體系的鑰匙。唯有真正理解同、異品除宗有法以及同、異喻體除宗有法,才能如實、融貫地把握陳那的因明體系。

關於這一問題與近三十年來國内學界的討論,我們在最近的一篇文章中已作過總結與評論。〔1〕 但是沈海燕教授最近發表的《論"除外説"——與鄭偉宏教授商榷》一文〔2〕,又讓我們看到國内學界離真正理解陳那因明依然有很長一段距離,這主要還是由於我們在因明和邏輯兩方面都還有很多基礎知識需要彌補和普及,才不至於爲簡單片面的因明和邏輯知識所囿,從而重蹈前人覆轍,無法自圓其説。唯有準確理解陳那因明中除宗有法的重要規定,我國的因明研究才有進步可言。

一、同異品均須除宗有法

古印度婆羅門聲論派主張"聲是常",佛弟子立"聲是無常"宗(論題)與之相對。所謂宗有法,在這裡指論題的主項聲,又簡稱爲宗(*pakṣa*)。所謂同品(*sapakṣa*)即與宗相似者(*samānaḥ pakṣaḥ sapakṣa iti*,"相似的一方即同品",NPṬ 23,8),因具有立論方在宗有法上所欲論證的屬性(所立法)而與宗相似的對象就是同品,在這裡指所有具有所立法"無常"的對象。所謂異品(*vipakṣa*)即與宗不相似者(*visadṛśaḥ pakṣo vipakṣaḥ*,"不相似的一方即異品",NPṬ 23,14–15),因不具有立論方在宗有法上所欲論證的屬性而與宗不相似的對象就是異品,在這裡指所有不具有所立法即無常的對象。從構詞上看,相似(*samāna*)關

〔1〕 Zheng 2012。

〔2〕 Shen 2014,本章簡稱"沈文"。

係有别於全同關係，因而與宗相似者必不同於宗。[3] 與宗不相似者，自然更不是宗了。宗有法、同品與異品三者各别，這是在辯論之初根據立論方所立的論題對論域全集先行作出的三分(tripartitionism)。[4] 論題的主項宗有法被排除在同品和異品的外延之外，這就是漢傳因明所謂的同、異品除宗有法。

從辨論的實際過程來看，聲既不能是同品，也不能是異品，否則就不用辯論了。只要辯論尚未結束，聲是無常抑或恒常都不過是一項有待證明的論題。《集量論》的注釋者聖主覺就曾指出：在其中已知(*vidita*)有所立法者是同品，而未知(*avidita*)有所立法者是宗。[5] 這與漢傳因明所謂無常是聲上的"不成法"即"不極成法"是一個意思。[6] 在辯論之初，聲既没有被立方和敵方共同確認(共許極成)爲具有無常屬性，也没有被共同確認爲不具有無常屬性。因爲聲是無常還是恒常，正是雙方意見分歧所在。也正因此，立論方才需要在雙方未發生分歧即已經共許的聲以外的事物中，區分出具有無常屬性的事物與不具有無常屬性的事物，即區分出同品和異品；繼而尋找宗有法聲所具有的何種屬性是在聲以外的論域中與同品發生邏輯聯繫(不相離性)而與異品無關；再以這種屬性作爲因(理由)來論證這種聯繫在宗有法聲上也應當有效。即通過聲以外的對象凡所作皆無常，來論證聲既然是所作也應當無常。在漢傳因明中，共比量的規則正是這樣規定了立方和敵方都必須用雙方共許的論據即因和喻來論證宗論題的真實性。聲對立論者佛弟子來説，只是自同品而非共同品；對敵論者聲論派來説，只是自異品而非共異品。只要辯論未結束，立敵雙方使用的論據都不允許把聲作爲同品或異品。聲既不在同品中，也不在異品中，這就是同、異品除宗有法。

可見，同、異品除宗有法是辯論中產生的問題，體現了陳那因明對於辯論雙方認知態度的關注，不能簡單地用形式邏輯的非此即彼來套。同品與異品在除宗有法以外的論域中發生矛盾關係，這個除宗以外的論域爲有些學者稱爲"歸納域"(induction domain)[7]或者"有限論域"(restricted realm of discourse | restricted domain)[8]，是立敵雙方未發生分歧的所有對象組成的集合。宗有

[3] Gillon & Love 1980：370。

[4] Tillemans 2004：84。

[5] Katsura 2004a：123。

[6] ZYS 1. 13b10－14a2。

[7] Hayes 1988：113；Katsura 2004a：125。

[8] Oetke 1994：27,87。

法則在這個集合之外,是雙方發生意見分歧的對象。陳那在《集量論》中就曾將這個論域稱爲“别處”(*anyatra*),並指出:在以“此山有煙”來論證“此山有火”的時候,煙與火之間的邏輯聯繫要在這個“别處”被揭示,才能反過來論證此山既然有煙,就也應有火。〔9〕

對古印度的辯論者來説,爲禁止雙方循環論證,同、異品除宗有法是題中應有之義,是不用成文的隱性規定。玄奘法師作爲當時印度因明最高水準的代表者,回國後譯傳陳那因明時就特别注意要强調這一論辯背景,其弟子們的疏記不僅强調同、異品除宗有法,甚至連同、異喻都要除宗有法。這成爲解讀印度陳那因明體系和邏輯體系的一把鑰匙。這是漢傳因明的一大貢獻。可是,在沈海燕教授的論文中,通篇幾乎不見辯論的話題,完全不顧印度當時的辯論背景,純粹在象牙塔里做想當然的文章。再加上沈教授的形式邏輯知識又很成問題,使得討論從頭到尾不著邊際。

(一) 什麽是同品除宗有法?

沈文開篇第一個問題,就是將同品除宗有法定義爲同喻依除宗有法,將“同品”錯誤地等同於“同喻依”:“所謂‘除宗有法’,是指在以因(理由)證宗(論題)的過程中,需要在宗上的有法(主詞)之外,另外舉出一個事例(同類例,即同喻依)來檢證因法與宗法(宗的謂詞)之間是否具有不相離的關係,即因法是否真包含於宗法的外延之中。這就是所謂的同品須除宗有法,其中的道理很簡單,即譬喻總是以乙喻甲,而不會以甲喻甲的。”〔10〕陳那所云因之第二相‘於餘同類念此定有’,指的就是同喻依要除宗有法。九句因中所説的同品、異品,實爲同、異喻依。”〔11〕

首先,同品與同喻依並不是相同的概念。同品的標準是有所立法,同喻依的標準則是既有所立法又有能立因法。如九句因的第八句正因,是以“内聲(有情生命的聲)是勤勇無間所發(爲意志所直接顯發)”來證“内聲是無常”。此時,除聲以外無常的事物都是同品,如瓶與電。然而,瓶除了具有無常還具有勤發,可作爲同喻依;電(閃電)則屬於自然現象,僅有無常而無勤發,並非同喻依。但這並不妨礙電和瓶一樣,在這裡都是宗有法内聲的同品。日本因明南寺

〔9〕 參見 Zheng 2008: 70;Tang 2013: 663－669。

〔10〕 Shen 2014: 114。

〔11〕 Shen 2014: 115。

傳的代表人物護命(Gomyō, 750—834)在其《大乘法相研神章》(*Daijō hossō kenjin shō*)的第十章"略顯因明入正理門"(*Ryakken Inmyō nisshōri mon*, RINM)中就曾有這樣一則討論:

> RINM 30c6-13:問:既第八句正因量中,同喻有二,謂電與瓶也。勤勇之因,瓶有、電無,即於同品有及非有。喻有一分能立不成,何成正因?答:……爲令見因遍、不遍故,作法舉二,理對立量不舉其電,故是正因。

意謂:如果以電爲同喻依的話,便有能立因法勤發在其上不得成立(能立不成)的過失。因此,該論證中的同品電不能用作同喻依。

其次,同品與同喻依的不同説明了同品就其本身來説並不具備證宗的力量,只有當它兼有能立因法時,才具備論證的效力。我們可仿照上述第八句因舉一更淺顯的實例,如以"此鳥是烏鴉"來證"此鳥是黑色"。此時的同品爲除此鳥外其餘黑色之物,如另一隻烏鴉與黑貓。此另一烏鴉因是烏鴉,故可作爲同喻依,對"凡烏鴉皆黑色"起到證實的作用。黑貓雖是同品,而對於烏鴉與黑色之間的邏輯聯繫既無證實之用,亦無證僞之功,它只是一個與此論證無關的實例。因此,既然同品本身並無"檢證因法與宗法(宗的謂詞)之間是否具有不相離的關係"的作用,認爲同品除宗有法不過是"以乙喻甲"的方便也就無從談起。在同品除宗有法的界定中涉及因法概念、涉及"舉譬證宗"、涉及同喻依對因法與宗法不相離性的檢證,純屬過度詮釋。

再次,即便沈文實際想要界定的只是同喻依除宗有法,在其理解之下同喻依所具有的這種"以乙喻甲"的檢證作用,事實上反將陳那因明拉回了陳那以前古因明簡單類比推理的水準。以"一個事例"來"檢證"一種普遍聯繫,以一個瓶來證實"凡勤發皆無常",以一隻烏鴉來證實"凡烏鴉皆黑色",這恰恰是陳那所反復批評的"古因明僅以事例爲喻體的類比法"〔12〕,"只是以瓶喻聲,以二者均有無常性作類比,就會輾轉無窮,類比不盡。"〔13〕

異品與異喻依之間的區别亦復如是。異品的標準是無所立法,異喻依的標準則是既無所立法又無因法。九句因中除二、五、八句以外,其他異品有因諸句中的異品正因其於因法非無,故不可作爲異喻依,但仍不失其爲異品。它們對

〔12〕 Shen 2014: 119。
〔13〕 Shen 2014: 118。

整個論證僅構成爲一種反例(counterexample)。[14] 沈文混淆同品與同喻依,顯然受了唐疏"因正所成"説的誤導。我們已在别處對沈劍英先生因循唐疏之誤,釋同品爲宗因雙同、異品爲宗因雙異有過詳細的批評。[15] 正是這一誤解,影響了二位沈教授對陳那因明體系的整體把握。

事實上,同品和異品只是立論方在立論之初,對除宗以外的一切事物根據它們是否具有所立法這一點而進行的分類。分類的目的是找到正確的邏輯理由,但是在找到這個理由以前,同品和異品都不過是一種分類而已,並不具有證宗的力量。正是在這個意義上,我們説同品和異品是陳那因明的兩個初始概念。而隨後在同品範圍内找到的同喻依也並非僅僅是一個"以乙喻甲"的簡單類比。其意義在於表明至少存在一個對象既有所立法又有因法,從而表明因第二相"同品定有"滿足,因法與所立法之間不相離性的主項非空。爲表明這層存在含義(existential import),故而只一個同喻依便已足夠,但是絶不能"缺無"即一個也没有。將同喻依的作用僅局限在"以乙喻甲"即從個體到個體的簡單類比,實際上是没有認清陳那因明體系中同喻依與因第二相之間的内在聯繫。正是因第二相中同品概念的除宗有法,才導致了同喻依除宗有法。因爲在分類之初,宗有法便已排除在外,同喻依便只能"在宗有法外去覓取",這並非如沈文所以爲的那樣"不言而喻"。[16] 唯有從體系的高度,才能準確理解因明中的每一個概念與每一項細節。

(二) 異品亦須除宗有法

正是因三相中同品和異品概念的除宗有法,導致了同、異二喻依除宗有法。沈文援引了陳那《正理門論》中的因三相表述,但卻給出了錯誤的解讀。這一段表述、《集量論》中對應文字的藏譯(金鎧譯本)及我們據藏譯所作的今譯如下:

漢譯(NMu 5.5):又比量中唯見此理:若所比處此相審定,於餘同類念此定有,於彼無處念此遍無,是故由此生決定解。

藏譯(PSV 4, K150b5–7):*rjes su dpag pa la yaṅ tshul 'di yin par mthoṅ ste | gal te rtags 'di rjes su dpag par bya ba la ṅes par bzuṅ na | gźan du de*

[14] Ganeri 2004:346。

[15] Zheng 2007:385–389。

[16] Shen 2014:117。

> *daṅ rigs mthun pa la yod pa ñid daṅ* | *med pa la med pa ñid dran par byed pa de'i phyir 'di'i ṅes pa bskyed par yin no* ‖
>
> 今譯：而且在比量中，有如下規則被觀察到：當這個推理標記（*liṅga*，相=*hetu*，因）在所比［有法］上被確知，而且在别處，我們還回想到［這個推理標記］在與彼［所比］同類的事物中存在，以及在［所立法］無的事物中不存在，由此就產生了對於這個［所比有法］的確知。〔17〕

事實上，不論金鎧譯本還是持財護譯本，都將"别處"（*gźan du/gźan la*，*anyatra*）作爲一個獨立的狀語放置在句首，以表明無論是對於"彼同類有"（*de daṅ rigs mthun pa la yod pa ñid*）還是對於"彼無處無"（*med pa la med pa ñid*）的憶念，都是發生在這個除宗以外"别處"的範圍之内。日本學者桂紹隆對本段藏譯的解讀也是如此。〔18〕 藏譯力求與梵文字字對應；奘譯則文約而義豐，以"同類"（同品）於宗有法之餘來影顯"彼無處"（異品）亦於餘。兩者以不同的語言風格都再現了陳那原文對同、異品均須除宗有法的明確交代。而沈文則想當然地將"於餘"與"同類"連讀，以爲在本段中，"陳那只説同品要除宗有法，不説異品也要除宗有法。"〔19〕對文獻的解讀太過草率，也不懂得漢傳因明向有"互舉一名相影發故，欲令文約而義繁故"〔20〕的慣例。

窺基在釋同品之時不講除宗有法，而在解釋異品定義"異品者，謂於是處無其所立"時卻特地標明"'處'謂處所，即除宗外餘一切法，體通有無。"一方面指出"此中不言無所立法，前於同品已言均等所立法訖，此准可知。但無所立，義已成故"，以同品定義中的"所立法"來影顯異品定義中"所立"一詞的含義；另一方面指出"同品不説'處'，異體通無故"，通過兩則定義的比較，揭示同品唯取有體法這一隱含的規定。〔21〕 如果説玄奘漢譯是通過同品"於餘"來影顯異品"於餘"，那麼窺基正是明言異品除宗，從而影顯同品亦須除宗。

沈文異品不除宗的主張不僅在文獻上站不住腳，而且在義理上也經不起推敲。她認爲："異品本與宗有法不屬一類，並不存在除宗的問題。"〔22〕假使沈文

---

〔17〕 K150b5－7=V61b5－6，見 Kitagawa 1985：521，8－13；参見 Tucci 1930：44；Katsura［4］：74。

〔18〕 Katsura 2004b：137。

〔19〕 Shen 2014：114。

〔20〕 YMDS 120/99b6－7。

〔21〕 YMDS 236/107c20－29。

〔22〕 Shen 2014：114。

的意思是異品與宗有法在邏輯上不屬一類，那不正是異品除宗有法？何以又言“不存在除宗的問題”，在同一句中前後矛盾如此？可惜沈文的理解遠未達到邏輯的水準。在另一處，她又説道：“宗有法（如聲）與異品（常住不壞之物如虛空）本不在同一個集合，又何除之有？”〔23〕看來，沈文是以爲異品與宗有法在事實上便不屬一類。這就很成問題了。假如古印度的聲常論師也認爲聲與常住不壞之物“本不在同一個集合”，“聲常無常”又何以會成爲印度邏輯史上兩千年來的經典論題？沈文的錯誤在於將自己想當然的世界觀（聲非常住不壞之物）強加給了印度古典哲學中聲常無常論辯的雙方。在古印度，聲（*śabda*）這個詞具有聲音、語詞、語言等多重含義。在主張聲常的彌曼差派中又專指吠陀聖典的文句，故聲一詞又有聲量的意思。彌曼差派認爲吠陀聖典的語言體現了宇宙恒常的秩序。遠古的聖僊（*ṛṣi*）並非吠陀的創作者，他們僅僅是聽到了吠陀的天啓（*śruti*，聽聞）而已。故彌曼差派主張吠陀“非人所作”（*apauruṣeya*）。正是在這個意義上，該學派提出了著名的“聲常住論”。〔24〕 窺基《因明大疏》也曾記載聲常論師的主張：“聲論師中總有二種：一聲從緣生，即常不滅；二聲本常住，從緣所顯，今方可聞，緣響若息，還不可聞。聲生亦爾，緣息不聞，緣在故聞。”〔25〕彌曼差派便屬於後一種聲顯論。這些都是印度哲學與因明的基本常識。

在聲常論看來，聲與常住不壞之物在事實上當然屬於“同一個集合”。在佛弟子看來，聲與無常之物在事實上也正是屬於“同一個集合”。雙方關於聲常、無常的認知態度正相反對，因此才需要在辯論中將這一點作爲有待決定的議題先行擱置，在聲以外恒常與無常的事物中尋找各自的論據。這就是在佛弟子對聲常論立“聲無常”宗時，不僅同品（無常之物）而且異品（恒常之物）都必須將宗有法（聲）除外的道理所在。這是在邏輯上對同品和異品兩概念的外延作出的規定，體現了陳那因明對於辯論主體“許”和“不許”這兩種認知態度的區分，體現了辯論雙方對於彼此不同世界觀的尊重，是陳那因明作爲一種論辯邏輯的特徵所在。雙方不共許是常抑或無常的對象（聲）是宗有法，雙方共許無常的對象是同品，共許恒常的對象則是異品。這是在辯論之初對於論域全集所作的三分。

---

〔23〕 Shen 2014：114。

〔24〕 King 1999：52。

〔25〕 YMDS 241/108a27－b1。

(三) 是陳那還是陳大齊?

關於除宗有法,近百年來的漢傳因明研究者大致有三種觀點: 一是同、異品都不除宗有法,二是同、異品都除宗有法,三是同品除宗而異品不除。第一種觀點因爲與九句因中第五句因“同無異無”直接矛盾,已被基本淘汰。第二種觀點以陳大齊先生爲代表。第三種觀點以巫壽康、沈劍英爲代表。沈海燕教授秉承家學主張第三種觀點。但由於二位沈教授對“同品”概念存在誤解,其同品除宗而異品不除之説實質上仍是第一種觀點的翻版。

我們完全贊同陳大齊先生關於同、異品都除宗有法的觀點。沈文也正因此大段引述了陳大齊的原話,並分爲四段逐一批駁。〔26〕 可是在這四段義正詞嚴的批駁及前後文中,竟然將“陳大齊”都誤寫爲“陳那”。最後還總結説:“陳那關於異品除宗的問題如上所析乃有不當,然鄭教授不僅全盤予以肯定,而且發揮得更其淋漓盡致,且進一步認爲同、異喻體也要除宗有法。”在下一節的開頭又説道:“説喻體也要除宗有法,系鄭教授的創説,比陳那的同、異品皆須除宗有法更趨極致。”〔27〕前後張冠李戴,對陳那本人大張撻伐,竟達六處之多,似非一時筆誤所能開脱,這就很不嚴肅了!

沈文的第一點反駁認爲陳那因明規定構成宗命題“聲是無常”的兩個宗依即有法(主項)聲與能別(謂項)無常必須共許極成,因而聲在這裡不可能是“自同他異品”。這實際上混淆了詞項的共許極成(自性極成、境界極成、差别極成)與命題的共許極成(依轉極成)。陳大齊早已指出:“宗依極成,本來是就有法或能別分別説的,意謂有法能別各須極成,不是就有法和能別兩者間的關係上説的。所以宗依只須自性極成境界極成差别極成,用不到説依轉極成。假使從有法和能別兩者間的關係上説,不但不須依轉極成,而且竟是不可依轉極成。因爲因明立宗,爲的是開悟他人,所以宗中所説的道理必須是敵者所未同意的。”〔28〕宗有法聲在立方看來具有無常性,所以是“自同品”;在敵方看來則不具無常性,所以是“他異品”。這就是整個宗命題“聲是無常”必須爲立方所許而不爲敵方所許,必須“違他順自”的意思。與該命題中的兩詞項——聲與無常各自共許極成是兩回事情。正因爲宗有法是“自同他異品”,才需要將它排

〔26〕 Shen 2014: 114 – 115。

〔27〕 Shen 2014: 115。

〔28〕 Chen 1952: 38。

除在雙方共許的同品和異品兩者的外延之外,共比量恰恰因此才有可能。陳那《正理門論》中共比量的總綱正是要求了"因於同品有非有"等命題也要"決定同許",其前提之一就是同、異品概念的"決定同許"。沈劍英認爲共比量只要求詞項極成而不要求命題極成,我們已在别處作過批評。〔29〕

第二點反駁認爲假如將聲列入異品,它就不能再有所作性。實際上,聲是否所作與是否無常,這是兩個不同的問題。不論聲被歸在同品(無常之物)還是異品(恒常之物)中,都不影響立敵雙方就"聲是所作"先已達成共識。正是因爲雙方就此已有共識,故而將聲再列入異品,聲作爲有所作性的一個實例便會使得異品並非遍無所作性因。也正因此,異品若不除宗,第三相便永遠無法滿足。況且,在同、異品中都剔除有法聲,只是在邏輯上將聲歸爲另一類尚未確知有否無常的對象,與是否承認聲本身的存在更是風馬牛不相及。沈文則謂:"將聲音作爲'宗異品'剔除出去以後,所作因將依何而立,豈不有所依不成之因過?"〔30〕除宗只是根據立敵雙方認知態度的異同對論域全集在邏輯上的三分,而沈文卻誤解爲對於宗有法本身存在的否定。所謂"將聲音作爲'宗異品'剔除出去",又是"剔除出"哪裡才會連宗有法的存在也被否定呢?這裡,作者想當然地以爲聲一定是在同品(無常之物)中,將它從同品中剔除,便否定了它本身。又是將一種想當然的世界觀強加給了古印度辯論的雙方。

第三點反駁指出:"且不説異品無需除宗有法,即使是同品須除,亦只是舉喻證宗時在同喻依上暫除宗有法,宗與因都不存在'除宗有法'的問題。"〔31〕在另一處又説:"'餘'絶無'除去'或'剔除'的意思。同品要在宗有法外去覓取,這是不言而喻的道理,不會有人反對;但是若主張同品須除去宗有法,甚至主張喻體也要剔除宗有法,這就大謬不然了。"〔32〕什麼是"同品要在宗有法外去覓取",而同時同品又不須除宗?且不説沈文對同品和同喻依兩概念的誤解(辨析如上)及因此在表述上的混亂,其實際想表達的意思是:同、異品皆不除宗,唯有宗、因雙同的同喻依要除。所謂"暫除"和"覓取",皆就同喻依而言。關於這一點反駁,我們有如下兩點需要申説:

第一,沈文關於宗有法(聲)本非恒常之物因而異品(恒常之物)不需再除

---

〔29〕 Zheng 2007:219,500。

〔30〕 Shen 2014:115。

〔31〕 Shen 2014:115。

〔32〕 Shen 2014:117。

的想當然之論，我們已辯駁如上。按沈文“非此即彼”的邏輯（詳下），其謂同品不除的論斷也不過是基於聲本非恒常、本是無常（同品）的先入之見。其同、異品皆不除的論斷不過是想當然地以爲：聲本在異品之外而不需除；聲本在同品之内而又不能除，除之則“大謬不然”。如是，當聲論師提出“聲是常”宗的時候，我們又怎樣來劃分同品、異品和宗呢？假如聲論師早已默認了聲本在無常之物中，辯論還有何必要？一言以蔽之，沈文的錯誤就在於用世界觀代替了邏輯學。在辯論實踐中，雙方對於聲是否無常這個世界觀問題，本來就未達成一致的看法。辯論也因此才有必要。同、異品只是一種邏輯的分類方法，這種分類方法必須適用於任何一個論證，不能以某一種特定的世界觀爲默認的判定標準，並強加給辯論的雙方。〔33〕又試問：當立、敵雙方就“此山有火”發生辯論時，他們是否也要先默認了宗有法（此山）在同品（有火之物）中，然後再來辯論呢？沈教授同品不除宗的説法，也不過是她在象牙塔里做自己的文章，全然不顧印度當時的辯論實踐與辯論雙方在世界觀上的嚴重分歧。

第二，沈文謂：“從足目的《正理經》到陳那的《正理門論》《集量論》，都未見有因法也須‘除宗有法’的論述（陳那所云因之第二相‘於餘同類念此定有’，指的就是同喻依要除宗有法。九句因中所説的同品、異品，實爲同、異喻依。）”〔34〕然而，在除宗以外的論域中來“覓取”既有所立、又有因法的個體作爲同喻依，這不正是在除宗以外的論域中使用因法和所立法概念嗎？陳那“於餘同類念此定有，於彼無處念此遍無”的表述，正表明了因後二相中所立法和因法兩概念都是在除宗以外（於餘）的論域中使用的。至於沈文混淆同品、異品與同喻依、異喻依這兩對概念，我們已在上文做過辨析。

第四點反駁認爲同、異品均除宗有法將陷入邏輯矛盾。這其實預設了宗有法不在同品中便在異品中，聲不是無常就是恒常。這種“非此即彼”的邏輯完全忘記了因明的辯論背景。在辯論之初，宗有法恰恰處於第三種可能，即聲還未確定究竟無常還是恒常。正是因明的辯論背景決定了我們必須考慮立敵雙方對於聲是否無常不同的認知態度。主體1認爲聲是無常（$K_1 p$）與主體2認爲聲是常（$K_2 \neg p$），這完全無矛盾。桂紹隆就曾指出：“‘同品’和‘異品’組成了

〔33〕事實上，不同的論題便有不同的同、異品劃分。若立“聲是常”宗，聲是宗有法，聲以外常住的事物是同品，聲以外非常住的事物是異品。不存在脱離具體的論題、對一切論題皆適用的判定一物是同品抑或異品的標準。

〔34〕Shen 2014：115。

在陳那的邏輯學和知識論中保證推論或證明有效性的歸納域。另一方面,宗則是處在這個歸納域之外。從存在論的觀點來看,宗與同品只要它們都具有所立法便無區别。然而,從知識論的觀點來看,因爲所立法尚未被知道出現於宗上,但已被知道出現於同品,所以它們還是不同的。"〔35〕看來,沈教授的確"應該將視野進一步擴大"。〔36〕

二、同異喻體也要除宗有法

同、異品除宗有法,要求在立敵共許的除聲以外範圍中尋找根據,來論證"聲是無常"這一立許、敵不許的命題,是陳那關於推理運作機制的總體設想。這項規定體現在推理規則上就是因三相的後二相"同品定有"和"異品遍無"除宗有法;體現在推理形式上便是同、異喻體除宗有法。同、異喻體是否除宗有法,即整個推理的出發點是不是一個毫無例外的全稱命題,這直接影響到整個推理形式是否爲演繹,能否必然推出結論。正是因此,同、異品以及連帶的同、異喻體是否除宗有法,成爲了印度佛教邏輯史上的兩座高峰陳那因明與法稱因明的分水嶺。同、異品除宗有法貫串了陳那因明的整個體系。爲保證推理建立在辯論雙方現有共識的基礎上,陳那因明的邏輯體系只能是除一個之外最大限度的類比推理。法稱因明則爲推理設定了對象世界中現實存在的普遍必然聯繫這一存在論的基礎。其同、異品不除宗有法,同、異喻體亦不除宗,其邏輯體系在印度邏輯史上首次實現了從類比向演繹的飛躍。

(一) 陳那、窺基論同、異喻體除宗有法

法稱在《因滴論》(*Hetubindu*)中曾明確宣稱:

> HB 6,9 – 13: *tasya dvidhā prayogaḥ, sādharmyeṇa vaidharmyeṇa ca, yathā — yat sat, tat sarvaṃ kṣaṇikaṃ, yathā ghaṭādayaḥ* | *saṃś ca śabda iti* | *tathā — kṣaṇikatvābhāve sattvābhāvaḥ, yathā vandhyāsute* | *saṃś ca śabda ity sarvopasaṃhāreṇānvayena vyatirekeṇa ca vyāptipradarśanalakṣaṇau sādharmyavaidharmyaprayogau* ‖

---

〔35〕 Katsura 2004a: 128。

〔36〕 Shen 2014: 119。

今譯：其論式有兩種：以同法和以異法。例如：凡一切(*sarva*)存在的皆刹那滅，如瓶等，並且聲是存在的[，故聲刹那滅]。例如：當刹那滅不出現，存在性亦不出現，如在石女之子的情況中，並且聲是存在的[，故聲刹那滅]。同法論式與異法論式的特徵，就在於[分別]通過合與離，對一切進行概括(*sarvopasaṃhāra*)，從而揭示遍充。

阿闍陀(Arcaṭa，約730—790)在其《因滴論廣釋》(*Hetubinduṭīkā*)中對此的注釋更明確指出："[所概括之]一切，不只是作爲喻例的有法，而且是任一具有能立法的有法。"與之相反，陳那在《集量論・觀喻似喻品》中則宣稱："喻的首要功能是在[宗有法]以外的對象(*phyi rol gyi don*, *bāhyārtha*)中揭示[遍充]。"他在《集量論・爲他比量品》中也指出："[因法與]此類[所立義]的隨伴出現(*sāhabhavya*)之被了知，乃憑藉在[宗有法]以外的對象中概括得到的(*bāhyārthopasaṃhṛta*)同法和異法二喻。"聖主覺更將本句中"以外的對象"一詞明確解釋爲："被當作宗的特定有法以外的任何一個別處"(*dharmiṇaḥ pakṣīkṛtād viśeṣād anyatra sāmānye*)。[37] 無論"别處"(於餘)還是"以外的對象"皆劃定了除宗有法以外這一範圍，同喻體和異喻體正是在這一範圍中從正反兩面來揭示因法與所立法之間的邏輯聯繫。第一，陳那和法稱在這裡均使用了"概括"(*upa-sam*－*HṚ*)一詞，表明這裡談論的"同法喻"和"異法喻"指經由概括得到的同喻體和異喻體而不是同、異喻依。第二，這種"概括"是就一定的對象範圍而言，這對象範圍即同、異喻體兩者的論域。第三，在這個論域是否涵蓋一切、是否除宗以外的問題上，陳那、法稱的觀點截然不同。陳那認爲二喻"在以外的對象中概括得到"(*bāhyārthopasaṃhṛta*)，法稱則認爲是"對一切進行概括"(*sarvopasaṃhāra*)。這不正表明了陳那主張同、異喻體除宗而法稱主張不除，主張以反映普遍必然聯繫的喻體作爲推理的出發點？

《入正理論》的同、異喻定義爲：

漢譯(NP_{Ch} 11b13－17)：同法者，若於是處顯因同品決定有性，謂若所作，見彼無常，譬如瓶等。異法者，若於是處説所立無因遍非有，謂若是常，見非所作，如虛空等。

梵本(NP 2.3)：*tatra sādharmyeṇa tāvat* ｜ *yatra hetoḥ sapakṣa evāstitvaṃ*

---

〔37〕 上引《因滴論》、《因滴論廣釋》、《集量論》及聖主覺《廣大清淨疏》段落，皆參見 Shiga 2011：523－527，但筆者的解釋與之稍異。

khyāpyate | *tadyathā* | *yat kṛtakaṃ tad anityaṃ dṛṣṭaṃ yathā ghaṭādir iti* ‖ *vaidharmyeṇāpi* | *yatra sādhyābhāve hetor abhāva eva kathyate* | *tadyathā* | *yan nityaṃ tad akṛtakaṃ dṛṣṭaṃ yathākāśam iti* |

今譯：此中，首先，憑藉同法（同類事物）[的喻]，即在那裡（*yatra*）因僅在同品中存在被宣稱之處，如下：凡所作的都被觀察到是無常，如瓶等。其次，憑藉異法（異類事物）[的喻]，即在那裡（*yatra*）當所立不出現時因普遍不出現被述説之處，如下：凡恒常的都被觀察到非所作，如虛空。

首先，兩則定義中的"是處"（*yatra*）直接指這裡被定義的同喻和異喻之處。其次，論文給出的實例正表明這裡定義的是同喻體和異喻體而不是同、異喻依。因此，所謂的"是處"即同喻體之處與異喻體之處。關於這個"是處"的範圍，是否涵蓋論域全體、是否除宗以外，印度的注釋家師子賢在其《廣釋》中未有説明，脅天在其覆注《難語疏》中也僅是分别舉"瓶等"和"虛空與湖等"爲例。〔38〕

相比更接近論主商羯羅主時代的窺基則將同喻體的"是處"明確解釋爲："'處'謂處所，即是一切除宗以外有、無法處。'顯'者，説也。若有、無法，説與前陳因相似品，便決定有宗法，此有、無處，即名'同法'。"意謂：同喻體是在除宗以外的論域中揭示因法與宗所立法之間的邏輯聯繫。與此相應，他將異喻體的"是處"明確解釋爲："'處'謂處所，除宗已外有、無法處。謂若有體、若無體法，但説無前所立之宗，前能立因亦遍非有，即名'異品'。"〔39〕意謂：異喻體則是在除宗以外的論域中從反面來揭示這種邏輯聯繫。窺基將"是處"（*yatra*）明確解釋爲"除宗以外"的"餘處"（*anyatra*），這與陳那本人認爲二喻是對"以外的對象"進行概括的説法正相一致，而與法稱認爲二喻概括一切的觀點截然不同。

（二）沈文的誤解

以上，我們援引了"陳那和窺基的原話"作爲"有力的證據"〔40〕，説明在陳那因明中同、異品除宗有法的規定，在推理形式上導致同、異喻體亦須除宗有法；並説明了法稱對陳那因明喻體從"除宗以外"到"概括一切"的重要變革及其邏輯意義。沈文第二節與第四節皆就陳那因明的喻體是否除宗有法、是全稱

〔38〕 參見 NPVP 77,11－16。

〔39〕 YMDS 253, 269/109b14－17, 111a7－9。

〔40〕 Shen 2014：118,116。

命題還是除外命題與我們展開了商榷。這裡一併予以答覆。

該文認爲同喻體不除宗的主要想法爲：有法聲已在因第一相中被規定爲包含在因法所作的範圍内，在反映因法所作與所立法無常之間不相離性的同喻體"凡所作皆無常"中，便不應當再將聲從所作之中剔除。〔41〕首先，這一想法想當然地假定了因第一相的"所作"與同喻體中"所作"的論域相同。但陳那要求喻體是除宗以外的概括，這就意味著：因第一相"凡聲是所作"的論域是包含聲在内的所有對象，而同喻體"凡所作皆無常"的論域則是除聲以外的其他所有對象；在這個"於餘"的範圍内揭示"所作"與"無常"之間不相離的邏輯聯繫，再應用到同樣也具有"所作"屬性的有法"聲"上，從而論證聲也應像其他所作的事物一樣是無常的。

其次，這一想法背後更深層的假定爲：陳那因明中的喻體或者説"不相離性"一定是概括一切的全稱命題。然而，前引陳那的原話已表明因法與所立法之間不論"隨伴出現"（*sāhabhavya*）還是"不相離性"（*avinābhāva*）抑或"遍充"（*vyāpti*）關係（三者同義），都是一種除聲以外有限論域内的邏輯聯繫。只有到了法稱才將其改造爲概括一切的普遍邏輯聯繫。沈文由於欠缺基本的邏輯知識，誤以爲"凡所作（M）皆無常（P）"（MAP）這一全稱命題在將聲（S）除外以後，便只能是"有所作是無常"（MIP）的特稱命題，不是全稱就只能是特稱。〔42〕殊不知陳那因明同喻體"除聲外，凡所作皆無常"這一除外命題準確完整的邏輯刻畫應爲：$(x)(\neg Sx \wedge Mx \rightarrow Px) \wedge (\exists x)(\neg Sx \wedge Mx \wedge Px)$。讀作：對任一個體，如果它不是聲並且是所作，那麼它是無常；並且存在一個體，它不是聲並且是所作和無常。這遠比特稱命題 MIP（有所作是無常）或存在命題 $(\exists x)(Mx \wedge Px)$（存在一個體，它是所作和無常）要複雜得多。

再次，基於喻體爲全稱命題的假定，沈文想當然地以爲因支"凡聲是所作"與同喻體"凡所作是無常"之間具有邏輯的傳遞性。但這種傳遞性恰恰由於兩命題的論域不同而被中斷，這反映了陳那因明不同於西方三段論的非單調、非演繹特徵。沈文借"以類爲推"和"類推"〔43〕來標榜陳那因明，實際上還是將其誤讀爲西方邏輯的三段論。

沈文又謂："在同、異二喻的喻體中均除去宗有法，宗有法將無處存身。設

〔41〕 Shen 2014：115。

〔42〕 Shen 2014：115。

〔43〕 Shen 2014：118。

同喻體爲 A 集合,異喻體爲非 A 集合,説宗有法既不屬 A 集的分子,又不屬非 A 集的分子,豈非陷入悖論?"〔44〕令人驚訝的是,既然同、異喻體都是命題,又怎能將它們"設爲"A 集合與非 A 集合呢? 這又是基本的常識錯誤。

恐怕沈文實際想説的還是同喻體的論域爲 A 集合,異喻體的論域爲非 A 集合。但這樣又有問題。陳那和窺基説同、異喻體的論域都是"以外的對象"即除聲以外所有對象組成的集合,這是非常準確的。因爲在姑且不考慮同喻體存在含義的情況下,同喻體"凡所作皆無常"這一命題在異喻依"虚空"上爲真,異喻體"凡非無常皆非所作"這一命題在同喻依"瓶等"上亦爲真。二喻均適用於除聲以外同、異兩方面的對象。

至於用"非此即彼"的邏輯來認定除宗便會導致非此亦非彼的悖論,我們在上文已經指出:這還是遺忘了因明是一種論辯邏輯。在辯論之初,聲還没有被雙方共同確認爲屬於 A 集還是非 A 集。同喻體"謂若所作,見彼無常"與異喻體"謂若是常,見非所作"中的"見"(*dṛṣṭa*,被觀察到)正是"世間愚、智同知"〔45〕、"其敵、證等見"〔46〕即立敵共許極成的意思。同、異二喻的論域是雙方不發生意見分歧的對象範圍,聲則"存身"於這個範圍之外,是雙方尚未共"見"爲常抑或無常的對象。在認知邏輯的視野下,這完全不存在邏輯矛盾。

(三) 慧沼變更師説不符陳那原意

沈文舉出唯一切題的文獻證據,是窺基弟子慧沼在《續疏》中關於同喻體是否除宗的一則問答。對此,我們已在别處有詳盡的剖析,已説明慧沼認爲同喻體不除宗爲何在陳那因明的框架内是一種錯誤發揮。〔47〕而沈文卻指責我們"對慧沼答問的否定顯然缺乏具體剖析,没有説服力。"〔48〕看來,仍有重複的必要。本則問答如下:

> YMDS 649 - 650/136a1 - 9:問:"諸所作者皆是無常"合宗、因不? 有云不合,以"聲無常"他不許故,但合宗外餘有所作及無常。由此相屬著,能顯聲上有所作故無常必隨。今謂不爾。立喻本欲成宗,合既不合於宗,

---

〔44〕 Shen 2014:116。

〔45〕 ZYS 1.23a8 - 9。

〔46〕 YMDS 256/109c18 - 19。

〔47〕 Zheng 2010:65 - 66。

〔48〕 Shen 2014:116。

> 立喻何關宗事?故云“諸所作”者,即包瓶等一切所作及聲上所作。“皆是無常”者,即瓶等一切無常並聲無常,即以無常合屬所作,不欲以瓶所作合聲所作,以瓶無常合聲無常。若不以無常合屬所作,如何解同喻云“說因宗所隨”?

問者意謂:同喻體“凡所作皆無常”除了在聲以外的瓶等上將無常(宗)與所作(因)相合外,是否在聲上也將二法相合(合宗、因),即同喻體是否將宗有法也包括在其斷言的範圍之內?對此,慧沼先引了古師的一種解答:“有云不合”。《明燈抄》指出這是文軌的觀點。文軌《莊嚴疏》中曾有說道:

> ZYS 3.17b8－18a2:“若諸所作,皆是無常,猶如瓶等”者,即所立無常隨逐能立所作,能立所作能成所立無常,即更相屬著,是有合義。由此合故,即顯聲上無常、所作亦相合也。所作性因敵論許,“諸”言合故可出因;聲是無常他所不成,“皆是無常”言如何合?

文軌意謂:無常“隨逐”(*anvaya*,合)所作即“凡所作皆無常”這一邏輯聯繫,在聲以外的瓶等上是立敵共許的事實,故宗、因之間“合”義已成。在聲上,儘管立敵共許其有所作(可出因),但無常(宗)是否亦隨之存在,則尚未得到論證(不成),在聲上宗、因之間“合”義未成。這是說,同喻體“凡所作皆無常”僅斷言了除聲以外有所作的對象(如瓶等)也有無常,但未斷言聲上無常(宗)與所作(因)之間也有相應的聯繫(不合宗、因)。同喻體“凡所作皆無常”不蘊含“聲所作故聲無常”。故而以“宗外餘有所作及無常”來“顯聲上有所作故無常必隨”,其實是用聲以外所有對象服從“凡所作皆無常”這一原理,來類比餘下的唯一一類對象“聲”也應服從相同的原理。

由此可見,在窺基以前,文軌早有同喻體除宗有法的主張,並有如上細緻的論證。慧沼“今謂不爾”既批評了文軌,也違背了師說。他給出了兩條理由,爲沈文全盤接受。其中第一條爲:提出喻體是爲了論證宗命題“聲是無常”,如果喻體將所作與無常相合,而不將宗有法聲上的所作與無常相合,那麼喻與宗之間便無關係可言。今按:喻固然是要成宗,但喻以成宗爲目的,與它能否實現以及如何實現這一目的,這是兩個問題,不應混淆。古因明僅以瓶、盆等個體爲喻,也是爲了成宗,難道由此就應主張在這些個體中也已邏輯地蘊含了“聲所作故聲無常”嗎?

第二條理由爲:同喻體是將所作(因)與無常(宗)相合,而不是將瓶的所作與聲的所作相合,不是將瓶的無常與聲的無常相合。故而陳那才說同喻體的語言形式爲"説因宗所隨"。今按：這一點是因明常識,文軌也不反對,只是這與同喻體是否除宗的問題無關。文軌的意思是：在"説因"的時候,固然可將聲也包括在"諸所作"之中,因爲所作性因本來是立敵共許的已成之義;但不能進而將聲也包括在"皆是無常"之中,因爲聲是無常乃立許敵不許的未成之義。故而同喻體"若諸所作,皆是無常"無法在聲上也將所作(因)與無常(宗)相合(不合宗、因)。

至於慧沼認爲"'諸所作'者,即包瓶等一切所作及聲上所作。'皆是無常'者,即瓶等一切無常並聲無常",這與法稱認爲喻體概括一切的主張一致,而與陳那、文軌、窺基認爲喻體僅概括除宗以外對象的思想不符。慧沼變更師説,於偶然間觸及了不除宗的新思想,但卻給出了錯誤的論證,更談不上系統的闡述,誠爲可惜。慧沼不除宗的主張在思想史上或有其獨立的意義,但用來解釋陳那因明,則違背了玄奘所傳、窺基所述,屬於錯誤發揮。沈教授援引慧沼,若能再引窺基關於同、異喻體除宗的論述以資比較,辨其同異,判其得失,本不失嚴謹治學、各抒己見的端正態度。但她卻未經"具體剖析"便將慧沼引爲同道,還冒稱"窺基《大疏》"〔49〕,不辨《大疏》本文有窺基所撰、慧沼所續前後兩部分的不同。何止"没有説服力"可言,還欠缺嚴謹治學的端正態度,亦復可惜!

(四) 陳那變革古因明與法稱變革陳那

我們認爲：陳那因明的同、異喻體都是除外命題而非全稱命題。通常的做法是將陳那因明的同喻體"凡所作(M)皆無常(P)"按其字面意思刻畫爲$(x)(Mx \to Px)$這一全稱命題的形式。但這種做法忽視了陳那認爲同、異喻體都是對除宗以外對象所作概括,因而兩者都在除宗的有限論域中進行斷言的思想。事實上,在不考慮存在含義的情況下,其真正的邏輯形式應爲：$(x)(\neg Sx \wedge Mx \to Px)$,即"除聲($S$)外,凡所作皆無常"。這個命題是在將"聲"這一有待討論的主題先行擱置(除外)、不予斷言的情況下,對此外(於餘)所有對象所作的斷言。我們稱之爲"除外命題"。一方面,它與毫無例外的全稱命題不同。前者是在有限論域中作出的全類概括,後者的論域則是一切個體即論域全集。另一方面,它又與存在命題或特稱命題不同。後者僅斷言了至少存在一個體同時具備這樣一些屬性,前者則斷言了有限論域中的所有個體皆滿足因法(M)與所立法(P)之間的邏輯聯繫。如考慮到同喻體的存在含

〔49〕 Shen 2014：116。

義，其完整的刻畫便應當爲：$(x)(\neg Sx \wedge Mx \rightarrow Px) \wedge (\exists x)(\neg Sx \wedge Mx \wedge Px)$。上文已述，沈文以爲全稱命題除外便“降作存在命題”、“不可思議”〔50〕，這其實還是由於作者邏輯知識不全面所致的誤解。事實上，沈文所謂“存在命題”不過是它的後一項合取支，僅表現了同喻體的存在含義，而不表現整個帶有除外特徵的同喻體的全部含義。

沈文第四節爲支持傳統全稱命題的觀點，援引了陳那《正理門論》對他之前印度邏輯（古因明、古正理）中五支作法的批評以爲依據。但我們不得不指出：這段文字僅涉及陳那對古因明（連同古正理）的變革，而與沈文的意圖無關。陳那對古因明的變革與法稱對陳那的變革，是印度邏輯在向演繹邏輯發展過程中兩個不同的環節。在喻的表達方式上，前一環節討論的是應以個別例證爲喻（古因明）還是以一個概括性的普遍命題爲喻（陳那），後一環節討論的才是這個命題應爲除外命題（陳那）還是全稱命題（法稱）。

富差耶那（Vātsyāyana，5 世紀）在其《正理經疏》中給出的五支作法實例如下：

> 梵本（NBh 34，13－15）：*anityaḥ śabda iti pratijñā* ǀ *utpattidharmakatvād iti hetuḥ* ǀ *utpattidharmakaṃ sthālyādi dravyam anityam ity udāharaṇam* ǀ *tathā cotpattidharmakaḥ śabda ity upanayaḥ* ǀ *tasmād utpattidharmakatvād anityaḥ śabda iti nigamanam* ǀ
>
> 今譯：宗：聲是無常。因：由於是具有生起這一屬性的。喻：具有生起這一屬性的瓶等實體是無常的。合：聲亦同樣具有生起這一屬性。結：因此，由於是具有生起這一屬性的，聲是無常。

古因明以瓶等個體有所作和無常，來類比聲既有所作也應無常。陳那《正理門論》指出：這種從一個乃至若干個體出發而不從一個概括性的命題出發的簡單類比推理，首先有“處處類比”的弊病。“由彼但説‘所作性故’所類同法，不説能立所成立義”，只以瓶有所作和無常來類比聲有所作和無常，未指明“諸所作者皆是無常”這一邏輯聯繫（不相離性），所作在這裡是針對無常才有論證的效力，便無法避免將所作與瓶的其他屬性（如可燒、可見）作不恰當的關聯，從而類比聲也應可燒、可見。陳那明言“諸所作者皆是無常”，便限定了所作性因的論證方向，便無“一切皆相類失”。其次，還有“無窮類比”的弊病。“以同喻中

〔50〕 Shen 2014：118。

不必宗法、宗義相類,此復餘譬所成立故,應成無窮”,僅以瓶證聲,便須更問:瓶爲何無常?若再舉燈證瓶,又須更問:燈爲何無常?如是輾轉類比,陷於無窮倒退。陳那明言“諸所作者皆是無常”,便囊括了聲以外的所有對象,“既以宗法、宗義相類,總遍一切瓶、燈等盡,不須更問,故非無窮成有能也。”〔51〕

總之,以“諸所作者皆是無常”這一命題爲喻的主體,再舉“瓶等”爲例說明,便能克服古因明僅以個體爲喻、從個體出發的簡單類比推理。這是陳那因明在喻支方面對古因明的重要變革,但由此得不出這裡的“諸所作者皆是無常”就是一個全稱命題的結論。這個命題“涵蓋了所喻的全類事物”〔52〕,但“所喻的全類事物”中並不包括宗有法聲。請注意:窺基說“總遍一切瓶、燈等盡”,不同於慧沼所謂“即包瓶等一切所作及聲上所作”。這裡的關鍵在於“聲”是否也在喻體概括的範圍之內。陳那對古因明的批評僅涉及要不要“諸所作者皆是無常”這樣一個命題,而不涉及這個命題包不包括聲。更何況如上已述,陳那和窺基都已在别處明言喻體僅概括了除宗以外的對象,喻體所體現的因、宗“不相離性”也僅限於這一除宗以外的有限論域。“不相離性”並不直接等同全稱命題。是否真全稱,還要看其論域是包括一切還是除宗以外。沈文全稱命題之說,僅抓住了喻體的語言表達和“不相離性”這個字眼,而不顧陳那因明全體與窺基《大疏》的各方面闡述,只知其一而不知其二,總不免井中窺天、望文生義之誚。

三、共許極成、除宗有法與最大限度的類比推理

陳那因明三支作法的完整表述,可見於《入正理論》關於“能立”(論證)的如下一段總結:

漢譯(NP_{Ch} 11b19－23):如是多言開悟他時,説名能立。如説聲無常者,是立宗言;所作性故者,是宗法言;若是所作,見彼無常,如瓶等者,是隨同品言;若是其常,見非所作,如虛空者,是遠離言。唯此三分,説名能立。

梵本(NP 2.4):*eṣāṃ vacanāni parapratyāyanakāle sādhanam* | *tadyathā/ anityaḥ śabda iti pakṣavacanam* | *kṛtakatvād iti pakṣadharmavacanam* |

〔51〕 YMDS 260－263/110b19－21。

〔52〕 Shen 2014:118。

yat kṛtakaṃ tad anityaṃ dṛṣṭaṃ yathā ghaṭādir iti sapakṣānugamavacanam | yan nityaṃ tad akṛtakaṃ dṛṣṭaṃ yathākāśam iti vyatirekavacanam ‖ etāny eva trayo 'vayavā ity ucyante ‖

今譯：對此等（宗、因、喻三者）的言説，在説服他者的時候，被説爲能立，如下：對宗的言説（宗）：聲是無常；對宗法的言説（因）：由於［聲］是所作；對同品跟隨［因法］的言説（同喻）：凡所作的都被觀察到是無常，如瓶等；對［因法］遠離［異品］的言説（異喻）：凡恒常的都被觀察到非所作，如虚空。唯有這三部分（三支）應被言説［爲能立］。

這裡完整給出了陳那因明共比量的一個典型實例。共比量即基於共識的推理，其中的因和喻從詞項到命題都必須爲辯論的雙方共同認可（共許極成）。共比量是陳那因明三支作法的標準形式。

（一）陳那因明共比量的總綱

陳那在《正理門論》中有如下一段論述，體現了他關於推理運作機制的總體設想，我們因此稱之爲陳那因明共比量的總綱：

NMu 2.2－2.4：此中"宗法"唯取立論及敵論者決定同許。"於同品中有、非有"等，亦復如是。何以故？今此唯依證了因故，但由智力了所説義，非如生因由能起用。若爾，既取智爲了因，是言便失能成立義。此亦不然，令彼憶念本極成故。是故此中唯取彼此俱定許義，即爲善説。……"於其同品有、非有"等，亦隨所應當如是説，於當所説因與相違及不定中，唯有共許決定言詞説名能立，或名能破，非互不成、猶豫言詞，復待成故。

這是對《正理門論》第2頌"宗法於同品，謂有、非有、俱，於異品各三，有、非有及二"的解釋。陳那指出：本頌中（此中）的"宗法"（即因）僅在立、敵共許極成（決定同許）爲宗有法所普遍具有的屬性中選取。所作是宗有法聲所普遍具有的屬性（遍是宗法），這一點爲辯論雙方共同認可，故可作爲"宗法"。這就意味著：因第一相"遍是宗法"及體現這一相的因命題（宗法言）"聲是所作"都必須立、敵共許極成，而不能爲雙方所不認可（兩俱不成）、爲其中任何一方所不認可（隨一不成）、爲猶豫未決之事（猶豫不成）或主項不共許（所依不成）。

陳那接著又説：對本頌餘下的三句（於同品中有、非有等），即因與同品、與異品所可能有的各種邏輯關聯，我們也應有"決定同許"的要求。一方面，因與同品之間可能有三種關係：因在同品中存在（有）、不存在（非有）和在部分同品中存在而在其餘同品中不存在(俱,即有非有)。另一方面,因與異品也可能有三種關係:因在異品中存在、不存在或在部分異品中存在而在其餘異品中不存在(及二,有非有)。將這兩方面綜合起來,三三複合,便構成了因在同、異品中所可能有的如下九種外延分佈情況:

1. 同品有、異品有	2. 同品有、異品非有	3. 同品有、異品有非有
4. 同品非有、異品有	5. 同品非有、異品非有	6. 同品非有、異品有非有
7. 同品有非有、異品有	8. 同品有非有、異品非有	9. 同品有非有、異品有非有

這就是陳那因明所謂的九句因。這裡的"於同品中有、非有等亦復如是",正是規定了因與同、異品之間無論何種邏輯聯繫,即九句因中任何一句,都是在立、敵共許極成的意義下來談論的。這就意味著:

首先,在推理規則的層面。陳那對這九種情況逐一進行考察,認爲只有對應第二、八兩種分佈的因才是具有證宗效力的正確理由(正因)。在這兩種情況中,因在同品中或普遍存在(有)或部分存在(有非有),在異品中則普遍不存在(非有)。故而正因必須滿足的後兩項特徵(因後二相)便分別爲:因在同品中至少部分存在(因於同品定有),即有同品是因,其形式爲:$(\exists x)(\neg Sx \wedge Mx \wedge Px)$;以及因在異品中普遍不存在(因於異品遍無),即凡異品皆非因,其形式爲:$(x)(\neg Sx \wedge \neg Px \rightarrow \neg Mx)$或$(x)(\neg Sx \wedge Mx \rightarrow Px)$。因此,既然九句因中每一句都要共許極成,由九句因概括得到的因後二相"同品定有"和"異品遍無"也必須共許極成。這就要求了不僅所有關於因與同、異品關係的討論,而且由此得到的"同品定有"和"異品遍無",都必須限制在除宗有法以外辯論雙方既已形成共識的論域中。

故而陳那在上引《正理門論》和《集量論》的因後二相表述中均強調"於餘",於宗有法之餘來憶念"同品有"和"異品無",這正是陳那因明體系首尾一貫的體現。假如對論域不作除宗的限制,那麽按照立方的主張,宗有法本在同品中,它又具有因法,同品便一定有因而不可能無因,九句因中第四、五、六句"同品無因"的情況便不可能存在;按照敵論的主張,宗有法本在異品中,它又具有因法,異品便一定有因而不可能無因,九句因中第二、五、八句"異品無因"的情況便不可能存在。更有甚者,整個九句因關於因與同、異品關係的討論便完全無法展開,因爲在無限制的論域全集中,雙方關於同品和異品的外延尚有分歧,“同品中有、非有等”任何一句都無法滿足“決定同許”的要求。也正因此,同、異品除宗有法構成了陳那因明中九句因、因後二相等一系列基本理論得以展開的前提,以此爲前提的九句因和因後二相都必須貫徹除宗有法的規定。

其次,在推理形式的層面。同喻體(凡因是同品)的形式爲:$(x)(\neg Sx \wedge Mx \rightarrow Px) \wedge (\exists x)(\neg Sx \wedge Mx \wedge Px)$,既“遮”又“詮”,是爲了同時表現因後二相;異喻體(凡異品皆非因)“唯止濫”,其形式爲:$(x)(\neg Sx \wedge \neg Px \rightarrow \neg Mx)$,只是爲了表現因第三相。〔53〕 兩者都應與它們旨在表現的因後二相相應,也滿足共許極成的要求,因而其論域也都要限制在除宗以外的範圍中。這是陳那“於同品中有、非有等亦復如是”一句落實到推理形式層面而應有的規定。法稱後學角宮在其《釋量論自注廣釋》中曾對本句解釋如下:

> PVSVṬ 63, 17 – 22: ***tathā sapakṣe sann*** *ityādi* | *ācāryasya cāyaṅ granthaḥ* | *tatra* {*sandi*} *hy uktam pakṣadharmo vādiprativādiniścito gṛhyate* | *tenobhayor anyatarasya cāsiddhasya* [*sandi*]*gdhasyāśrayāsiddhasya ca vyudāsaḥ* | *yathā ca pakṣadharmaniścayena caturvidhasyāsiddhasya vyudāsas tathā sapakṣe sann asann ity evamādiṣv apy anvayavyatirekaniścayena nirastam asiddhajātam anyatarāsiddhādīnāṃ sapakṣādiṣv asambhavāt* | *yathāyogam udāhāryam ity āha* |
>
> 今譯:“於同品中有、非有”等,這是大師[陳那]的偈頌(NMu k. 2a)。正是對此[偈頌],[他]説道:“[唯有]爲立論與敵論[共同]決定的宗法被選取[爲因]”(宗法唯取立論及敵論者決定同許)。依據這[項規定],[我們]捨棄了兩俱[不成]、隨一不成以及猶豫[不成]、所依不成。猶如[我們]依據對宗法的決定(*niścaya*)而捨棄[上述]四種不成,“於同品中有、非有等亦復如是”,依據[我們]對[因與同品]相合(合,*anvaya*)、[與異品]相離(離,*vyatireka*)的決定,由不成而產生的[種種過失]也被摒棄,因爲隨一不成等[四種不成據此便]在同品[有、非有]等中不出現的緣故。[陳那由此]説道:“亦隨所應當如是説。”

這段話雖有法稱因明的背景(兹不討論),但它正明確告訴我們:陳那“於同品中有、非有等亦復如是”一句實際上規定了同喻體(合)與異喻體(離)也必須“決定”,才能避免兩者也犯有兩俱不成、隨一不成、猶豫不成和所依不成之類

〔53〕 參見 Tang 2006: 336。

的過失。這個“決定”在陳那因明的語境中就是“決定同許”即共許極成的意思。窺基在援引了“此中宗法唯取立論及敵論者決定同許,於同品中有、非有等亦復如是”以後,便鄭重指出:“故知因、喻必須極成,但此論(《入正理論》)略。”〔54〕如上所述,陳那後來在《集量論》中又指出同、異二喻體是對除宗以外對象所作的概括,因、宗之間的不相離性也要在宗有法之餘的别處顯示。可見,要求在除宗的論域内,以共許的喻體爲推理的出發點,這是陳那一以貫之的主張。

爲什麽推理要從共許的因、喻出發才能收證宗之效?陳那的回答是:“今此唯依證了因故,但由智力了所説義,非如生因由能起用。”因爲在立、敵對諍的語境中,論證無法自行奏效,而要以論敵的“確認”(證)爲其認識論的前提(了因)。“若爾,既取智爲了因,是言便失能成立義。”既以對方的認知狀態爲前提,論證的語言表達又意義何在?“此亦不然,令彼憶念本極成故。”這是爲了讓論敵回想起論證的依據即因和喻是他原先就已知曉的事實。“極成”(*prasiddha*,已知曉)即同、異喻中所謂的“見”(*dṛṣṭa*,被觀察到)。“是故此中唯取彼此俱定許義,即爲善説。”因此,我這裡説“宗法”唯取立、敵共許極成的屬性,這没有過失。“於其同品有、非有等,亦隨所應當如是説。”對於任何一個論證中因與同、異品關係的界定,也必須爲雙方共同認可。“於當所説因與相違及不定中,唯有共許決定言詞説名能立,或名能破。”關於本論將要詳述的正因、相違因以及不定因,辯論雙方也必須達成共識。唯如此,正因才有證宗之效(能立),對於論敵所提出的相違因和不定因這兩類虛假理由的反駁,才能爲論敵本人所接受(能破)。這一句意味著九句因中的第二、八兩句正因,第四、六兩句相違因,第一、三、七、九句共不定因乃至第五句不共不定因,都必須共許極成。即便是一個錯誤的論證,其錯誤所在也要爲辯論雙方共同認可。“非互不成、猶豫言詞,復待成故。”假如因和喻不滿足共許極成的要求,那就需要用另外的理由先來論證它們,就它們先達成了共識,才能用作論證的依據。

對於人類的推理論證行爲,可有各種不同的理論化視角。由此才有了東西方邏輯史上異彩紛呈的邏輯學説和理論體系。陳那則是選取了主體間相互認可這一論辯邏輯的視角,將以雙方都認可的理由才能説服對方接受他原先所不接受的主張這一樸素的直觀,昇華爲以共許的因、喻來論證不共許的宗這一規

〔54〕 YMDS 129/100a6 - 7。

範一切論證行爲的總綱,並使之貫穿其因明的整個體系。由此便使得陳那因明視野下的三支作法,成爲了如下形式的推理:

內涵語境	外延語境
宗:聲是無常。	宗:聲是無常。
因:聲是所作。	因:聲是所作。
同喻:凡所作的都被觀察到是無常,如瓶等。	同喻:除聲以外,凡所作的都是無常,如瓶等。
異喻:凡恒常的都被觀察到非所作,如虛空。	異喻:除聲以外,凡恒常的都非所作,如虛空。

在如上左側的形式中,"被觀察到"(見)這一認知算子便已經表明了同、異二喻的論域都限於立、敵既已形成共識的除宗有法以外的對象範圍。故而除宗雖然未在喻中明言,"見"這個詞就已經限制了"凡""皆"所全稱的範圍。若將這個算子消去,還原到外延語境中就是"除聲以外"這一前置限定語。整個論證就可以等價地寫成如上右側的形式。

(二) 九句因除宗有法及其意義

論證的前提必須共許極成這一獨特的論辯邏輯視角及由此而來同、異品除宗有法的規定,貫穿了陳那因明的整個體系。在邏輯探究的層面,九句因描述了因與同、異品可能有"於同品中有、非有等"九種關係;在推理規則的層面,因後二相規定了因與同、異品應當有"同品定有"與"異品遍無"的關係;在推理形式的層面,同、異喻體斷言了因與同、異品具有"凡因是同品"與"凡異品皆非因"的關係。喻體斷言的真假,要看它所斷言的因與同、異品實際上是否符合因後二相規定的那種關係,而實際上是何種關係,總跳不出九句因的描述框架。在陳那的因明體系中,邏輯探究、推理規則與推理形式三個層面之間相互協調,就體現爲三者在談論因與同、異品之間關係的時候均遵守"決定同許"的原則與除宗有法的規定。正因此,陳那本人在九句因中強調了"決定同許",在因三相中便強調"於餘",在同、異喻體中就強調對除宗以外對象的概括,這都是一以貫之的。印度的注釋家角宮與中國的注釋家窺基也都強調了"於同品中有、非有等"決定同許就意味著同、異二喻體的"合"與"離"決定同許。

認爲在一個層面要除而在另一層面不除,這都是對陳那因明缺乏整體觀念的表現。而沈文正是將此三層面割裂開來,認爲“在九句因裡,陳那只講因與同、異品的關係,並未涉及到喻體”〔55〕,九句因除宗因而無法證明喻體也要除宗,這就從根本上否定了陳那因明有體系可言。正是因此,我們認爲:只要是討論同、異品除宗有法,便意味著在九句因、因後二相和同、異喻體這三個層面都必須除。這不是“偷换論題”,而是嚴格按照陳那因明體系内部的一致性所應有的理解。

沈文又指責我們“偷换概念”,將陳那因明除宗的“暫除”偷换爲“除去、剔除”。沈文以爲“除”只是在論證的言説過程中舉譬證宗的一種技巧:同喻依固然要在宗有法外“覓取”,即所謂“暫除”,但絶不能將其從具有宗、因二法的對象範圍内“剔除”或“除去”。這就是沈文所謂的“同品”要“暫除”但不能“除去”宗有法。實則,我們的主張正是不僅在具有宗、因二法的對象範圍内,而且在單同於宗的“同品”與單無所立的“異品”中,都要將宗有法“除去”而非“暫除”。即辯論雙方在邏輯上否定“宗有法是同品(共許無常之物)”與“宗有法是異品(共許恒常之物)”,由此劃定除宗以外這一雙方不發生分歧的論域,再辨析雙方的論據能否在其中得到支持。我們認爲陳那因明的除宗就是“除去”而非“暫除”。偷换概念的不是我們而是沈文,正是沈文將陳那的“除去”偷换成了“暫除”。

第一,沈文對“同品”概念的使用存在嚴重混亂。隱藏在沈文“暫除”與“除去”這一區分之下的,實際上是兩種不同含義的“同品”概念。所謂要“暫除”宗的“同品”實際上指同喻依;謂不能“除去”宗的“同品”,實際上指沈文心目中所有具有宗、因二法的對象,即同喻依與宗有法的合集。後一“同品”(合集)實際上是前一“同品”(同喻依)的上位概念。應當指出,不論這裡上位概念的“同品”,還是下位概念的“同品”,都偏離了“同品”一詞的真實含義。沈文不僅錯誤地使用了“同品”一詞,還將兩種不同的錯誤使用又錯誤地予以等同,再於其上生造了“暫除”與“除去”這對區分。若要論證同品不除宗,首先須對同品概念在外延上有一嚴謹一致的界定,而沈文連這一點也做不到。況且,因明中未曾有過一個術語能用來指稱同喻依與宗有法的合集,更不用説稱之爲“同品”了,而沈文竟失察如此!

至於實際上是下位概念即同喻依的那個“同品”,仍延續了沈文釋“同品”爲宗、因雙同而非單同於宗的誤解。假如不僅要有所立法,而且要有因法,才能計爲“同品”,那麼凡同品便一定有因,因與同品之間的外延關係便只能有“因

〔55〕 Shen 2014:117,下同。

在同品中存在”(同品有)這一種情況。其餘兩種情況“因在同品中不存在”(同品非有)與“因在部分同品中存在而在其餘同品中不存在”(同品有非有)都將不復存在。陳那所謂“於同品中有、非有等”便塌縮爲“同品中有”即“同品遍有”這一種可能。假如再釋“異品”爲宗、因雙離而非單無所立,那麼陳那所謂“於異品各三,有、非有及二”,因於異品中存在、不存在與部分存在、部分不存在這三種可能,便只剩下“不存在”這一種可能。這樣一來,九句因就只剩下一句因,即“同品遍有、異品遍無”。這樣的“同品”和“異品”根本就不符合陳那因明的基本理論。再從陳那在《因輪圖》中給出的九句因各句實例來看,其中“同品非有”的第四、五、六句“聲常”宗,都將具有常性的虛空明確列爲同品。儘管虛空在三句中都無相應的因法,但不妨礙它作爲同品這一點。與此類似,《因輪圖》中“異品有”的第一、四句“聲常”宗和第七句“聲非勤發”宗的實例中,都將不具有各自所立法的瓶明確列爲異品。儘管瓶在三句中都有相應的因法,但仍不失其爲異品。〔56〕 由此益可見同品的標準只是單同於宗而無宗、因雙同的必要,異品的標準只是單無所立而無宗、因雙離的必要。沈劍英因循唐疏糟粕,釋同品爲“因正所成”、異品爲“非因所立”,豈不料沈海燕教授又因循家學重蹈覆轍。

正是基於這種誤解,沈文才誤以爲第五句因的問題在於“缺同品”。實則正如陳那《因輪圖》中本句同品實例虛空所示,第五句因根本就不缺同品,真正所缺乃宗、因雙同的同喻依。這是由於在將宗有法聲除外以後的範圍内,便不存在其他具有因法所聞性(作爲聽覺對象)的事物。這又是由於所聞性是宗有法聲所獨有而不與他物共享(不共)的屬性,故《入正理論》説“常、無常品皆離此因”,同、異品中都無具有因法的實例,因而既缺正面的例證以支持本宗,又缺反證以推翻本宗。此所聞性因由於“不共”於除宗的别處,對本宗既無證成之功,亦無反證之效,故爲“不定”,曰“不共不定”。

第二,沈文以一種想當然的世界觀,作爲判别宗有法是同品還是異品這一邏輯問題的唯一標準。只顧及辯論中一方的觀點“聲是無常”,而不顧另一方“聲是常”的觀點,罔顧陳那因明的論辯邏輯視角,罔顧陳那本人關於推理運作機制的豐富思考。她一口咬定“宗有法(如聲)與異品(常住不壞之物如虛空)本不在同一個集合”,聲本來就屬於無常之物,因而本來就在同品之中。但這至多僅適用於解釋“聲無常”宗的情況。如果是“聲常”宗呢？這種情況下的宗

〔56〕 HCḌ 164。

有法聲是否還本在同品中而“與異品無關”？

不巧的是，沈文第三節全文所要處理的第五句因實例恰恰爲“聲常，所聞故”。若按沈文的世界觀，既然聲與常住之物本不在同一集合，便一定不在此時的同品（常住之物）中，不僅同品除宗而且同喻體“凡所聞皆常”亦除宗；若按沈文同喻體不除宗的立場，此時的同喻體“凡所聞皆常”就必須將聲包括在内，聲就落到了此時的同品中而不再與常住之物本不在同一集合，這又違背了沈文默認的世界觀。對此兩難處境，沈文選擇了修改第五句因的實例。她説道：“鄭教授補設的同喻體‘諸有所聞性者，定見無常’亦並不需要剔除有法聲，它的過失只是在舉不出同喻依而已。既然喻體不必除去宗上有法，故此例中的喻體主項‘所聞性’也不會成爲空類。”請注意，我們補設的同喻體爲“諸有所聞性者，見彼是常”，但沈文卻改成了“定見無常”。須知這裡的所立法是“常”而非“無常”，沈文卻偷偷换成了“無常”。這樣一改，貌似維護了沈文聲本無常的世界觀與同喻體不除宗的立場，實則爲了自圓其説而不得不偷换論題，反暴露了自己對陳那因明的解釋無法圓融。

事實上，陳那《集量論》認爲“所聞”因對“聲常”（該論第三品）和“聲無常”（該論第二品）兩宗都是“不共不定”。這一改動本無傷大雅。關鍵在於對兩宗各自的同喻體“凡所聞皆常”與“凡所聞皆無常”是否除宗的解釋必須一致，既不能一除一不除，更不能選擇性地進行解釋。我們認爲兩者皆除。任何一方不除，都不能同時滿足辯論雙方的要求，都無法使同喻體滿足“決定同許”的規定。陳那判“聲常”和“聲無常”宗兩處的同品都不具有因法“所聞”，無異於宣告聲既不在“常品”也不在“無常品”中。無論對於哪一個宗，聲都不在其同、異品中。舉不出同喻依就是同喻體主項爲空的標誌。沈文認爲第五句因儘管舉不出同喻依，但其同喻體的主項仍然非空。這實際是要求宗有法本身來承擔體現因法與所立法之間遍充關係的任務。這實際上是印度因明發展到最晚期才有的新觀點。寶藏寂（Ratnākaraśānti，約970—1030）在其《内遍充論》（*Antarvyāptisamarthana*）中才宣稱遍充關係可在宗有法内部得到揭示，因而“所聞”因並非似因。而陳那還是認爲遍充要在宗有法以外的“别處”來顯示。既在别處得不到顯示，對除宗以外對象進行概括的同喻體便主項爲空。其主項“所聞性”在無限制的論域全集中固然以聲爲其所指，故而是有體因。但在除宗以外的有限論域中，既然聲已除外，“所聞”因便無所指，故是無體。如果認爲“所聞”因在喻體中仍以聲爲體，那同喻體“凡所聞皆常”或“凡所聞皆無常”，就等同於“聲是常”或“聲是無常”，這樣的喻體又如何滿足共許極成的要求？

第三,陳那的九句因是檢驗學者對其因明理論的理解準確與否的一塊試金石。凡對陳那存在誤解,一定無法圓融無礙地解釋九句因。若按沈文的思路,其所謂的"同品"即宗、因雙同的對象不除宗,則同喻體的主項總是不爲空類,同品便永遠有因而不可能無因。但這樣又如何來解釋第四、五、六句"因在同品中不存在"的情況? 不僅沈文,而且沈劍英、姚南強師弟,對此都避而不談。至於"宗有法(如聲)與異品(常住不壞之物如虛空)本不在同一個集合"因而除宗有法"與異品無關"。那試問: 在第五句因"聲常,所聞故"的情況下,聲應該是本與"異品"(無常之物)不在同一集合,還是本與"常住不壞之物"(同品)不在同一集合? 如果同品不除宗,便"同品有",異品不除宗便"異品有",而不再是"同品非有、異品非有"了。又謂"除宗有法(不是除去有法)只是九句因涉及的有關選擇同品的一種方法,而與異品無關,更非決定九句因存廢的關鍵。"宗有法與同、異品是在立宗之際便已然對論域全集形成的三分,又何待九句因各句的因都確定以後再來"選擇"? 如果沈文這裡的"同品"實際是指同喻依,那如何選擇正確的同喻依,這是因明在似喻十過中才討論的內容。九句因只討論因與同、異品之間客觀上有幾種可能的外延關係。不論同品不除宗,還是異品不除宗,都終將導致對九句因整個探討框架的否定。

總之,第五句因"聲常,所聞故"或"聲無常,所聞故",雖然只是九句因的一種情況,但由於其因法"所聞"爲宗有法所獨有而在同、異品中皆不存在的特性,便使得陳那因明同、異品皆除宗有法的先行規定顯得格外突出。如果再將該句的同喻體補充完整,即"凡所聞皆常"或"凡所聞皆無常",那麼同喻體不除宗,便直接導致它等同於正待辯論的主題"聲是常"或"聲是無常"。同喻體不除宗便無法"決定同許"、唯除宗才共許極成的尖銳問題,便異常顯豁地呈現在了任何一名具備邏輯學觀點而不以一己之私來判定問題的學者面前。正是因此,我們才主張九句因特別是第五句因能證明喻體要除宗有法。

(三) 陳那因明是最大限度的類比推理

沈文最後一節向世界宣告:"我們應該將視野進一步擴大,從廣義邏輯的層面來考察陳那的因明","還因明以本來的面目,還陳那以應有的地位。"究其實質,不過想"提及"一些時髦的字眼,爲陳那因明"具有演繹與歸納相結合的性質"的舊觀點博取些許廉價的同情。[57] 沈文唯一的文獻依據是陳那《正理

〔57〕 Shen 2014: 119,120。

門論》論述同、異二喻的開篇語：

> NMu 5.1－5.2：喻有二種：同法、異法。同法者，謂立“聲無常，勤勇無間所發性故”，以“諸勤勇無間所發皆見無常，猶如瓶等”；異法者，謂“諸有常住見非勤勇無間所發，如虛空等。”前是遮詮，後唯止濫，由合及離比度義故。由是雖對不立實有太虛空等，而得顯示無有宗處無因義成。復以何緣第一説因宗所隨逐，第二説宗無因不有，不説因無宗不有耶？由如是説能顯示因同品定有、異品遍無，非顛倒説。

沈文由此得出三點結論，其中第二點提到二喻體的格式，第三點提到二喻顯因後二相。這都與沈文此處的論旨陳那“將印度古典邏輯從古因明的類比論法推進到帶有歸納論證的演繹論法”無關。其第一點則是在羅列了同喻體“諸勤勇無間所發皆見無常”和異喻體“諸有常住見非勤勇無間所發”之後，便直接斷言兩者“都是普遍命題”（即筆者稱爲“全稱命題”者，下同），“以普遍命題爲推理的前提是演繹法的標誌，這就大不同於古因明僅以事例爲喻體的類比法”。[58] 看來，以喻體爲全稱命題（即沈文所謂的“普遍命題”），是沈文主張陳那因明爲演繹論證的唯一理由。

但這條理由也不成立。事實上，沈文中間略去不引的“由是雖對不立實有太虛空等，而得顯示無有宗處無因義成”這一句倒大可深究。這句是説：即便是遇見不接受虛空存在的論敵，異喻體也滿足共許極成的要求。因爲他連虛空本身也予以否定，自然也否定了其上能附著宗、因二法。這是對異喻體（無有宗處無因義）共許極成的補充説明。可見，同喻體共許極成更是不可逃避的規定。僅以同、異喻體有“諸”“皆”兩字，得不到二者爲全稱命題的結論。因爲二者中的“見”字已限定了討論的範圍是立、敵雙方均已“觀察到”即共許極成爲服從因、宗不相離性這一原理的所有對象。而聲則在這一範圍之外，因爲聲是勤發固然共許，但聲是無常則立許、敵不許，尚未共見爲服從因、宗不相離性這一原理，是雙方有待討論的主題。同、異喻體除宗，論域有限而非全集，便非真全稱，更談不上“以普遍命題（按：即筆者所謂的“全稱命題”，下同）爲推理的前提”。

再者，“以普遍命題爲推理的前提是演繹法的標誌”這句話對演繹的理解也有問題。通常認爲：一個推理是演繹的，當且僅當其前提爲真，其結論便不

---

〔58〕 Shen 2014：119。

可能爲假。不乏以非全稱命題爲前提的演繹推理。如三段論第三格 *IAI* 式："有烏鴉是黑色,凡烏鴉是鳥類,故有鳥類是黑色";又如特稱命題换位的直接推理:"有烏鴉是鳥類,故有鳥類是烏鴉"。也不乏以全稱命題爲前提而非演繹的推理,如類比推理:"凡中國烏鴉是黑色,凡日本烏鴉是黑色,故凡德國烏鴉是黑色"。總之,以普遍命題爲前提並非演繹推理的標誌,關鍵在於結論是否蘊含在前提之中。

在另一處,沈文舉"經典的共比量'聲是無常,所作性故,諸所作者皆是無常,如瓶'"爲例,對陳那三支作法有如下一段説明:

> 同品瓶上有所作性和無常性是立敵共許的,聲上有所作性也是立敵共許的,由此可推出聲亦有無常性。陳那並由聲、瓶等都有所作與無常之屬性且所作與無常具有包攝關係(不相離性)而擴展到全類:凡所作者皆無常,即聲、瓶等一切所作的事物皆從屬於無常這個集合,無一例外。如此,怎麼可能在"總攝一切"即得出普遍命題(按:即筆者所謂的"全稱命題",下同)以後還要將有法聲剔除出去呢?[59]

由此可見,沈文歸納演繹合一説的實質是將整個三支作法拆解爲如下三個步驟:

步驟一	步驟二	步驟三
瓶是所作和無常。	聲與瓶等皆所作與無常。	凡所作皆無常。
聲是所作。		聲是所作。
故聲是無常。	故凡所作皆無常。	故聲是無常。

其中第一、二兩步驟是沈文所謂的"歸納論證",兩步驟乃是在陳那因明的喻依瓶等與喻體"凡所作皆無常"之間假想有一種推理關係而構成。第三個步驟則是該文所謂的"演繹論法"。沈文根據她假想的上述三個步驟進而斷言陳那因明"保留了喻例(喻依),以此來保證喻體的真確性。喻例的存在標誌著陳那的因明中含有歸納論證的成分,但不能因此而否定陳那因明的主要性質是演繹。"[60]

---

[59] Shen 2014: 116。

[60] Shen 2014: 119。

事實上,上述第一個步驟照搬了古因明的簡單類比推理。古因明僅憑一個實例瓶是所作和無常,來證聲是所作也應無常,這種“僅以事例爲喻體的類比法”恰恰是陳那所反對的。爲此,陳那才鄭重提出推理的出發點應爲“凡所作皆無常”這一總括除宗以外所有對象的命題,而不是瓶這一單獨的例證。沈文爲了“創造”這第一個步驟,爲了將“聲是無常”偷運到整個三支作法的前提中,在這裡又犯了將因言“聲是所作”和宗言“聲是無常”重複計算的錯誤,既脱離了三支作法本身的語言表達,也缺乏陳那因明基本理論的支持。況且,單憑瓶這一個喻依又如何“擴展到全類”從而保證“喻體的真確性”？在印度邏輯的任何一個版本中,從未在喻依與喻體之間斷言過任何一種推理關係。在陳那因明中,喻依只是爲了表明喻體的主項非空,表明因法與同品兩概念之間存在交集,因而滿足第二相“同品定有”的一個例證而已。故而只一個便已足夠,無須更多,但不能一個也没有。沈文的問題在於將喻依對喻體的佐證功能誤解爲喻體是由喻依歸納得到。實則歸納要求的個體數量絶不能只有一個,而要遠遠超出因明對喻依的要求。認爲喻依到喻體是一種歸納,這不僅未能將喻依的作用放在陳那因明的整個體系之中來理解,而且對於歸納本身的認識也太過簡單和片面。因此,喻依並不是歸納的素材,它只是滿足第二相“同品定有”的一個例證。認爲陳那因明由於保留了喻依故含有歸納的成分,既誤解了陳那,也歪曲了歸納,屬於作者一廂情願的比附。

陳那本人恰恰説過:喻體是對除宗以外對象的概括,宗有法聲並不在其概括之列,並不在喻依“瓶等”所“等”之中,更談不上“由聲、瓶等”概括得到同喻體。而且“概括”也有别於“推理”。“概括”是命題與對象之間的關係,表明前者以後者爲斷言的範圍,它僅僅是一種斷言而並不構成推理;“推理”則是命題與命題之間的關係。“聲是無常”是整個推理的結論,沈文卻將其放在第二步的前提中,只是爲了滿足作者認爲喻體不除宗的主觀願望。我們否定陳那因明爲演繹推理,這根本不是因爲陳那保留了喻依,而是因爲他要求喻體必須共許極成,便使得喻體只能是將宗有法除外的“除外命題”而非全稱命題。因而其結論並未真正藴含在其中,並不能從中必然得出。同樣,我們肯定法稱因明爲演繹推理,也正是因爲他取消了除宗有法的規定,認爲喻體是“對一切進行概括”。因此,僅根據喻體語言表達中的“諸”“皆”等字,得不出陳那因明爲演繹推理的結論。喻體是否全稱命題,必須結合陳那本人關於推理運作機制的總體規劃及由此而來各項基本的理論設定來考慮,絶不能望文生義。

總之,判定陳那因明的三支作法究竟屬於西方邏輯的哪一種推理類型,這是一個比較邏輯學的問題。而科學的比較,總要以因明與邏輯兩方面都準確的知識爲前提。沈文所承繼的歸納演繹合一説,由於對陳那因明缺乏整體性的視角,對其中各部分的理解都支離破碎;又以簡單、片面的邏輯知識來比附,與陳那因明的本來面目只能越走越遠。假如認爲我們對於一種推理類型可作形式化的研究,便可證明這種推理中含有演繹的成分,那就混淆了研究的方法與研究的對象。事實上,對於古因明的簡單類比推理,也可從非單調邏輯的角度予以形式化。〔61〕但這樣做並不是要連它非單調、非演繹的特性也予以否定,而是要以現代邏輯的手段來更清楚地説明其推理的實質。同樣,因果條件句邏輯對於傳統歸納推理的刻畫,也只是爲了更清楚地揭示其推理的各個步驟,並闡明其當代意義。這才是形式邏輯的方法運用於分析古代邏輯學説的初衷。我們歡迎從更多的視角來理解陳那因明,但如果連最基本的形式邏輯知識與最基本的陳那因明知識還没有掌握好,就想盲目地"將視野進一步擴大",只能在錯解的泥潭中越陷越深。

陳那對古因明的變革,不是演繹法對類比法的變革,而是將類比法走到了盡頭,才迫使後來的法稱因明在印度邏輯史上首次建立了演繹邏輯的體系,以徹底克服此前各種邏輯學説非單調、非演繹的特徵。古因明以個體瓶有所作與無常來類比聲既有所作也應無常,這是從個體到個體的簡單類比推理。陳那指出這種推理有"處處類比"和"無窮類比"兩大弊病,無法保證論證的可靠性。陳那因而將類比的起點擴大到了除宗以外的所有對象,將推理的前提建立在對所有這些對象進行概括的基礎上。通過揭示它們都服從"凡所作皆無常"這一原理,來類比剩下的唯一對象聲也應服從相同的原理,而不應對此構成唯一的例外。這就使類比的範圍窮盡了聲以外的所有對象,將類比的範圍擴展到極致,從而將類比推理的可靠性提升到了最大限度。我們因此稱之爲最大限度的類比推理。

但不能否認,這仍是一種類比推理,它只是假設了聲不應對這一則在聲以外所有對象中得到支持的原理構成爲例外,而並非實質上在推理的前提中斷言了這則原理適用於任何對象的普遍必然性,並没有以對一切進行斷言的全稱命題爲推理的起點。故而陳那因明即便以其餘所有對象來類比眼下的對象,仍無法排除眼下這一對象爲唯一例外的特殊情況,仍無法必然得出結論,無法保證論證的充分可靠性。法稱則轉而從内涵的角度著眼,認爲我們只要能確認"所

〔61〕 參見 Oetke 1996: 477 - 478。

作”與“無常”兩概念之間的邏輯關聯(不相離性)對應於對象世界中的某種必然聯繫(自性相屬),這種邏輯關聯便具有毫無例外的普遍必然性,我們就能在論域全集中斷言“凡所作皆無常”,以之爲前提來進行推理。這就使得法稱因明所規定的二支作法不再是類比,而成爲一種從普遍到特殊形式的演繹推理。但假使没有陳那將古因明的類比推理提升到最大限度,便無法解釋法稱因明的横空出世。古因明、陳那因明與法稱因明分别代表了印度古典邏輯史上的三個不同發展階段,不應混淆。

限制陳那因明未達到演繹水準的決定因素,是其體系中“決定同許”的規定。要求以共許的因、喻來論證不共許的宗,便只能將論域全集先行劃分爲宗有法這一有爭議的對象與除宗以外所有對象這一無分歧的有限論域,再將後者所體現的邏輯關係投射到前者之上,而不是在論域全集中先行斷言某種普遍必然的聯繫,再將其應用到宗有法上。正是這一獨特的論辯邏輯視角,使陳那因明表現爲最大限度的類比推理而離演繹尚有一步之遥。法稱創立演繹邏輯的體系,則是從一個存在論的視角來對人類的推理論證行爲進行理論化。可以説,正是由於理論化視角的不同,導致了兩者在同、異品以及同、異喻是否除宗問題上的不同觀點,以及由此而來推理形式上的根本差異。假如對陳那因明中同、異品以及同、異喻除宗有法的規定缺乏體系性的認識與邏輯學的洞見,便無法正確認識印度佛教因明史上陳那與法稱這兩座高峰之間的異同。假如對陳那因明獨特的論辯邏輯視角缺乏深入的認識,更無法真正開展因明與邏輯的比較研究,而只能限於雙方在推理語言表達形式上淺層次的比較,最終難免穿鑿附會。

以上,我們就陳那因明中同異品、九句因、因後二相、同異喻體等一系列理論要素是否均要除宗有法的問題,回應了沈海燕教授最近的研究成果,期望能起到釋疑解惑的作用。至於文中引用海外各家特别是日本著名學者桂紹隆先生的相關成果,並不代表我們與他們的觀點完全一致,只因爲我們與他們對因明的一些知識性把握並無分歧。沈文最後援引了桂教授的一句話,不僅出處不詳,而且連一些基本的信息也未能準確書寫,更何況桂教授的話並不爲沈教授的觀點提供直接支撑。我們還是希望沈教授能記取家訓:“未嘗淹貫群籍,即以洞察諸家得失自居而妄加斷語,誠爲輕率!”〔62〕也希望本章能有助於我國因明研究特别是因明與邏輯的比較研究,在陳大齊先生奠定的基礎上取得新的進展!

〔62〕 Shen 2002: 3。

第五章　玄奘唯識比量研究資料雜抄*

——導論、選文與評析

唯識宗古德對玄奘(602—664)唯識比量中各項理論要素皆有詳盡討論,在各方面皆存在分歧的看法。然而,這些理論要素對我們理解唯識比量本身的論證方法而言,並非同等重要。當代中外學界對唯識比量的詮釋與評價也存在各種分歧。如何理解唯識比量,隸屬於如何理解唯識比量背後的佛教邏輯學背景這樣一個更大的問題。

Eli Franco 於 2004 年發表的"玄奘對觀念論的證明"(Xuanzang's Proof of Idealism [Vijñaptimātratā], *Hōrin* 11)一文,立足印度佛教哲學,將本量因支的兩個"攝"字準確解讀爲"包括"而非"把握"。在此基礎上,從陳那邏輯學宗、同品和異品的"三分法"(tripartitionism)即漢傳所謂"除宗有法"的角度,對本量的論證思路作了較爲清晰的説明。但該文由於忽視了"簡别語"特别是"自許"在該論證中的重要作用,因而未能徹底解釋本量。

本章在 Franco 文章的基礎上更進一步,圍繞"自許"的詮釋問題,特别

---

* 本章是在筆者於國際佛教研究協會第 17 屆代表大會(The 17th Congress of the International Association of Buddhist Studies)分組討論"跨越亞洲的佛教量論:印度、中國、韓國和日本"(Panel 18:*Pramāṇa* across Asia:India, China, Korea, Japan)上提交的英文稿"Materials for the Study of Xuanzang's Inference of Consciousness-only (*vijñaptimātratā*)"基礎上補充改寫而成。原先的英文稿曾蒙 Eli Franco 教授(萊比錫大學)賜教,改正了初稿中不少難以察覺的錯誤與含混之處。該文撰寫過程中,曾與錢立卿博士(上海社會科學院哲學研究所)反復討論,獲益良多。此外還要感謝當時參與分組討論的 Jeson Woo 教授等諸位學者。中文稿曾分上下兩篇,發表於《唯識研究》第四輯(北京:中國社會科學出版社,2016 年,第 189—222 頁)和第六輯(北京:商務印書館,2019 年,第 351—381 頁)。英文稿發表於 *Wiener Zeitschrift für die Kunde Südasiens* 56 - 57(2015 - 2018):143 - 198。英文稿發表之際,又承 Karin Preisendanz 教授(維也納大學)數番悉心審閱,提供了豐富的改進意見。謹此一併致謝!當然,文責在我。

是它所要防備的"有法差别相違難"的真實性質問題,從中國、新羅、日本三國因明文獻中,擇取窺基、文軌、道證、淨眼、元曉和善珠六家的相關文字,進行文獻考證與理論分析,試圖在紛繁的頭緒中清理出一條相對清晰的思路,爲將來解決本量的詮釋問題提供新綫索。

本章注意到古德關於"有法差别相違難"詭辯性質的重要論述,並嘗試説明"自許"在回應這種詭辯中的意義所在。筆者强調:重要的不是在於判斷唯識比量本身是否可靠,而在於無論古人認爲本量可靠與否,其可靠或不可靠背後默認的邏輯理論究竟是什麽,這才是我們研究玄奘唯識比量的意義所在,即通過本量來窺見當時人對邏輯理論及其應用的真實理解。這是一個非常重要的歷史問題。

一、導論

玄奘是漢傳佛教邏輯(漢傳因明)的實際奠基人。他是唯一一位在中國傳播佛教邏輯並獲得成功的 *Lo-tsā-ba*(大譯師)。中國、韓國與日本三國佛教邏輯注釋文獻的整個寶庫,都直接或間接地建立在他對因明的譯講之上。他在647年翻譯了商羯羅主的《入正理論》,在650年又翻譯了陳那的《正理門論》。在翻譯的同時,他還爲他的翻譯團隊講授了這兩部書。在漢語文獻中,對於這兩部書最早的注釋正是誕生在這一背景之下。〔1〕一般認爲,這批較早的注釋書(古疏)保存了玄奘的大量口義。窺基儘管不在當時聽講之列,但玄奘後來也必定曾爲他單獨、深入地講授過因明。〔2〕他的《因明大疏》寫於玄奘身後〔3〕,其中不僅整合了之前"古疏"的許多材料,而且還系統組織了玄奘對因明的講解。這部書後來成爲漢傳因明的權威之作。窺基以後中國、韓國和日本三國的大量因明著作都是對於本書的注釋。日僧善珠的《因明論疏明燈抄》與藏俊的《因明大疏抄》是其中最爲重要的兩種。〔4〕

然而存世文獻中,並無玄奘本人所寫的因明著作,僅有片言隻字據信出自

〔1〕見ZYS 1.2a2-b4;參見Takemura 2011:31-47;Zheng 2007:86-90。

〔2〕見《宋高僧傳》(SGSZ 725c24-726a1)。參見Zheng 2007:156-159;Zheng 2010:4-7及本書第一章注18。

〔3〕見下段落1.9。

〔4〕參見Takemura 2011:67-72,113-114。

玄奘之手,如他對勝軍居士(Jayasena)論證大乘經是佛說的比量所作的修改,以及本章所要討論的玄奘著名的"唯識比量"。根據窺基《因明大疏》的記載,這個比量(推論)是玄奘在戒日王(Śīlāditya)於曲女城(Kanyākubja)舉辦的大辯論會上向外道與小乘各派學者提出的。〔5〕假如窺基的記載至少就上述要點而言是可靠的,這個比量便是在當時印度的背景下提出,應當根據當時的印度邏輯學説來理解。〔6〕儘管漢傳因明通常被認爲是追隨了印度陳那的邏輯學説,〔7〕但是在陳那與漢傳之間,已有將近百年的時間跨度。而這百年中佛教邏輯在印度的發展情況,我們的所知仍極爲有限。在一定程度上,對於這百年發展的認識,反而有待於我們仔細梳理與深入挖掘漢傳所保存的陳那因明詮釋。有鑒於此,深入考察玄奘的唯識比量究竟是默認了哪一種類型的辯論規則,便是一項很有意義的工作。

玄奘唯識比量最顯著的特征,是其中的三個限定語(*viśeṣaṇa*,簡别〔8〕)。它們用於限定推論中的某個詞項或某個命題,從而避免相應的過失。這三個限定語是真故(**paramārthatas*)、極成(*prasiddha*)和自許。漢傳文獻對於這三個限定語有豐富而廣泛的討論。然而論者的意見時相齟齬,解釋紛紜。這種情況儘管爲我們釋讀玄奘的唯識比量提供了各種可能的視角,但同時也使得我們爲各種細節問題所困擾,而掩蓋了唯識比量的主要論證思路。Eli Franco 教授最近的"玄奘對觀念論的證明"(Xuanzang's Proof of Idealism[*Vijñaptimātratā*])一文〔9〕爲玄奘唯識比量研究開啓了一個全新的視角。從 Franco 的視角出發,即便我們暫時繞過這三個限定語的紛繁解釋,還是有可能對於整個比量的論證思路獲得相對清晰的理解。根據他的研究,玄奘的唯識比量完全可以從陳那邏輯學中"宗"(*pakṣa*)、"同品"(*sapakṣa*)與"異品"(*vipakṣa*)的三分法(tripartitionism)的角度來解釋。這一解釋路徑亦非空穴來風。因爲這種對於論證所涉及論域全體的三分法,在漢傳因明也是一項基本的理論要素,即我們所謂的"同、異品除宗有法"。衆所周知,漢傳在説明"同品"和"異品"定義的時候,通常都會提到"除宗以外"之類的限定。〔10〕儘管歷史上未曾有人關注過玄奘唯識比量的

---

〔5〕見段落 1.1。

〔6〕Franco 2004:205-207。

〔7〕見 YMDS 10-15/91c6-92a9。

〔8〕此處"簡别"一詞的梵文原語,參見 He 2014:1233。

〔9〕Franco 2004,討論見 Moro 2010。

〔10〕見 Zheng 2015,"Excursus:The 'Tripartitionism' in Chinese Hetuvidyā"。

除宗有法問題,[11]但是 Franco 的解讀仍可以説非常自然、非常清楚,因爲這種解讀爲漢傳因明的基礎理論所支持。而且,這種解讀爲我們發現陳那邏輯學與漢傳因明之間的連續性提供了新的綫索。

然而,懸而未決的問題仍舊是這三個限定語。它們並非如 Franco 所認爲的那樣"與論證本身的邏輯無關"(immaterial to the logic of the argument)。[12]特别是"自許"這個限定語在筆者看來,也同樣與除宗有法問題有直接關聯。這是因爲唐代因明諸師大多認爲"自許"的目的是爲了確保立論者玄奘在敵論方運用"有法差别相違因"(*dharmiviśeṣaviparītasādhana*)來進行反駁的時候,可以找出敵論方反駁的"反例"(counterexample),從而指出其"不定因"的過失,這樣就預先防止了敵論方從這個角度來難破。敵論方的"有法差别相違難",其大致内容爲:

> 宗:雙方共同承認的(極成)視覺形象(色),並非與視覺意識不分離的視覺形象(非不離眼識色)。
>
> 因:因爲它具有在你推論中提到的因法,即它是包括在視覺官能(眼根)、視覺形象與視覺意識(眼識)三者組成的集合中(初三攝),而不包括在"視覺官能"中(眼所不攝)。
>
> 喻:凡具有如是因法的個體,都被觀察到並非與視覺意識不分離的視覺形象,如視覺意識。

所有不是(與視覺意識不分離的)視覺形象的個體,都可以包括在這一難破的"同品"之中,如視覺意識、視覺官能與其他衆多事物。該難破的"異品"在一個無限制的論域全體中,僅具有一個立、敵雙方皆承認的個體,即"極成色"。"極成色"即論證的主項(宗有法)本身,在上述難破中已被斷言具有因法(因支的謂項)。因而假如不將論域限制在除宗有法以外的範圍内,因第三相"異品遍無性"即因法必須在所有"異品"中都不出現的要求便無法滿足。然而

[11] 現當代中國學者對於唯識比量的研究,參見 Lü 1926: 14b–20a; Lü 1983: 62–79; Luo 1982; Luo 1988; Zheng 2007: 229–254,436–469; Zheng 2010: 48–55。吕澂與羅炤二先生在傳統論述的框架内給出了一種相對清楚的解讀,但他們的解讀未有充分强調本量的除宗有法問題。鄭偉宏先生充分論證了漢傳因明中存在除宗有法的規定,但是他没有將這項研究成果用於解讀玄奘的唯識比量。在解釋本量因支第二個"攝"字的時候,他犯了一個與何莫邪(Christoph Harbsmeier)教授類似的錯誤,參見 Franco 2004: 204, n. 17。

[12] Franco 2004: 205。

“有法差別相違因”在因明基本理論中正是被説成滿足因的所有三相，特别是第三相“異品遍無”。如《入正理論》所説“俱決定故”（*ubhayatrāvyabhicārāt*）〔13〕，即“有法差别相違難”與它所難破的論證一樣，兩者的因法都不從“同品”之中偏離出來（*vyabhicāra*）而出現在“異品”中。而爲了確保上述難破的因法滿足“異品遍無”，這裡的主項“極成色”就必須排除在“異品”之外，“異品”之中才没有任一個體能體現因法，特别是其中“（極成）初三攝”這一點。否則的話，主項“極成色”便作爲“異品”的一員，使得上述難破的因法犯有“不定因”的過失，因爲正如第一相“遍是宗法性”便已斷言，它也是具有因法的。因此，“有法差别相違難”的正確性必須要以“同、異品除宗有法”特别是“異品”除宗有法爲前提。〔14〕

在這種情況下，原先的立論方如果仍要指出上述難破存在“不定因”的谬误，便唯有訴諸某種極爲特殊的反例，這種反例必須在此難破的“異品”範圍中而又是主項以外的事物。這樣一種特殊的反例，正是唐代諸師提到的“他方佛色”（其他世界中的佛的視覺形象）。首先，唯有立論者大乘佛教一方承認“他方佛色”，而不爲敵論方（如小乘佛教）所承認，因而它不是“極成色”（雙方承認的視覺形象），並非此處論證的主項（宗有法）。其次，它仍是“不離眼識色”（與視覺意識不分離的視覺形象）之一種，相對宗命題的謂項即所立法“非（不離眼識）色”而言便“是色”又非“極成色”，因而便可作爲“異品”，儘管是大乘一方自許的“異品”。

爲使“他方佛色”成爲上述“相違難”的反例，即“異品有因”的實例，它還必須要體現因法。即與“極成色”一樣，包括在“初三”之中而不包括在“眼根”之中。但這裡的“初三”就必須是“自許初三”而不能再是“（極成）初三”，是大乘自許的“初三”而非雙方共許的“初三”。“（極成）初三”僅包括極成的眼根、色境與眼識，“自許初三”還能在此基礎上再包括大乘自許的眼根、色境與眼識。“他方佛色”並非雙方共許（極成）的“色”，而是唯獨大乘自己承認（自許）的“色”。它不能屬於“極成初三”，但能歸在“自許初三”之中。故而，唯有因法中的“初三”是爲“自許”所限定的“初三”，“他方佛色”才能作爲體現因法的反例來使用。正是因此，爲了立論方在後來遭遇上述“有法差别相違難”的情況下能使用“他方佛色”作爲反例來反駁，其原先因命題中的“初三”便必須要

〔13〕 NP 3.2.3(4)，詳下段落 4.0b。

〔14〕 此處參考了 Claus Oetke 對“有法差别相違因”的分析，見 Oetke 1994：35－41。

用“自許”來作限定(簡别)。

總的來説,“自許”這一限定語的必要性,便在於它能將“初三”的外延範圍擴展到唯有立論方自許的“色境”之上,從而“自許初三”便不僅包括了雙方極成的“色”,而且還包括唯獨立論方自許的“色”,即這裡的“他方佛色”。正如立論方所預期的那樣,根據因明的基本理論,敵論方“有法差别相違難”的因法必須要嚴格遵照立論方原先的因法,其難破才能構成一則真正的“有法差别相違難”。因爲“有法差别相違因”(*dharmiviśeṣaviparītasādhana*)的含義正意味著爲立論方所使用的因法,同樣也能用來論證(*sādhana*)敵論方論證的主項(*dharmin*,有法)的某種特殊屬性(*viśeṣa*,差别)的反面(*viparīta*)。正如《入正理論》所説“如即此因”(*ayam eva hetuḥ*),正是這同一個理由,便能起到反駁立論方“有法差别”的作用。[15] 因而,立論方既已在其論證中使用“自許”來限定“初三”,敵論方的“相違難”一旦遵循這一帶有“(大乘)自許初三”的因法,其難破便無法在其“異品”範圍中排除立論方所“自許”的“他方佛色”這一反例,其因法便無法滿足“異品遍無”的要求。立論方運用這一反例,便能指出敵論的難破犯有“不定因”過。唐代諸師正是認爲這樣一個“異品”的實例便構成爲上述“有法差别相違難”的反例,以之爲例,便可指出其存在“不定因”過。這應該就是玄奘的唯識比量何以需要“自許”來限定“初三”的用意所在。

以上,只是我們對玄奘量中第三個限定語“自許”的一種可能解釋的若干要點。詳盡完整的解釋必將招致諸多更爲棘手的問題。其中,最主要的兩個問題是:(1) 依據我們對因明的初步了解,一個因命題假如帶有僅僅爲立論者一方所承許的要素,如玄奘量的因命題謂項(因法)的一部分“自許初三”便包括了立方自許之“色”即“他方佛色”,整個因命題便應該無法爲敵論方所承許,無法滿足“共許極成”的要求。然而,唐代絶大部分學者(如文軌和窺基),很有可能還包括玄奘本人,都認爲本量的因命題能滿足“共許極成”的要求。現在的問題就是:爲確保這一傳統觀點的有效性,我們對於因明論證框架中一個命題的“真”,應採取何種認知解釋(epistemic interpretation)而哪種解釋必須被排除?[16]

---

〔15〕 NP 3.2.3(4),詳下段落 4.0b。

〔16〕 這個問題其實相當複雜。現有認知狀態(1),某一認知主體知道(=承認,*K*):“如果某個體 *x* 是‘極成色’(*p*),那麼它就包括在‘(極成)初三’(*E*)中。”以及認知狀態(2),該認知主體知道(=承認,*K*):“如果某個體 *x* 是‘極成色’(*p*),那麼它就或者包括在‘(極成)初三’ (转下页)

這個問題指向了玄奘時代印度的佛教邏輯觀念。對此問題的解答,將爲我們認識佛教邏輯從陳那到玄奘所從受學的印度學界這一階段中的理論發展提供更多實質性的綫索。(2) 新羅元曉的"相違決定量"實際上照搬了玄奘唯識比量的論證技巧,以與玄奘量相抗衡。爲什麼玄奘量的因命題被認爲共許極成,而元曉量的因命題則否? 在筆者看來,這第二個問題可能比第一個問題來得更易解答。這是因爲元曉量中因命題的共許極成問題,僅僅涉及對其中所提到的"眼識不攝"之"攝"字的解釋。即元曉量中的"攝"(包括關係),究竟是像玄奘量中"眼根不攝"之"攝"一樣,僅僅是一種範疇分類意義上的"包括"(categorical inclusion),還是存在論意義上的"包括"(ontological inclusion)。即這一"包括"是否與玄奘量不同而帶有存在論斷言的意味? 對此問題,我們似不應默認窺基及其後學對元曉量的解釋毫無偏袒。無論如何,筆者相信,對玄奘唯識比量的進一步研究不會在根本上推翻 Franco 所設想的解釋路徑,而將構成對其解釋的重要補充。

本章並不準備賦予玄奘的唯識比量一種全新的解釋,而僅僅旨在呈現對理解唯識比量而言,在筆者看來具有重要意義與核心價值的一小部分一手資料。這些資料現分爲六部分,其中第二部分又分爲 2a 與 2b。每一部分之下又分爲若干段落,如段落 1. 1、段落 1. 2 之類。其中,第一個數字指第幾部分,第二個數字指該部分的第幾段落。如"段落 1. 1"指選文第一部分的第一個段落。本章所呈現的文本並非精校本,儘管在有重要別本的情況下,一般都會詳盡給出異文,有必要時亦據以勘正底本。就第一部分窺基關於唯識比量的論述而言,鄭偉宏先生的《因明大疏校釋、今譯、研究》已經是一個精校本,這裡直接採用。〔17〕 所選資

〔16〕 (接上頁)(E)中,或者包括在'自許'但不'極成'的'初三'(E′,即'唯獨大乘自許的初三')中。"認知狀態(1)的邏輯刻畫爲命題(1): $K<(x)(x=p \rightarrow Ex)>$。認知狀態(2)的邏輯刻畫爲命題(2): $K<(x)(x=p \rightarrow Ex \vee E'x)>$。認知邏輯通常討論的認知算子 K 具有屬性: 當某一主體知道某命題,那他也一定知道該命題的所有邏輯後承。若唯識比量對因明的認知算子也默認有這種屬性,那麼從認知狀態(1)便完全可以推出認知狀態(2),因爲從命題(1)很容易就能推出命題(2)。這就是説: 辯論中的一方一旦承認"極成色爲(極成)初三所攝",便一定也要承認"極成色爲自許初三所攝"。請注意"自許初三"是"極成初三"(E)與"唯獨大乘自許的初三"(E')兩集合的並集,"自許初三"真包含"極成初三"。唐代諸師所謂"言'自許',非顯'極成之色,初三攝、眼所不攝'他所不成,唯自所許"(窺基,段落 1. 7)、"此云'自許',不簡他許,以他亦許'極成之色,初三所攝、眼所不攝'故"(文軌,段落 2b. 2),是否也是這個意思,尚待進一步研究。

〔17〕 見 Zheng 2010。事實上,本書繁體字本初稿早已完成。本章曾經參考,並根據原書其他版本(主要是金陵本、趙城金藏本與大正藏本),將本章涉及段落改回繁體字。

料的分段與標點,皆出自筆者之手。

這裡,還有必要交代一下所選的文本及其作者。〔18〕第一部分完整收録了窺基《因明大疏》對於玄奘唯識比量的解釋。窺基是玄奘的學術繼承人。其《因明大疏》在注釋《入正理論》“世間相違”段(*lokaviruddha*,NP 3.1(4))的時候,插入了關於唯識比量的大篇幅討論。窺基的解釋在中、日、韓三國的因明傳承中素來被認爲是最具權威的一種。在存世文獻中,這也是首次明確提到本則唯識比量的作者乃是玄奘的文獻記載。這一部分又可分爲兩小部分:段落1.1—1.8是對玄奘量的解釋;段落1.9—1.16則是批評了“相違決定量”,但窺基將其作者誤認爲順憬(Sungyŏng,7世紀)。

第二部分2a和2b分别選自文軌《因明入正理論疏》(莊嚴疏)的兩個不同版本。2a部分來源於本書的敦煌寫卷,寫卷的年代大致在8世紀晚期到9世紀中期之間。〔19〕2b部分則來源於支那内學院校訂輯佚的木刻本(1934)。該本中的這一部分主要是根據本書近代以來保存在日本的版本。《莊嚴疏》是存世文獻中關於玄奘唯識比量的最早資料。在兩個版本中,文軌都是在注釋《入正理論》“所依不成”段(*āśrayāsiddha*,NP 3.2.1(4))的地方討論了唯識比量。2b部分的段落曾爲寫於1151—1152年間的藏俊《因明大疏抄》所完整援引。〔20〕而且我們還發現,2b部分的段落而非2a部分的段落,很有可能正是元曉在構思他的“相違決定量”時所曾參考的那個《莊嚴疏》版本。因而,2b部分的段落應當來源甚爲古老。它們可以追溯到7世紀60年代,這已經相當接近《莊嚴疏》最初寫作的年代。但是,我們尚無充分的證據證明2b部分的段落才是《莊嚴疏》的原本。這是因爲2a部分的段落並不像是從2b部分的段落粗心謄抄而來。這兩部分之間的差異不僅體現在論述的整個框架,更體現在所謂“有法差别相違難”的因命題的具體文字表述上。段落2a.6作“極成初三”,而段落2b.4作“自許初三”。這兩個表述都與各自的語境非常切合。可以説,2a部分的文字在因明理論方面即便從非常挑剔的眼光來看也不存在任何瑕疵。來源於敦煌寫卷的2a部分與傳承於日本的2b部分在因明方面體現出同等精湛的造詣。兩者可能還是應當視爲同一部書的兩個不同傳本。〔21〕因此,筆者

〔18〕若非特别説明,以下文本与作者信息皆來自Takemura 2011與Zheng 2007。

〔19〕Takemura 2011:226。

〔20〕詳下注86。

〔21〕參見Takemura 2011:219-221。

將兩者一併呈現,其間的差異實具重要價值。事實上,《莊嚴疏》是窺基以前一部非常流行的因明著作。它是在作者聽受玄奘講解《入正理論》的隨堂筆記基礎上寫成的。〔22〕 有鑒於此,本書未曾説明唯識比量的作者,未提到其作者乃譯講者玄奘本人,這多少有些奇怪。況且在全書的序言中,文軌曾高度稱揚其師玄奘的因明業績。假如文軌的確知曉本量乃玄奘所立,他絶不會放棄這一讚揚其師的機會。如果窺基關於本量乃玄奘所立的記述確實可靠,那麽文軌不提本量作者實即玄奘的一種可能解釋就是,文軌根本就不知道唯識比量的作者是玄奘本人。這又可能是由於玄奘在爲其弟子譯講因明的當時,僅僅是將唯識比量作爲成功運用簡別方法進行論證的一個範例,以説明當時印度因明的簡別理論,根本就没有提到這其實是他本人的作品。〔23〕 如果是這樣的話,既然玄奘在爲其徒眾講解因明的時候是以唯識比量爲簡別的範例,是否文軌的唯識比量解説,便能視爲玄奘本人對於本量的自我闡述呢? 也未必盡然。我們還應考慮到,後來窺基曾單獨受學因明於玄奘,而窺基與文軌對於本量的解説其實並不一致。〔24〕 我們還是無法確定究竟是文軌還是窺基的解釋,能更好地反映玄奘本人的觀點。不過總的來説,窺基的《因明大疏》原則上還是可以視爲玄奘因明觀點最終、最全面的表達。

第三部分收録的一則有關唯識比量的討論,據稱來源於新羅學僧道證一部名爲“集”(*Chip*)的著作,本書今佚。本則討論爲藏俊《因明大疏抄》(IDS 520c9－26)所完整援引,其中部分文字又曾爲更早的善珠《因明論疏明燈抄》

〔22〕 見上注1。

〔23〕 善珠《因明論疏明燈抄》中曾有徵引靖邁(7世紀)《古今譯經圖紀》有關玄奘以其所著《制惡見論》與《會中論》二書,參加戒日王所舉辦辯論大會,並取得勝利的一段記載(見IRMS 314b3－26)。這段引文中有一句話提到了唯識比量的具體内容,並説這是玄奘所造二論中的内容,如下:“其中成立唯識比量云:真故極成色,不離於眼識,自許初三攝、眼所不攝故,猶如眼識。立斯量已。”今按:靖邁是文軌的同時代人,兩人同爲玄奘弟子,也曾聽受玄奘講解《入正理論》,並撰有《因明入正理論疏》一卷(今佚)。《古今譯經圖紀》是他在664—665年間所著,見Hōbōgirin 274b(s. v. *Seimai*)。但恰恰是善珠引文中有關唯識比量的這句話,既不見於《古今譯經圖紀》的現存版本(GJYJTJ 366c12－367a16),也不見於後來藏俊《因明大疏抄》所引靖邁的同一段記載(見IDS 517c12－23)。善珠引文中的這句話,很可能還是他自己的補充。因此,我們不能根據善珠的引文來推定靖邁知曉唯識比量的作者是玄奘。

〔24〕 文軌與窺基的解釋有一項重要的不同。根據文軌,“自許”這一限定語有雙重目的,一是爲了預先防止敵論方的“有法差别相違難”,一是爲了消除本量的“不定因”過。而根據窺基,“自許”的目的僅僅是爲了防止“有法差别相違難”,他没有提到後一重考慮,詳下段落1.8、1.10、2a.4、2a.6、2b.6的評析。

(IRMS 318a10－22)所援引。道證是一位來自新羅的學僧,他曾到過中國,在著名新羅學僧、玄奘弟子圓測門下受學。《明燈抄》與《大疏抄》都指出本則討論乃間接引自新羅太賢的《古迹記》(*Kojŏkki*)。太賢是道證的弟子。在這一部分裡,道證指出了因明中"有法差別相違難"的詭辯性質(sophistic nature)。他認爲如果是這樣來難破的話,將難免"自語相違"(*svavacanaviruddha*)的過失,因而在因明中本來就不容許有這樣的反駁方式。既如此,自古以來認爲玄奘量中的"自許"是爲了防止"有法差別相違"的説法便没有根據。隨後,他提出了自己對於"自許"的一種新解釋。

第四部分選自淨眼的《因明入正理論略抄》(JYLC)。淨眼的《因明入正理論略抄》與《因明入正理論後疏》(JYHS)前後銜接,分别是對於《入正理論》前後兩部分的注解。兩書相合,便構成一部《入正理論》的完整注解。兩書發現於敦煌,是抄寫在同一個寫卷上的。這一寫卷的年代應當不晚於 8 世紀。[25]《略抄》與《後疏》寫作於《莊嚴疏》與《因明大疏》之間的某個時候,應不早於 660 年。[26] 淨眼據説也是玄奘的弟子。[27] 在這一部分裡,淨眼先是討論了"有法差別相違難"的詭辯性質。儘管他將"有法差別相違難"混淆爲"有法自相相違難",但這不影響其討論的重要價值,因爲這兩種難破方式的實質精神並無二致。接著,他提到了一種在遇到如是難破的時候,指出其犯有"不定因"過的方法。值得引起特别注意的是,這種方法竟然與一般認爲玄奘量中預先埋伏"自許"以便後來使用"他方佛色"作爲反例的方法如出一轍。不過,玄奘的唯識比量在《略抄》與《後疏》中都未曾有被提到。最後,淨眼提到,假如前一種指出對方"不定因"過的方法不適用,那就必須對於這樣一種"相違難"的適用範圍在理論上先行作出限制。淨眼介紹了兩種限制的方法。淨眼的討論與上述道證的論述,兩者的價值均在於爲我們理解"有法差别相違難"的難破思路及其詭辯性質提供了重要綫索。而這種難破方法正是東亞三國古典因明學者在解釋玄奘量中的"自許"簡别時所不容迴避的一個背景。

第五部分收録了新羅元曉本人解釋其"相違決定量"的核心段落。[28]

---

〔25〕 Takemura 2011: 247,參見 Shen 2008: 22。

〔26〕 Zheng 2007: 128。

〔27〕 見《東域傳燈目録》(TDM 1160a11),參見 Takemura 2011: 34。

〔28〕 有關元曉對玄奘量的其他批評意見,特别是對其宗的批評,參見 Moro 2007: 327 與 Moro 2010: 109－112。

這些段落據善珠所説,是他引自元曉的《判比量論》(*P'an biryang non*)。但是這些段落並不見於《判比量論》目前殘存的部分。本書現存殘本的題記提到它寫作於唐咸亨二年,即671年。〔29〕但是,窺基卻告訴我們"相違決定量"是在乾封年間(666—668)寄到長安的,早於上述題記所述《判比量論》的寫作年代。〔30〕儘管如此,善珠謂本量出自元曉之手,這還是可靠的。元曉正是"相違決定量"的作者。〔31〕這裡收録的善珠引文,可能來自《判比量論》現已散佚的部分。關於"相違決定量"本身,元曉也可能先是將整個比量構思出來後,便輾轉寄給當時的中國學界,隨後才在其《判比量論》中詳盡解釋。鑒於元曉實際上未曾到過中國學習,他有關唯識比量的知識來源便成爲一個問題。由於元曉的比量意在模仿玄奘唯識比量的各種論證技巧,而這些技巧在奘門弟子的疏記中才得到闡述,因此我們便可以根據元曉本人對其"相違決定量"的闡述,來推斷他本人對玄奘唯識比量的理解,再與唐賢的闡述進行比對,從而發現他的知識來源。將元曉本人對其違量的闡述,與文軌《莊嚴疏》對玄奘量的闡述(2a部分與2b部分)進行比對,我們發現元曉在闡述其"相違決定量"的時候,實際上默認了一種與文軌相同的唯識比量解釋版本。考慮到《莊嚴疏》在當時的流行程度,元曉有關玄奘唯識比量的知識來源很可能就是文軌。而且,正是2b部分的段落而非2a部分的段落,可大致確定爲元曉當時曾經參考的那個《莊嚴疏》版本。段落2b.4—2b.6與段落5.3—5.6的論述框架相吻合,而且在措辭上也幾乎相同。例如,段落2b.4爲敵論方"有法差別相違難"設想的因命題中的"初三"作"自許初三",元曉在段落5.3中爲其違量設想的"有法差別相違難"的因命題中的"初三"亦作"自許初三",而相應的段落2a.6則作"極成初三"。從本部分所收的元曉違量闡述來看,很有可能他當時照搬了文軌2b部分的唯識比量闡述,只不過在玄奘量的位置都换上了他自己的違量。據此,我們可以大致推定某個擁有與這裡2b部分幾乎相同文字的《莊嚴疏》版本,早在7世紀60年代便已流傳於新羅學界。這個版本就是元曉有關玄奘唯識比量的知識來源。〔32〕

第六部分收録了善珠關於元曉"相違決定量"因命題中涉及的"攝"(包括

〔29〕見Lusthaus 2012:268,285。

〔30〕見段落1.9。

〔31〕參見Moro 2007:328。

〔32〕但是,我們據此尚不足以推斷文軌本人與新羅學僧之間有密切關係,甚至他本人便來自新羅,參見Moro 2007:329,n.24。

關係)的性質的討論。善珠是日本因明北寺傳的代表人物。他是玄昉的弟子。玄昉曾在中國從學於智周。智周是慧沼的弟子,慧沼則是窺基的弟子。善珠的《因明論疏明燈抄》是對於窺基《因明大疏》的全文注解。在這一部分裡,善珠提到了對於窺基的"相違決定量"批判的兩種可能回應,並對此站在窺基的立場作再回應。這兩種回應,善珠都以"若敵救云"發端予以陳述,而不具作者之名。我們發現,第一種回應(段落 6.2)實際上是道證在他的《集》中提出的,其弟子太賢的《古迹記》予以引用,《古迹記》的引文又爲善珠引用於段落 6.2。段落 6.7 中的第二種回應則是善珠引自《古迹記》所引元曉《判比量論》的文字,而隨後段落 6.8 中的文字則很有可能是善珠本人爲使元曉論旨更爲顯豁而作的補充,因爲元曉的這段文字本來不是爲了回應窺基對他的批評。〔33〕 這一部分的意義在於,經由善珠的進一步討論,我們可以清楚看到,窺基及其後學反對元曉"相違決定量"的主要理由是在他們看來,該違量的因命題中"眼識不攝故"一語,注定要被解讀爲極成色在存在論的意義上而不是在範疇分類的意義上是"不包括"在眼識之中的,這就無異於"色獨立於眼識而存在"(色離識有)之類的存在論斷言。這一斷言恰恰爲原先的立論者大乘所不承認,違量的整個因命題便無法滿足"共許極成"的要求。而玄奘量的因命題則滿足"共許極成",兩者並不相類,所謂的違量實際上起不到與玄奘本量相抗衡的作用。如上已説,我們還是不宜先行默認窺基及其後學對此違量的解讀毫無偏袒。

二、選文與評析

1. 窺基論玄奘的唯識比量: YMDS 336 – 351/115b21 – 116b11

1.1 (336/115b21-28) 問: 且如大師周遊西域,學滿將還。時戒日王(Śīlāditya),王五印度,爲設十八日無遮大會(* *pañcavarṣapariṣad*〔34〕),令大師立義。遍諸

〔33〕 詳段落 6.2、6.7 的評析。

〔34〕 *pañcavarṣapariṣad* 的字面意思爲"五年一度的大會"(quinquennial assembly),參見 Lamotte 1988: 60。有關玄奘量背景的最近研究,見 Moro 2015a。感謝何歡歡教授,她曾在本章起草之初賜予筆者其未發表的文章"玄奘、清辯、陳那: 從'簡別立宗'(* *pratijñāviśeṣaṇa*)談起"。該文仔細考察了各種文獻有關本量的歷史記述,並特別強調玄奘參加的辯論會發生在曲女城,而無遮大會隨後在鉢羅耶伽舉辦,二者並非一事。還要感謝羅鴻教授,他曾提醒我注意本章所用"無遮大會"梵文對應詞的構擬性質。

天竺,揀選賢良,皆集會所。遣外道、小乘,競申論詰。大師立量,時人無敢對揚者。大師立唯識比量云:"真故極成色,定不離於眼識"宗,"自許初三攝,眼所不攝故"因,"猶如眼識"喻。何故不犯世間相違(*lokaviruddha*)?世間共説"色離識"故。

本段交代了玄奘的唯識比量及其提出的背景。玄奘的唯識比量及其今譯如下:

	原文	今譯
宗:	真故極成色,定不離於眼識。	從終極真理的觀點看(**paramārthatas*,真故),雙方共同承認的(*prasiddha*,極成)視覺形象(*rūpa*,色),是與視覺意識(*cakṣurvijñāna*,眼識)必定不分離的。
因:	自許初三攝,眼所不攝故。	因爲它是包括在我們承認的(自許)視覺官能(眼根,*cakṣurindriya*)、視覺形象與視覺意識三者組成的集合中(初三攝),而不包括在視覺官能中(眼〔35〕所不攝)。
喻:	猶如眼識。	如視覺意識。〔36〕

1.2 (338/115b28–c4) 答:凡因明法,所、能立中,若有簡别(**viśeṣaṇa*),便無過失。若自比量,以"自許"言簡,顯自許之言無他隨一等過。若他比量,"汝執"等言簡,無違宗等失。若共比量等,以"勝義"(**paramārtha*(*tas*))言簡,無違世間、自教等失。隨其所應,各有標簡。〔37〕 此比量中,有所簡别,故無諸過。

〔35〕 參見 Franco 2004: 204。"初三"即視覺官能(visual faculty)、視覺形象(visual form)與視覺意識(visual consciousness)。它們是十八界(*dhātu*,要素)的根、境、識分類中最初的三項。有關十八界的分類,見 Franco 2004: 208。中文"眼"的字面意思爲"眼睛"(eye)。在玄奘量的語境中,它對應於梵文的 *cakṣus*。*cakṣus* 一詞具有"看"(seeing)、"看的官能"(faculty of seeing)、"眼睛"等一系列含義。正如 Franco 2004: 204, n. 17 所注明的那樣,這裡的 *cakṣus* 按照佛教的觀點,只能理解爲"視覺官能"即"眼根"(*cakṣurindriya*),而非作爲"視覺器官"(visual organ)的"眼睛"。然而,在這裡的選文中有"眼"和"眼根"同時出現的段落,如段落 1.6。因而筆者還是建議將"眼"翻譯爲"視覺感官"(visual sense),"眼根"翻譯爲"視覺官能"。這只是一種字面的區分,實際上在本章選録的所有段落中兩者所指並無區别。

〔36〕 本量現有英譯見 Franco 2004: 205; Moro 2007: 322; He 2014: 1230; Moro 2015a: 192; Moro 2015b: 351 – 352。

〔37〕 本段以上文字現有英譯見 He 2014: 1231。

段落 1.2—1.4 是對於唯識比量"宗"的解釋。本段依次就自比量、他比量、共比量三種不同情況,説明了在其中添加限定語(簡别,qualification)的一般規則以及限定語在其中所起到的作用,即它們各自所防範的過失種類。在漢傳因明中,若一則推理的前提中存在僅爲立論方承認而不爲敵論承認的成分(詞項或命題),這則推理便稱爲"自比量",即基於己方理論的推理;若存在僅爲敵論承認而不爲立論方承認的成分,便稱爲"他比量",即基於對方理論的推理;若一則推理的前提中,無論詞項還是命題,皆爲立方與敵論雙方承認,這則推理便稱爲"共比量"。"自比量"中僅爲立方承認的成分必須用"自許"來限定,"他比量"中僅爲敵論承認的成分必須用"汝執"來限定。三種比量中違背世間常識或者自身教義的内容,還必須用"勝義""真故"或者"真性"來限定。經由如是限定的推理論證才符合因明的規定,在前提中偷偷引入雙方不共許的成分,皆被視爲不合法。自比量僅用於説明立方自身理論的内在融貫性,他比量僅用於揭示對方理論的内在矛盾,共比量則兼備立自與破他的雙重功效。〔38〕

"他隨一"即"他隨一不成","隨一不成"即爲辯論中的一方所不承認,"他隨一不成"即爲敵論方所不承認。"共比量等",等取"自比量"和"他比量"。三種比量皆可用"勝義"即"真故"來限定其宗命題,從而標明該主張乃從終極真理的視角提出,其内容與世間常識、自宗教義皆不在同一層次,因而不受其限制,不存在"世間相違"、"自教相違"(*āgamaviruddha*)等過失。

1.3 (341/115c4-8) 有法言"真故",明依勝義,不依世俗,故無違於非學世間。又顯依大乘殊勝義立,非依小乘,亦無違於阿含(Āgama)等教"色離識有"。亦無違於小乘學者世間之失。〔39〕

本段指出玄奘量的第一個限定語"真故"(從終極真理的觀點看)添加在宗命題的主項(宗有法)"極成色"之上,是爲了避免整個宗命題犯"世間相違"過。

清辨(Bhāviveka,約 500—570)《掌珍論》提出的"真性有爲空"這一宗命題中的限定語"真性"(* *tattvatas*,就實在而言〔40〕)與這裡的"真故"具有相同的含義與作用。有關清辨量的宗有法是"真性有爲"還是"有爲",即"真性"是否宗有法的一部分,曾是日本早期因明的南寺傳和北寺傳之間爭論的一項重要議

〔38〕 詳見 Zheng 2007:205-228。

〔39〕 本段現有英譯見 Moro 2015b:354-355。

〔40〕 參見 He 2014:1230。

題。慚安(Zen'an)的《法相燈明記》(*Hossō tōmyō ki*,寫作於 815 年)便將此問題列爲南、北兩寺爭論的"因明六義"之一。該書的相關段落最後還提到"唯識比量'真故'亦准此也"。〔41〕 如果清辨量的"真性"是有法的一部分,玄奘量的"真故"也應照此理解。問題的實質在於限定語"真故"和"真性"究竟是限定了整個宗命題,還是僅僅限定了該命題的主項(宗有法)。窺基這裡說"有法言'真故'",便已爲"真故"混入有法的誤解留了一扇後門。〔42〕

但我們還應注意到,窺基本人從未提到經過"真故"限定的有法究竟是哪一種"極成色"。本段對"真故"的集中闡釋也只説"真故"是爲了在本量的宗命題"極成色定不離於眼識"與世間共説"色離識"〔43〕、阿含等教"色離識有"等命題之間區分出不同的立説層次,是在命題與命題之間作出的區分,非單就命題中的某個詞項而言。不論"真故"還是"真性",都應是對整個宗命題而非其中某一詞項的限定。

1.4 (341/115c8-14) "極成"之言,簡諸小乘最後身菩薩染污諸色、一切佛身有漏諸色。若立爲唯識,便有一分自所别不成,亦有一分違宗之失。十方佛色及佛無漏色,他不許有。立爲唯識,有他一分所别不成。其此二因,皆有隨一一分所依不成。説"極成"言,爲簡於此,立二所餘共許諸色爲唯識故。〔44〕

本段指出玄奘量的第二個限定語"極成"(雙方共同承認)添加在"色"之上,是爲了將宗命題的主項(宗有法)限定爲僅僅是辯論雙方共同承認的色,即"極成色"。這就在主項中一方面排除了唯獨敵論方小乘學者承認的"最後身菩薩染污諸色"與"一切佛身有漏諸色",另一方面排除了唯獨立論方大乘學者承認的"十方佛色"與"佛無漏色"。"最後身菩薩染污諸色"即釋迦牟尼菩薩在進入涅槃前的最後一世中的各種有染污的視覺形象。如是限定,便能避免論題的主項有一部分或爲敵論方不承認(他一分所别不成)、或爲立論方自身不承認(一分自所别不成)因而犯有不滿足"極成有法"導致的種種過失。如果承認論題的主項還包含唯獨小乘所許的"最後身菩薩染污諸色"與"一切佛身有漏諸色",立論方又有論題的主項有一部分與自身教義相矛盾的過失(一分違宗之失)。"其此二因,皆有隨一一分所依不成",意爲: 邏輯理由(因)不論是

---

〔41〕 見 HTK 49b25 - 50a3,參見 Moro 2015b: 354 - 358;Fu 2013: 67 - 71。

〔42〕 又見下文段落 1.7:"謂'真故極成色',是有法自相。"

〔43〕 見上段落 1.1。

〔44〕 本段現有英譯見 Moro 2015b: 355 - 356。

用於論證兼有唯獨小乘所許色的主項,還是用於論證兼有唯獨大乘所許色的主項,這兩種情況下的理由都犯有其“所依”(*āśraya*)即因命題的主項有一部分不爲立論方大乘承認或不爲敵論方小乘承認的過失(隨一一分不成),因爲因命題的主項(所依)即論題的主項(宗有法)。

關於“極成色”的具體内容,善珠的《明燈抄》指出“如世人見柱梁等色”,即日常所見粗顯的視覺對象。〔45〕 在另一處,《明燈抄》又記載了有關“極成色”在色處二十五種色中具體所指的兩種不同觀點。二十五種色總分三類,即“顯色”(*varṇarūpa*,顔色)、“形色”(*saṃsthānarūpa*,形狀)與“表色”(*vijñaptirūpa*,動作)。一種觀點認爲“極成色”僅僅指“顯色”中的青、黄、赤、白等實色,唯有此類是實有(substantial existence),因而是視覺的對象。其餘的“顯色”,以及長、短等“形色”,屈、伸等“表色”,都是假有(nominal existence),爲第六意識(*manovijñāna*)所緣而非視覺的對象,不能算在玄奘量的主項“極成色”中。另一種觀點認爲二十五種色無論假、實,皆爲“眼所行,眼識所緣”,都包括在玄奘量的主項“極成色”中。〔46〕 此處問題的實質在於：形狀、動作等視覺形象是爲意識所緣,還是爲眼識所緣。此問題涉及我們對視覺意識本身的界定,不同的界定背後是各種不同的哲學立場。

1.5 (342/115c14-20) 因云“初三攝”者,顯十八界六三之中初三所攝。不爾,便有不定、違宗。若不言“初三所攝”,但言“眼所不攝故”,便有不定言：極成之色,爲如眼識,眼所不攝故,定不離眼識;爲如五三,眼所不攝故,極成之色定離眼識?若許“五三眼所不攝故,亦不離眼識”,便違自宗。爲簡此過,言“初三攝”。

段落 1.5—1.8 是對於唯識比量“因”的解釋。本段解釋其因命題謂項(因法)的第一部分“初三攝”,指出“初三攝”是爲了在因法中排除十八界(十八種存在的基本要素)分類下除眼根、色境、眼識即“初三”外的其餘五組根、境、識序列(五三),如耳根、聲境和耳識,鼻根、香境和鼻識等。由於“五三”是“定離眼識”的,在玄奘量的“異品”(*vipakṣa*,異類的實例)即宗有法“極成色”以外不體現論題謂項“定不離眼識”的個體範圍中;又由於“五三”在十八界的分類中不包括在眼根之中,滿足“眼(根)所不攝”。因法“眼所不攝”若缺少“初三攝”

〔45〕 見 IRMS 316b29 - c5。

〔46〕 見 IRMS 319c16 - 26。

來限定,便會在異品"五三"中出現,異品有因,犯有"不定過"(*anaikāntika*)。此時,敵論方便可作如下反駁:

> 極成色究竟如眼識,由於不包括在眼根中(眼所不攝),因而與眼識必定不分離(定不離眼識);還是如"五三",由於不包括在眼根中,因而與眼識必定分離(定離眼識)?

上述近乎二難推理形式的反駁,通過揭示對方存在不定過來進行難破,稱爲"不定難"或"不定言"。"不定言"即言説其因有不定過(*anekāntahetukaṃ vacanam*,"不定因言",NP 7)。將"初三攝"與"眼所不攝"兩條件聯合起來構成的因法"初三攝並且眼所不攝",就不會在"五三"中出現,便能避免上述"不定過"。因爲"五三"並非初三攝,在十八界的分類下並不包括在眼根、色境與眼識三者組成的集合(初三)中。

1.6 (343-344/115c20-29) 其"眼所不攝"言,亦簡不定及法自相決定相違。謂若不言"眼所不攝",但言"初三所攝故",作不定言:極成之色,爲如眼識,初三攝故,定不離眼識;爲如眼根,初三攝故,非定不離眼識?由大乘師説彼眼根,非定一向説離眼識,故此不定云"非定不離眼識",不得説言"定離眼識"。作法自相決定相違言:"真故極成色,非不離眼識,初三攝故,猶如眼根。"由此便有決定相違。爲簡此二過,故言"眼所不攝故"。

本段解釋玄奘量因命題謂項(因法)的第二部分"眼所不攝",指出"眼所不攝"是爲了在因法中排除眼根。眼根與眼識之間的關係是"根因識果",因果之間"非定即離"[47],眼根與眼識既不是必定不分離(定不離),也不是必定分離(定離)。無論如何,這已滿足非"定不離眼識"這一點,故而眼根應歸在玄奘量的"異品"之中。又由於眼根在十八界的分類下包括在"初三"中,滿足"初三攝"。因法"初三攝"若缺少"眼所不攝"來限定,便會在異品眼根中出現,異品有因,亦有"不定過",招致敵論的"不定言":

> 極成色究竟如眼識,由於包括在"初三"中(初三攝),因而與眼識必定不分離(定不離眼識);還是如眼根,由於包括在"初三"中,因而並非與眼識必定不分離(非定不離眼識)?

這裡,窺基認爲眼根有因,整個論證便有"不定過",眼根有因即"異品"有因。

---

〔47〕 見段落 1.13。

這是我們將眼根計入玄奘唯識比量“異品”的主要理由。在本段中,窺基便明確指出眼根不具有論題謂項所示的屬性(所立法)“定不離眼識”(與視覺意識必定不分離,certainly not separate from the visual consciousness)。爲使一個體計入玄奘量的異品,“定離眼識”(與視覺意識必定分離,certainly separate from the visual consciousness)這一標準過强。在此標準下,眼根便無法成爲立敵雙方共同承認的異品。因爲儘管在敵論小乘看來,眼根定離眼識,但是從立方大乘的角度看,眼根並非絶對(一向,*ekāntas*)與眼識相分離,它既不必定與眼識分離,也不必定與眼識不分離,只能説“並非與眼識必定不分離”(非定不離眼識),而不能説“與眼識必定分離”(定離眼識)。故而爲使眼根計入異品,唯有“非定不離眼識”(not certainly inseparate from the visual consciousness)這一標準才最準確。此外,眼根是否玄奘量的異品,這一問題在《法相燈明記》中也曾列爲日本因明南、北兩寺傳承之間爭論的“因明六義”之一。〔48〕 有趣的是,若反過來以“定離眼識”爲所立法,眼根也同樣應計入異品,因爲它在不必定與眼識不分離的同時,也不必定與眼識分離。

由於異品的標準在“非定不離眼識”,這反過來表明了異品所非、所無的是“定不離眼識”而非單純的“不離眼識”(not separate from the visual consciousness)。玄奘唯識比量論題的謂項(所立法)應作“定不離於眼識”而非單純的“不離於眼識”。我們發現,本章段落 1.1 中記載的玄奘唯識比量的“所立法”,在雕刻於 13 世紀晚期的金藏廣勝寺本《因明大疏》〔49〕中正是作“定不離於眼識”而非通行的“不離於眼識”。這一讀法更古老,而且更符合窺基的觀點。如果窺基的解釋也反映了玄奘的理解,那麽“定不離於眼識”便應視爲唯識比量“所立法”的最準確表述。即便在其他文獻中存在“不離於眼識”之類的表述,也應照此理解爲“定不離於眼識”。否則,鑒於上述眼根與眼識非定即離的關係,我們便無法决定眼根應該計入同品還是異品。

在本段中,窺基又指出理由“初三攝”若缺少“眼所不攝”來限定,還會存在“法自相相違因”(*dharmasvarūpaviparītasādhana*)過,即此理由能用於證明立者

---

〔48〕 見 HTK 50a22 – 29。

〔49〕 重印於 *Zhong hua da zang jing*(*Han wen bu fen*)中華大藏經(漢文部分),vol. 100, no. 1885, Beijing: Zhonghua shuju 中華書局, 1996, p. 269c1 – 297b28,本章選文第一部分,見該版本 p. 272a16 – c28。一般來説,金藏廣勝寺本與後來的各種版本相比,在文字表述上更爲精確完整。本章採用的《大疏》校勘本(Zheng 2010)便以該本爲底本。

所立法字面含義(法自相,*dharmasvarūpa*)的反面,能證明"(定)不離眼識"的反面"非(定)不離眼識",從而遭到敵論如下三支形式的"法自相決定相違言"(言説其因有法自相[決定]相違過):

宗:從終極真理的觀點看,極成色並非與眼識(必定)不分離。

因:因爲它包括在"初三"中(初三攝)。

喻:如眼根。

本段提到的"法自相決定相違""決定相違"皆指因明四相違因過的第一種"法自相相違因"。根據 Eli Franco 的研究,在玄奘量中,論域全集(十八界)的"三分"以極成色爲"宗"(有法),以眼識爲唯一的同品,以眼根以及"五三"爲異品。在唯識比量的因法爲"初三攝而且眼所不攝"的情況下,極成色根據十八界的分類,包括在"初三"中而且不包括在眼根中,滿足"遍是宗法";同品之中存在一個體眼識(也是同品中唯一的個體),根據十八界的分類,亦包括在"初三"中而且不包括在眼根中,體現了因法,滿足"同品定有";"異品"之中的"五三"不包括在"初三"中,而眼根雖然包括在"初三"中,但卻並非不包括在眼根之中,因爲它本身就是眼根,故而異品中没有一個個體能體現因法,這就滿足"異品遍無"。唯識比量完全滿足因明論證的基本規則"因三相"。[50]

然而,若僅以"初三攝"爲因法而缺少"眼所不攝"來限定,則"初三攝"因在同品眼識中存在,在異品之一眼根中存在,在其餘異品"五三"中不存在,屬於九句因中"同品有、異品有非有"的情況。至於"法自相相違因"則對應九句因中"同品無、異品有"與"同品無、異品有非有"兩種情況,無論如何,絶非"同品有"的情況。因而"初三攝"因既然是"同品有、異品有非有"的不定因,便不可能再成爲"法自相相違因",因爲一個因在同品和異品中的外延分佈不可能對應九句因中的兩種不同情況,不可能既是"不定"又是"相違",既是"同品有"又是"同品無"。日本因明南寺傳的代表人物護命在其《大乘法相研神章》的第十章"略顯因明入正理門"(RINM 34c17－24)中便已注意到這個問題:

問:因明之法,闕異品遍無性,即有共不定。立"一向不離"宗,以"初三攝"而爲因也,此因遍在不即不離異品眼根,有不定過。是實可

[50] 見 Franco 2004:208－210。

爾也。法自相相違同無、異有，闕後二相，即有此過。同有、異有，闕後一相，有不定過。何故二過，一量合有耶？

答：法自相相違是假説過，不是實過。或云：實過若非實過，何勞假説？後學取捨。〔51〕

總之，窺基認爲因法"初三攝"若缺少"眼所不攝"來限定，便是"不定因"，這是正確的；但認爲此因同時還存在"法自相相違因"過，便不準確。

1.7 (345/115c29–116a8) 若爾，何須"自許"言耶？爲遮有法差別相違過，故言"自許"，非顯"極成之色，初三攝、眼所不攝"他所不成，唯自所許。謂"真故極成色"，是有法自相（*dharmisvarūpa*）。不離眼識，是法自相。定離眼識色、非定離眼識色，是有法差别。立者意許"是不離眼識色"。外人遂作有法差别相違言："極成之色，非是不離眼識色，初三所攝、眼所不攝故，猶如眼識。"爲遮此過，故言"自許"。〔52〕

本段説明玄奘量的第三個限定語"自許"（我們承認）並不是用來限定整個因命題"極成之色，初三攝、眼所不攝"（極成色包括在"初三"中而不包括在眼根中）。"自許"只是用於限定該命題謂項中的"初三"，使之成爲"自許初三"（我們大乘學者承認的眼根、色境與眼識三者組成的集合）。假若"初三"缺少"自許"這一限定，敵論便能運用因明中的"有法差别相違因"來反駁，運用立方提出的因法"初三所攝、眼所不攝"來證明立方論題的主項極成色並非"不離眼識的色"。"不離眼識色"是立方關於主項極成色的隱含意向（有法差别），是立方對於主項極成色内在的把握方式，而現在敵論的反駁就是要否定這一點，指出立方給出的理由恰恰否定了立方對極成色的内在把握方式，由此實現反駁立方整個論證的目的。其"有法差别相違言"（言説其因有有法差别相違過）或"有法差别相違難"（基於有法差别相違因的反駁）如下：

宗：極成色並非與眼識不分離的色（非是不離眼識色）。

因：因爲它包括在"初三"中，而不包括在眼根中。

喻：如眼識。

這一"有法差别相違難"的詭辯性質已如本章導論所述。無論如何，只要立方

〔51〕 當代學者也曾提出類似的質疑，見 Lü 1983：72；Luo 1988：36，n.1。

〔52〕 本段現有英譯見 Moro 2015b：358－359。

尚未使用"自許"來對理由"初三攝、眼所不攝"中的"初三"作出限定,該理由爲敵論所用之際,便構成一個滿足陳那邏輯學基本論證規則"因三相"(*trairūpya*)的正確理由。本段有如下三點值得注意:

第一,上述反駁的論題謂項(所立法)"非是不離眼識色"既可解讀爲"不是與'眼識'不分離的'色'"(is not the visual form that is not separate from the visual consciousness),亦可解讀爲"是'不與眼識不分離的色'"(is the visual form that is not inseparate from the visual consciousness)。前一解讀的重點在"非色",後一解讀的重點在"是色"。若遵照前一解讀,一切"非色"的個體都能計入該反駁的"同品",而依照後一解讀,則唯有"是色"的個體才能算作"同品","同品"只能限於"色"的某個下位概念。進言之,既然"同喻"只能選取"同品"範圍中能體現"因法"的那一部分個體,必須在"同品"中選取,那麼前一解讀下的"同喻"便可在"非色"中選取,而後一解讀下的"同喻"就只能選取"是色"的個體。然而,上述反駁援引的"同喻"(正面的例證)恰恰是眼識,它顯然屬於"非色"的範圍。因此,唯有前一解讀而非後一解讀才容許眼識成爲"同喻"。若按後一解讀在"是色"的個體中選取"同喻",眼識便無法成爲"同喻",不符合文本給出的反駁表述。這就表明上述反駁的所立法"非是不離眼識色"只能按照前一解讀,理解爲"不是與'眼識'不分離的'色'",後一解讀則不可取。一般來説,"有法差别相違難"形式上雖然是否定了立方對其論題主項的内在把握方式(有法差别),但究其實質,仍是對立方論題主項本身(有法自相)的否定。若立方的論題爲"聲是無常",敵論"有法差别相違難"提出的論題爲"聲不是無常的聲","有法自相相違難"提出的論題爲"聲不是聲",這兩種難破方式中,論題謂項(所立法)的重點都在於"非聲"。〔53〕

第二,窺基指出"故言'自許',非顯'極成之色,初三攝、眼所不攝'他所不成,唯自所許","自許"不是爲了標明玄奘量的整個因命題僅爲立方大乘承認而爲敵論所不承認。在窺基等諸多唐代學者看來,整個因命題事實上能爲敵論承認,本已滿足"共許極成"的要求,因而不需要再用"自許"來限定。用文軌的話來説,就是:"此云'自許',不簡他許,以他亦許'極成之色,初三所攝、眼所不攝'故。"〔54〕不少學者都將玄奘量的"自許初三"譯爲"我們也承認的初三"

---

〔53〕 詳下選文第三、四部分,特别是段落 3. 4—3. 5、4. 1 及其評析。

〔54〕 見段落 2b. 2,類似的觀點又見段落 1. 14、2a. 2 等各處。

(the first three [*dhātus*] that [we too] accept)[55]而非“我們承認的初三”(the first three [*dhātus*] that we accept)。筆者以爲,他們可能還是誤解了窺基這句話的意思。儘管他們正確認識到“自許”是對“初三”的限定,但卻將窺基的話誤解爲“自許”不過是對“共許”的再一次強調,因而並無實質含義。實際上,窺基在這裡只説整個因命題也能夠爲敵論承認,無需“自許”再作限定,但這裡的“初三”是否也能爲敵論所承認則是另一個問題,這個問題在本句並未提到。但何以要用“自許”來限定“初三”,恰恰是理解唯識比量的關鍵所在。誤解了“自許”的意義,也就無法全面理解唯識比量。

第三,在本段中,窺基説道:“謂‘真故極成色’,是有法自相。”又一次將“真故”計入玄奘量的論題主項(宗有法)。[56]

1.8 (345/116a8–15) 與彼比量作不定言:極成之色,爲如眼識,初三所攝、眼所不攝故,非不離眼識色;爲如自許他方佛等色,初三所攝、眼所不攝故,是不離眼識色?若因不言“自許”,即不得以他方佛色而爲不定,此言便有隨一過。汝立比量,既有此過,非真,不定。凡顯他過,必自無過,成真能立必無似故。明前所立無有有法差别相違,故言“自許”。

本段指出“自許”的作用在於擴展“初三”特别是其中“色境”的範圍,使其外延在原有的基礎上再擴展到僅爲立方大乘承認的色境如他方佛色(其他世界中的佛的視覺形象)之上。在立方論證中預先使用“自許”來限定“初三”,在敵論提出“有法差别相違難”的情況下,便能援引他方佛色作爲敵論難破的反例,揭示其反駁所用的理由存在“不定過”。

在上述敵論“有法差别相違難”中,論域全集(十八界)的“三分”以“極成色”爲宗(有法);以“不離眼識色”以外的所有個體爲同品,此同品實際上包括所有“非色”的個體,如眼識、眼根、五三,等等;其異品若按定義應當是“極成色”以外的“不離眼識色”。而除了“極成色”以外,便不存在立、敵雙方共同承認(共許)的“不離眼識色”,此時共許的異品實際上是一個空集。異品爲空,自行滿足“異品遍無”的要求。

當然,在共許的異品之外,還存在一類立方大乘自許的“不離眼識色”,即

---

〔55〕 見 Franco 2004: 201 所引 Waley 的翻譯及 205 Franco 本人援引護山真也早先的翻譯; Moro 2015a: 192;參見 Moriyama 2014: 143 護山真也後來的翻譯。

〔56〕 見上文段落 1.3“有法言‘真故’”及其評析。

前述爲“極成”所排除的大乘自許“十方佛色”〔57〕特别是其中的“他方佛色”。但只要因法中的“初三”未經“自許”限定,“初三”便只能限於極成的“初三”。這種“(極成)初三”特别是其中的“(極成)色境”無法包括大乘自許的“他方佛色”之類“不離眼識色”。“他方佛色”儘管可以作爲(大乘自許的)異品,但此異品上無因,無法作爲證明敵論反駁存在“異品有因”問題的實例來援引。敵論的“有法差别相違難”仍滿足“異品遍無”,“立因成就不動”。

若大乘在其原先的論證中已使用“自許”來限定“初三”,則敵論的“有法差别相違難”由於按照規則必須嚴格以立方的因法爲因法,便成爲如下形式的反駁:

宗:極成色並非與眼識不分離的色(非是不離眼識色)。

因:因爲它包括在(大乘)自許的“初三”中,而不包括在眼根中。

喻:如眼識。

針對這一反駁,立方便能提出如下“不定言”來言説其因存在不定過:

極成色究竟如眼識,由於包括在(大乘)自許的“初三”中,而不包括在眼根中,因而並非與眼識不分離的色(非不離眼識色);還是如他方佛色等(大乘)自許的色,由於包括在(大乘)自許的“初三”中,而不包括在眼根中,因而是與眼識不分離的色(是不離眼識色)?

但如果“初三”未經“自許”限定,“若因不言自許”,他方佛色僅包括在自許而非極成的“初三”中,“即不得以他方佛色而爲不定”。否則,辯論中的一方(隨一)即敵論方由於不承認(不成)因法(能立法)“(極成)初三所攝、眼所不攝”存在於他方佛色之上,立方大乘以之爲反例,“此言便有隨一過”,便有“能立法隨一不成”的過失。

這裡,又有兩點需要注意:第一,此處對於窺基所謂“隨一過”的解釋乃依據延壽(904—975)的《宗鏡録》。〔58〕善珠的《明燈抄》中還有另外一種解釋。根據善珠的解釋,假如“初三”缺少“自許”這一限定,立方的上述“不定言”又將遭到敵論以“不定言”形式提出的再反駁:

極成色究竟如小乘所許的後身惡色(即最後身菩薩染污諸色),由於

〔57〕見上文段落 1. 4。

〔58〕見 ZJL 719c1 - 7。

包括在“初三”中,而不包括在眼根中,因而是與眼識分離的色(是離眼識之色);還是如大乘所許的他方佛色,由於包括在“初三”中,而不包括在眼根中,因而是與眼識不分離的色(非離眼識之色)?

如果用“(大乘)自許”來限定“初三”,由於後身惡色不包括在“(大乘)自許初三”之中,敵論小乘便無法再使用自許的反例後身惡色來指出立方有“不定過”。這種在敵論自許的異品中存在因法的“不定過”即“他隨一不定過”。〔59〕這與延壽釋“隨一過”爲“能立法隨一不成”不同。我們不取善珠的解釋,這是因爲:善珠認爲未經任何限定的“初三”既可以容納大乘自許的色境(如他方佛色),又可以容納小乘自許的色境(如後身惡色),而不限於共許的範圍,這不符合窺基下文“依自比,不可對共而爲比量”的思想。〔60〕在窺基看來,“初三”若未經任何限定,便只能限於“極成初三”,未經任何限定的因法“初三所攝、眼所不攝”不能出現在立、敵任何一方自許的實例之上。實際上,善珠的解釋很可能受到了窺基以前文軌、淨眼等古師的影響。〔61〕

第二,立方對敵論“有法差别相違難”的回應(不定言),在本段中表述爲:“極成之色,爲如眼識,初三所攝、眼所不攝故,非不離眼識色;爲如自許他方佛等色,初三所攝、眼所不攝故,是不離眼識色?”本則表述實際上不構成一則正確的回應,因爲其中提到的因法“初三所攝、眼所不攝故”,當作“自許初三所攝、眼所不攝故”,否則便無法引他方佛色作爲反例。這恰恰是窺基本段強調“自許”必要性的重點所在,而窺基本人卻在上述“不定言”中遺漏了“自許”,這是一個表述上的漏洞。不過,細按本段前後文,我們似乎也可以將“與彼比量作不定言”視爲假設之辭,所引出的回應本非正確,故窺基從“若因不言自許”至“此言便有隨一過”便指出其錯誤所在。但這樣一來,緊接其後的“汝立比量,既有此過”一句,直接指斥敵論的難破,又顯得格外突兀,令人困惑。倒是文軌在其《莊嚴疏》(日本現存本)所記的回應中,我們發現其因法作“自許初三攝、眼所不攝故”〔62〕,相比窺基,似更準確。認清立方回應敵論“有法差别相違難”的正確表述,是我們理解“自許”何以必要的一條重要綫索。

〔59〕 見 IRMS 318c15-24。
〔60〕 見段落 1.10 及其評析。
〔61〕 詳下段落 2a.4、2b.6、4.2、5.5、6.7,以及段落 1.10 的評析。
〔62〕 見段落 2b.4。

1.9（347/116a15–21） 然有新羅順憬法師者，聲振唐番，學包大小。業崇迦葉（Kāśyapa），每稟行於杜多（*dhūta*）；心務薄俱，恒馳誡於少欲。既而蘊藝西夏，傳照東夷，名道日新，緇素欽挹。雖彼龍象不少，海外時稱獨步。於此比量作決定相違。乾封之歲，寄請釋之："真故極成色，定離於眼識，自許初三攝、眼識不攝故，猶如眼根。"

本段介紹當時新羅學界針對玄奘唯識比量提出的"相違決定量"，以供下文分析其中存在的六條過失。本段指出"相違決定量"是新羅高僧順憬所製，在唐乾封年間（666—668）寄至長安以就正於玄奘本人（寄請釋之）。然此時玄奘已逝，故下文窺基代爲作答（時爲釋言）。由此亦可知《因明大疏》當寫於玄奘去世以後。實際上，本則"相違決定量"的真正作者乃是另一位新羅學僧元曉。〔63〕 所謂"相違決定"或"決定相違"（*viruddhāvyabhicārin*），指這樣一類邏輯理由（因），此類理由與立方論證的理由一樣，皆符合"因三相"特别是其中的第三相"異品遍無"，即未從"同品"之中偏離出來（*avyabhicārin*，決定，"不旁逸"），但卻是用於論證立方論題的主項（有法）也同樣具有與立方論題的謂項（所立法）相矛盾的屬性（相違，*viruddha*）。如是理由便稱爲"相違決定（因）"（antinomic reason）。敵論依據"相違決定因"提出的反駁性論證便稱爲"相違決定量"（antinomic inference）。若一則論證存在"相違決定"與之相抗衡，該論證所用的理由以及與之抗衡的"相違決定因"皆被視爲"不定"，正、反兩方的論證儘管都滿足因明的基本規則"因三相"，但从比量推理的角度来看皆应視爲不可靠。〔64〕 窺基下文對於唯識比量的"相違決定量"的反駁，側重於指出其何以不符合因明的立、破規則，何以不構成一則真正的"相違決定"。

本则"相违决定量"的具体内容，及其按照窺基解釋的今譯如下：

	原文	今譯（窺基的解釋）
宗：	真故極成色，定離於眼識。	從終極真理的觀點看，雙方承認的色是與眼識必定分離的。

〔63〕 詳下段落5.2—5.6；參見Franco 2004：211－212；Moro 2015b：360－362。

〔64〕 "相違決定"的存在表明"因三相"並非證宗的充分條件，"相違決定"也是同、異品"除宗有法"所導致的理論後果之一，此不贅述，詳見Oetke 1994：41－44；Oetke 1996：465－474。

因：	自許初三攝、眼識不攝故。	因爲我們承認（自許）：它是包括在“初三”中，而不包括在眼識中。（Because as we accept, while being included in the first three [*dhātus*], [it] is not included in the visual consciousness.）
喻：	猶如眼根。	如眼根。

事實上，窺基乃至唐代諸師大多認爲玄奘量中的“自許”是限定“初三”而非整個因命題。準此，本則違量的因命題“自許初三攝、眼識不攝故”本來亦可如是解釋，將“自許”視爲對於詞項“初三”的限定，而非對於整個命題“極成色初三攝、眼識不攝”的限定。這樣一來，整個論證便應當翻譯爲：

今譯（元曉的解釋）

宗：從終極真理的觀點看，雙方承認的色是與眼識必定分離的。

因：因爲它是包括在我們承認的（自許）“初三”中，而不包括在眼識中。（Because while being included in the first three [*dhātus*] that we accept, [it] is not included in the visual consciousness.）

喻：如眼根。〔65〕

我們在下文便將看到，窺基對於違量的解釋卻並不如此。他堅持主張違量的“自許”勢必要被解讀爲對於整個因命題的限定，而不能像玄奘的“自許”一樣，只是對因命題謂項的一部分“初三”的限定。窺基下文對違量的六條反駁正是基於這一解釋。然而，純就違量本身來看，將其“自許”解釋爲僅僅限定“初三”，這或許才是違量作者元曉的本意所在。因此，在這裡我們姑且遵照窺基的解釋來理解窺基對它的反駁，但在下文展現元曉本人對其違量的討論時，便不再遵照窺基的解釋，而是將這一“自許”按其本意理解爲詞項層面的限定而非命題層面的限定，儘管前後兩處記載的違量文字實際上並無出入。〔66〕

1.10 (347/116a21–29) 時爲釋言：凡因明法，若自比量，宗、因、喻中皆須依自，他、共亦爾。立依自、他、共，敵對亦須然，名善因明無疎謬矣。前立唯識，依共比量。

〔65〕 參見 Franco 2004：212；Moro 2015a：198。

〔66〕 元曉本人的解釋，詳見本章選文第五部分及本書第六章；兩種解釋間的往復辯難，見選文第六部分。

> 今依自立,即一切量皆有此違。如佛弟子對聲生論(* Śabdotpattivādin〔67〕)立:"聲無常,所作性故,譬如瓶等。"聲生論言:"聲是其常,所聞性故,如自許聲性。"應是前量決定相違。彼既不成,故依自比,不可對共而爲比量。〔68〕

本段指出違量的第一條過失：玄奘的唯識比量是共比量,以雙方共同承認的理論爲依據,而此違量則是自比量,以敵論自己的理論"色不爲眼識所攝"爲依據,對於玄奘量,並不構成真正意義的"相違決定量"。因爲共比量的"相違決定量"也必須是共比量,敵論不能以唯獨自己承認的理論爲依據來反駁立方依據雙方共同承認的理論提出的論證,窺基明確指出:"故依自比,不可對共而爲比量。"就好比聲生論不能用自許的"聲性"來作爲"聲是無常,所作性故"的反例。

關於能否用自比量來回應共比量,古師文軌則持不同觀點。藏俊的《因明大疏抄》曾有援引文軌的一則殘片:"文軌師云：'因明道理,於共比量,自法、他法皆得不定。以自在眼識所變眼根之影作不定過。'"〔69〕這是説：根據因明的法則,不論是僅爲我方承認的事例(自法)還是僅爲敵論承認的事例(他法),都可以用來作爲共比量的反例,從而指出其"不定過",就比如僅爲我方承認的眼識所變現的眼根影像便可以構成這樣一個反例。這就肯定了敵論能"依自比","對共而爲比量",能依據唯獨自己承認的理論來反駁立方提出的共比量。事實上,古師淨眼以及很可能受文軌影響的元曉等諸多學者都持有類似的觀點。〔70〕在注釋上文段落 1.8 中"此言便有隨一過"一句時,善珠甚至還將這一觀點歸屬於窺基本人,主張窺基也認可未經任何限定的"初三"既包含小乘自許的後身惡色,也包含大乘自許的他方佛色,小乘因而能以自許的後身惡色(自法)爲反例來揭示立者成立唯識的共比量有"不定過"(他隨一不定)。〔71〕這裡問題的實質在於：像共比量這樣其中各個成分一般都不需要任何限定的推理,即最普通意義上的比量推理,我們對它是否一定要採取一種認知解釋

〔67〕參見 Moriyama 2014：133, n. 17。

〔68〕本段現有英譯見 Moriyama 2014：144 – 145。

〔69〕IDS 520c26 – 28,其文獻來源,詳下段落 6.1 評析。對本段文字的更好理解,見本書第六章注 64 及該章中的相關討論。

〔70〕詳下段落 2a. 4、2b. 6、4. 2、5. 5 與 6. 7。

〔71〕見上段落 1. 8 及其評析。

(epistemic interpretation)。窺基認爲這是必要的,其他學者則否。

在認知解釋的情況下,比量推理的前提爲真應被理解爲辯論雙方共同承認其爲真,而且其中的詞項在未經限定的情況下僅能指涉雙方共許的對象。只要一則比量未經任何認知算子(如"自許""汝執"等)限定,則"共許極成"(雙方共同承認)這一認知算子在解釋其前提中任何一命題與詞項時總應被默認。在非認知解釋(non-epistemic interpretation)的情況下,前提的真則與辯論中任何一方的認知狀態無關。其中的詞項只要未經限定,就能無視辯論參與者的認知態度而指涉論域中的任何一個對象。就是説,若一則比量未經任何認知算子限定,其解釋便與辯論雙方的認知狀態無關。因此,在認知解釋的情況下,敵論不允許援引其自許的反例(自法)來難破立方的共比量,而在非認知解釋的情況下則無此限制。認知解釋與非認知解釋的區分是我們理解當時因明學説的一個重要視角。〔72〕

1.11 (350/116a29–b1) 又宗依共,已言"極成",因言"自許",不相符順。

本段指出違量的第二條過失:其宗命題的主、謂項都以雙方共同承認的理論爲依據,而整個因命題則以敵論自己的理論"色不爲眼識所攝"爲依據,兩者不協調。本應皆"依共",或者皆"依自"。

1.12 (350/116b1–3) 又因便有隨一不成,大乘不許彼自許"眼識不攝故"因於共色轉故。

本段指出違量的第三條過失:其整個因命題爲立方大乘所不承認,有"隨一不成"(*anyatarāsiddha*)過,不滿足因第一相"遍是宗法性",因爲大乘不承認極成色(共色)不包括在眼識中(眼識不攝)。

在窺基看來,違量的整個因命題"極成色爲初三所攝,並且極成色不爲眼識所攝"中的後一合取支"色不爲眼識所攝"勢必要被解讀爲色在存在論的意義上"不包括"在眼識中,即"色離識有"。這一存在論斷言與大乘的主張"色不

〔72〕 關於"認知解釋"的不同類型,見Tang 2015:291－307及本書第三章。認知解釋與非認知解釋之間的區分,亦見Oetke 1994:77－107結合"因三相"所作的深入探討。但需要留意的是,這裡文軌等學者在解釋唯識比量的場合默認了一種非認知解釋,但他們並沒有將這種非認知解釋擴展應用於解釋整個三支作法,或者用於廣泛解釋各種比量的實例。無論是文軌還是窺基,唐代因明諸師皆在理論層面強調了一種對佛教邏輯學的認知解釋,或更確切的説——"論辯解釋"。

離識"正相反對,爲大乘所不承認。整個因命題便不滿足"共許極成"的要求,僅爲敵論小乘所許,故而才需要將"自許"的限定範圍擴大到整個因命題。相比之下,玄奘量的因命題"極成色爲初三所攝,並且極成色不爲眼根所攝"本來便滿足"共許極成"的要求,"自許"只限定其中的"初三"而無需限定整個因命題。可以説,對於違量"色不爲眼識所攝"一句的存在論解讀,是窺基認爲其"自許"限定整個因命題而不限於"初三"的主要根據,也是他主張違量實際上是自比量而非共比量的理由所在。但事實上,我們完全可以將"色不爲眼識所攝"僅僅解讀爲色在"十八界"範疇分類的意義上"不包括"在眼識中,並不與眼識歸在同一"界"(要素)中,而不帶有任何存在論斷言。這或許更符合元曉立量的本意,也與玄奘量因命題所謂"眼根所不攝"的旨趣相同。〔73〕

1.13 (350/116b3–5) 又同喻亦有所立不成。大乘眼根非定離眼識,根因識果,非定即離故。況成事智,通緣眼根。疎所緣緣,與能緣眼識,有定相離義。

本段指出違量的第四條過失:其援引的同喻(正面的例證)眼根有"所立不成"(*sādhyāsiddha*)過,因爲大乘並不承認眼根具有所立法"定離於眼識"這一屬性。在大乘看來,眼根並非與眼識必定分離。唯有從阿賴耶識(*ālayavijñāna*)含藏的種子直接變現出來的事物本身,作爲識生起在時間上相距較遠的條件(疏所緣緣,the object distant [in time] as a condition [for the rise of consciousness]〔74〕),才可説與眼識必定分離,而眼根並不如是。從認識發生的過程來看,眼根是原因,眼識是結果,原因與結果不同因而並不同一(即),由於兩者同時生起又並不相離(離)。兩者"非定即離",既不必定不離,也不必定分離。〔75〕況且,通過轉前五識而得的"成所作智"(*kṛtyānuṣṭhānajñāna*,成事智)"遍能緣一切法"〔76〕,能變現眼根爲其直接把握的對象。在此情況下,眼根更顯然不離於眼識。

1.14 (350/116b5–7) 又立者言"自許",依共比量,簡他有法差別相違。敵言"自許",顯依自比"眼識不攝",豈相符順?

本段指出違量的第五條過失:玄奘量的"自許"僅用於限定"初三",是詞

---

〔73〕詳下段落 6.2 及其評析。

〔74〕參見 CWSL 40c14 – 21;Cook 1999:246 – 247。

〔75〕參見上文段落 1.6 及其評析。

〔76〕參見 CWSL 56c21 – 57a7;Cook 1999:352 – 353。

項層面的限定,有無“自許”,不影響其整個因命題滿足“共許極成”的要求;違量的“自許”則是命題層面的限定,用於限定整個因命題,因爲其中“色不爲眼識所攝”一句只是小乘的自許之義。兩處“自許”的用途並不相同。這也是基於窺基對“眼識不攝”的存在論解讀。所謂“顯依自比”,實則並不顯然,因爲“眼識不攝”也可取純粹範疇分類的解讀。

1.15 (350/116b7–10) 又彼比量,宗、喻二種皆依共比,唯因依自,甚相乖角。故雖微詞遒起,而未可爲指南。幸能審鏡前文,應亦足爲理極。

本段指出違量的第六條過失:其宗和喻都依據雙方共許的理論(依共比),唯有因命題依據敵論自許之義(依自),不符合因明的立、破規則。所謂“宗依共比”,僅僅指宗命題的主項“極成色”與謂項“定離於眼識”皆滿足“共許極成”的要求,爲雙方共同承認,並不是説整個宗命題也“共許極成”。無論自、他、共何種比量,宗命題整體都必須“違他順自”,立方主張而論敵反對,辯論才有可能。所謂“喻依共比”,指同喻眼根本身爲雙方共同承認。

1.16 (351/116b10–11) 上因傍論,廣敘師宗。宗中既標“真故”,無違世間之失。

本段總結上述討論。《大疏》有關唯識比量的部分屬於該書對《入論》“世間相違”段(NP 3.1(4))解釋的延伸討論,故而這裡重申以“真故”限定唯識比量的宗命題,便無“世間相違”的過失。

2a. 文軌論“自許”: ZYS MS 9–19

2a.1 (9–11) 問:[如立宗]〔77〕云“真故極成色,非定離眼識”,因云“自許初三攝,眼所[不攝故”,同]〔78〕喻云“如眼識”。此因既云“自許”,應非極成。

文軌《莊嚴疏》關於唯識比量的段落,其敦煌傳本(選文 2a 部分)、日本現存本(選文 2b 部分),與元曉《判比量論》關於“相違決定量”的核心段落(段落 5.2—5.6)之間文獻學上的關聯,已如導論所述。三部分段落之間的對應關係,茲表列如下:

---

〔77〕“如立宗”,據段落 2b.1 補,參見 Shen 2008: 218, n.1。

〔78〕“不攝故同”,據段落 2b.1 補,參見 Shen 2008: 218, n.1。

《莊嚴疏》敦煌傳本	《莊嚴疏》日本現存本	《判比量論》
2a. 1 問如立宗……應非極成	2b. 1 問如立宗……應非極成	5. 2 今謂此因……猶如眼根
2a. 2 答此云自……故不例也	2b. 2 答此云自……故不例也	
2a. 3 問既不簡……自許言耶	2b. 3 問既不簡……自許言耶	
2a. 6 答雖得避……遮相違難	2b. 4 答此爲遮……須自許言	5. 2 遮相違難避不定過
2a. 6 謂他作相……難便成也	2b. 4 謂他作相……故如眼識	5. 3 孱類於前……猶如眼根
2a. 6 若言自許……遮相違難	2b. 4 今遮此難……識之色耶 2b. 4 若不云自……遮相違難 2b. 5 問但云初……須自許耶	5. 4 我遮此難……識之色耶 5. 5 若不須自……不定過者
2a. 4 答此爲遮……不定難云	2b. 6 答若不言……不定過云	5. 5 他亦爲我作不定過謂
2a. 4 此極成色……離眼識耶	2b. 6 極成之色……故云自許	5. 5 此極成色……離眼識耶
2a. 5 問但應云……自許避之	2b. 6 若爲避此……所不攝者	5. 6 若爲避此……初三等者
[2a. 6 大意]	2b. 6 即不得與……言自許也	5. 6 則不得遮彼相違難云云

本段引述唯識比量，繼而設問：本量的因命題既需要“自許”這一限定語，便應當不滿足“共許極成”的要求。此中有兩點值得注意：第一，《莊嚴疏》至始至終都未提到本量的作者實即玄奘。這可能是由於玄奘在譯講的當時僅以本量爲例來説明因明的簡别理論。在現存文獻中，文軌《莊嚴疏》是唯識比量的最早記載，窺基《因明大疏》則首次明確指出本量乃玄奘所製。第二，在《莊嚴疏》中，唯識比量宗命題的謂項（所立法）作“非定離眼識”（not certainly separate from the visual consciousness）而非窺基所謂的“定不離（於）眼識”（certainly not separate from the visual consciousness）。[79]

2a. 2 (11–12) 答：此云“自許”，不簡他許。彼云“自許”，即簡他許，以他不許我爲德所依故，故不例也。

本段作答：唯識比量因命題中的“自許”不是要排除論敵原先承認的内容

[79] “非定離眼識”見段落 2a. 1、2a. 4 與 2b. 1、2b. 6，“定不離（於）眼識”見段落 1. 1、1. 5、1. 6。

（不簡他許），因爲“極成之色，初三所攝，眼所不攝”本來既已滿足“共許極成”，爲辯論雙方共同承認。這與“我爲德所依”（自我是屬性的承載者）〔80〕不同，後一命題本來便不滿足“共許極成”，爲辯論中的一方佛教徒所不承認。

2a.3 (12–13) 問：既不簡他許，何須“自許”言耶？

本段設問：既已“共許極成”，又何以要“自許”來限定？

2a.4 (13–15) 答：此爲遮他不定過故。謂他作不定難云：此極成色，如眼識，初三所攝、眼所不攝故，非定離眼識耶；爲如我宗所許“釋迦菩薩實不善色”，初三所攝、眼所不攝故，定離眼識耶？

本段作答：如果因命題中的“初三”缺少“自許”來限定，敵論便能以唯獨他們承認的“釋迦菩薩實不善色”〔81〕爲反例，提出如下“不定言”來指出唯識量犯有“他不定”的過失：

> 極成色究竟如眼識，由於包括在“初三”中，而不包括在眼根中，因而並非與眼識必定分離（非定離眼識）；還是如我們小乘所許的釋迦菩薩實不善色，由於包括在“初三”中，而不包括在眼根中，因而與眼識必定分離（定離眼識）？

“他不定”即立方提出的理由相對於敵論的理論而言有“不定”過，這裡指在敵論的理論中存在反例，即在敵論認可的“異品”範圍中存在體現“因法”的個體。允許敵論自許的釋迦菩薩實不善色能體現因法“初三攝、眼根不攝”，這就默認了未加任何限定的“初三”除了包括雙方共許的眼根、色境、眼識外，還能包括唯獨立方大乘承認的他方佛色與唯獨敵論小乘承認的釋迦菩薩實不善色。這實質上是默認了“於共比量，自法、他法皆得不定”，對佛教邏輯的論證式應取一種非認知解釋。這是文軌與窺基在因明基本理解方面的一項重要差異。〔82〕

用“自許”來限定“初三”，便能將“初三”的範圍縮小爲立方大乘承認的“初三”，即雙方共許的眼根、色境、眼識，以及唯獨立方大乘承認的他方佛色，而唯獨敵論小乘承認的釋迦菩薩實不善色則被排除在外。從非認知解釋的角度來看，“定離眼識”的釋迦菩薩實不善色雖能體現屬性“初三攝、眼根不攝”，

〔80〕 參見 NP 3.2.1(4)論“所依不成”（*āśrayāsiddha*）。

〔81〕 即“最後身菩薩染污諸色”，參見段落 1.4 及其評析。

〔82〕 詳見上文段落 1.10 及其評析。

但不能體現屬性"自許初三攝、眼根不攝"。故而文軌認爲唯識量中"自許"的作用之一是防止敵論的"他不定難"。

2a. 5 (15–16) 問：但應云"極成初三攝，眼所不攝故"，亦遮此難，何須别用"自許"避之？

本段設問：用"極成"（雙方共同承認）來限定"初三"，將其限定爲雙方共許的眼根、色境、眼識，也能起到在其中排除唯獨敵論小乘承認的釋迦菩薩實不善色的作用。爲何一定要用"自許"來限定"初三"？

從非認知解釋的角度來看，"極成"限定"初三"，同時也在其中排除了唯獨立方大乘承認的他方佛色。而從認知解釋的角度來看，未經任何認知算子限定的"初三"就已經是"極成初三"的意思，他方佛色與釋迦菩薩實不善色本來便不在其中。故而窺基的唯識量解釋中，並未提到"初三"在缺少"自許"限定的情況下，敵論有可能從"他不定"的角度來反駁（他不定難）。在窺基看來，"自許"的作用僅僅是爲了預防敵論的"有法差別相違難"。〔83〕

2a. 6 (16–19) 答：雖得避不定過，然不能遮相違難。謂他作相違難云："此極成色，應非即識之色〔84〕，極成初三攝、眼所不攝故，如眼識。"此難便成也。若言"自許"，彼難不成，以得用他方佛色，與彼相違作不定過故。用"自許"之言，一遮他不定難，遮相違難。

本段作答："極成"限定"初三"，雖能防止敵論的"他不定難"，但不能防止如下"有法差别相違難"：

宗：極成色並非與眼識同一的色（非即識之色〔85〕）。

因：因爲它包括在雙方共同承認的"初三"中（極成初三攝），而不包括在眼根中。

喻：如眼識。

現在用"自許"來限定"初三"，在"自許初三"的範圍中除了"極成初三"以外，還包括唯獨立方大乘承認的他方佛色。當敵論對帶有"自許初三"的唯識量提

〔83〕 詳見上文段落 1. 8 及其評析。

〔84〕 "即識之色"原作"即色之識"，據段落 2b. 4 改。

〔85〕 此處"有法差别相違難"的所立法作"非即識之色"（亦見段落 2b. 4），與窺基所謂"非是不離眼識色"稍有不同，見上文段落 1. 7、1. 8。

出“有法差别相違難”時,其難破的因法便成爲“自許初三攝、眼所不攝”。此時,立方大乘便能以他方佛色爲反例,指出該難破存在不定過。在此難破的“異品”即除宗有法極成色以外的“即識之色”中,存在他方佛色能體現屬性“自許初三攝、眼所不攝”,該難破“異品有因”。

在文軌看來,用“自許”限定“初三”的作用有二,一是防止敵論的“他不定難”,二是防止其“有法差别相違難”。窺基僅承認後一點。從認知解釋的角度來看,“他不定難”本來便不存在。

2b. 文軌論“自許”: ZYS 2. 21b2 – 22a10〔86〕

2b. 1 (21b2–4) 問: 如立宗云“真故極成色,非定離眼識”,因云“自許初三攝,眼所不攝故”,同喻云“如眼識”。此因既云“自許”,應非極成。

本段對應段落 2a. 1。以下凡與選文 2a 部分重合的文字,不再另行説明。

2b. 2 (21b4–6) 答: 此云“自許”,不簡他許,以他亦許“極成之色,初三所攝〔87〕、眼所不攝”故。彼云“自許”,即簡他許,以他不許我爲德所依故,故不例也〔88〕。

本段對應段落 2a. 2。與之相比,更展開説明了唯識量因命題中雙方本已達成共識的具體内容,即“極成之色,初三所攝、眼所不攝”。

2b. 3 (21b6–7) 問: 既不簡他許,何須“自許”言耶?

本段對應段落 2a. 3。

2b. 4 (21b7–22a3) 答: 此爲遮相違故,須“自許”言〔89〕。謂他作相違難云:“極成之色,應非即識之色,自許初三攝、眼所不攝故,如眼識。”今遮此難云: 此極成色,爲如眼識,自許初三攝、眼所不攝故〔90〕,非即識之色耶;爲如我宗所許“他方佛色”,自許初三攝、眼所不攝故,是即識之色耶? 若不云“自

---

〔86〕 選文 2b 部分爲《大疏抄》完整援引,見 IDS 530a18 – b11,異文詳下。藏俊《大疏抄》撰寫於 1151—1152 年間,見 Takemura 2011: 113。引文以“文軌疏一云”發端,可知本部分位於藏俊所引《莊嚴疏》的第一卷。選文 2a 部分所屬敦煌寫卷的卷尾題識作“[因明入]正理論疏卷上”,見 ZYS MS 173。

〔87〕 “所攝”,IDS 530a22 作“攝”。

〔88〕 “例也”,IDS 530a23 作“例”。

〔89〕 “言”,IDS 530a25 作“言也”。

〔90〕 “眼所不攝故”,IDS 530a28 作“故”。

許”,即不得與他作不定過,遮相違難[91]。

段落 2b. 4 與 2b. 5 大致對應段落 2a. 6,但具體文字相差不小。針對上段所設的問題,本段作答:用“自許”限定“初三”是爲了防止敵論隨後作出的“有法差別相違難”(遮相違難)。

段落 2a. 6 給出了“極成”限定“初三”的情況下,敵論“有法差别相違難”的具體表述,但未給出“自許”限定“初三”情況下立方的回應。本段則給出了“自許”限定“初三”的情況下,該難破的具體表述及其回應。在上文段落 1. 7—1. 8 中,窺基僅給出了“初三”未經任何限定的情況下敵論的難破表述,以及用“自許”限定“初三”之後立方回應的具體表述。玆對照如下:

難破(1):段落 1. 7,窺基	極成之色,非是不離眼識色,初三所攝、眼所不攝故,猶如眼識。
難破(2):段落 2a. 6,文軌	此極成色,應非即識之色,極成初三攝、眼所不攝故,如眼識。
難破(3):段落 2b. 4,文軌	極成之色,應非即識之色,自許初三攝、眼所不攝故,如眼識。
回應(1):段落 1. 8,窺基	極成之色,爲如眼識,初三所攝、眼所不攝故,非不離眼識色;爲如自許他方佛等色,初三所攝、眼所不攝故,是不離眼識色?
回應(2):段落 2b. 4,文軌	此極成色,爲如眼識,自許初三攝、眼所不攝故,非即識之色耶;爲如我宗所許他方佛色,自許初三攝、眼所不攝故,是即識之色耶?

由於窺基取“認知解釋”而文軌取“非認知解釋”,故而窺基未加限定的“初三”實即文軌所謂“極成初三”。從認知解釋的角度來看,難破(1)與難破(2)實際上都是立方未用“自許”限定“初三”情況下敵論的有效難破。

但在“自許”限定“初三”的情況下,根據“有法差别相違難”的構作規則,敵論的難破特别是它的因法應當如何表述,這個問題很重要。我們如果根據窺基給出的回應(1)來反推,則此情況下敵論難破的因法便應當爲“初三所攝、眼所不攝”。似不正確。因爲立方的因法既已成爲“自許初三攝、眼所不攝”的形

[91] “難”,IDS 530b2 作“難也”。

式,敵論難破的因法唯有照搬特別是照搬其中的"自許初三攝"才合乎規則(合式,well-formed),而不能依舊是未經限定的"初三所攝"。後者僅在立方未限定"初三"的情況下才構成"有法差別相違難",如上難破(1)與難破(2)所示。而且,正如上文段落 1.8 評析已述,窺基給出的回應(1)本身亦不構成一則有效的回應。因爲立方回應的因法必須有"自許初三攝"而不能僅有"初三所攝",才能合法地援引他方佛色作爲反例。他方佛色僅存在於"自許初三"而不是未經限定的"初三"中。

因此,在立方已用"自許"限定"初三"的情況下,不論在敵論的難破還是立方的回應中,使用的因法都必須有"自許初三攝"而不能再是"初三所攝"。唯如此,敵論的難破才合乎規則,立方的回應也才能繼而有效地揭示該難破的無效所在。文軌給出的難破(3)和回應(2),恰恰證實了我們的如上考慮。唯有難破(3)和回應(2)才是立方用"自許"限定"初三"的情況下雙方辯難的正確表述形式。亦唯有找到雙方辯難的正確表達,才能準確把握"自許"在唯識比量中的作用。

2b. 5 (22a3–4) 問:但云"初三所攝〔92〕、眼所不攝",亦得作不定過,何須"自許"耶?

本段設問:即便立方對"初三"未作任何限定,他方佛色也能包括在其中,當敵論提出"有法差別相違難"的時候作爲反例來使用。又爲何一定要用"自許"來限定"初三"?

2b. 6 (22a4–10) 答:若不言"自許"者,即有他不定過。謂他作不定過云:極成之色,爲如眼識,初三所攝、眼所不攝,非定離眼識耶;爲如我宗"釋迦菩薩實不善色〔93〕",初三所攝、眼所不攝,定離眼識耶?爲避此過,故云"自許"。若爲避此過言"極成初三攝、眼所不攝"者,即不得與他相違難,作不定過,故唯言"自許"也。

本段大致對應段落 2a. 4,最後一句對應段落 2a. 5 以及段落 2a. 6 的主要思想。本段承上作答:"初三"若缺少"自許"限定,除他方佛色外,還會將唯獨敵論小乘所許的釋迦菩薩實不善色也包括在其中。敵論以"定離眼識"的釋迦菩薩實不善色爲反例,便能指出立方有"他不定過"。現在用"自許"來限定,便在"初三"中排除了釋迦菩薩實不善色,敵論的"他不定難"便無從措手。如果用

〔92〕"所攝",IDS 530b3 作"攝"。

〔93〕"菩薩實不善色",IDS 530b7 作"實不善聲"。

“極成”限定“初三”,雖然也能防止“他不定難”,但同時也在“初三”中排除了立方大乘自許的他方佛色,又無法預防敵論的“有法差別相違難”。因此,唯識比量必須而且只能用“自許”來限定“初三”。本段所述小乘“他不定難”與段落 2a. 4 所述幾乎全同,便不贅述。

實際上,允許“初三”不限於辯論雙方共同承認的對象,還可以容納唯獨大乘所許的他方佛色與唯獨小乘所許的釋迦菩薩實不善色,這還是基於對佛教邏輯的“非認知解釋”。基於這一解釋,文軌在選文 2b 也主張“自許”有防止敵論“他不定難”和“有法差別相違難”的雙重作用。而窺基基於“認知解釋”,並不承認敵論可提出“他不定難”。在他看來,“自許”只是爲了預防“有法差別相違難”。

3. 道證論“自許”: IDS 520c9 – 26;IRMS 318a10 – 22

3. 1 (520c9–11) 《集》曰〔94〕: 諸釋“自許”,皆失本意。三藏量中“自許”,若避他相違者,虛設劬勞。〔95〕

本部分引述新羅學僧道證一部名爲“集”的著作中關於玄奘唯識比量“自許”限定語的討論。道證曾到中國,受學於圓測門下。〔96〕 在本段中,道證首先指出歷來關於唯識量“自許”的解釋都不符合玄奘本意。用“自許”來限定“初三”從而預防敵論的“有法差別相違難”,是無的放矢的做法。因爲在道證看來,“有法差別相違難”的情況本身便不可能出現,它是一種詭辯,爲因明規則所不容許。

3. 2 (520c11–13) 謂若小乘難“極成色”,合〔97〕成“非色”,還害自宗,不成相違,必不違自,《理門》説故。若難彼“色不離識”義,是正所諍,非意許故。

段落 3. 2—3. 5 解釋“有法差別相違難”的詭辯性質。本段首先指出: 敵論

〔94〕 本部分段落 3. 1—3. 5 亦見引於善珠《明燈抄》(IRMS 318a10 – 22)。“集曰”,IRMS 318a10 作“太賢師抄道證集云”。太賢據傳爲道證弟子,見 Takemura 2011: 50。本部分所收段落在《大疏抄》中,屬於藏俊對太賢《古迹記》(*Kojŏkki*)的一段長篇援引(IDS 520b3 – 521a12),詳下段落 6. 1 評析。

〔95〕 本段現有英譯見 Moro 2015b: 362。

〔96〕 見 Takemura 2011: 46。

〔97〕 “合”,IRMS 318a12 作“令”。

小乘提出的“有法自相相違難”,是要論證唯識量的理由“初三攝,眼所不攝”除了能證明其論題的主項(宗有法)極成色是“定不離於眼識”以外,還能夠證明該主項本身(有法自相)同時也是它自身的反面(相違),即能證明極成色是“非色”。如是,該難破主張的論題(宗命題)實即“極成色非色”。在道證看來,該論題本身便不成立,無論是用怎樣的理由來證明,因爲它已經犯有宗過“自語相違”,違背《正理門論》的相關表述(NMu 1.3)。

此處“難‘極成色’合成‘非色’”一句在《明燈抄》中作“難‘極成色’令成‘非色’”,以下各處“合成”在《明燈抄》均作“令成”,後一讀法似更淺顯。但作“合成”亦非不可解,似可理解爲:用主項的反面(非色)來謂述主項(極成色),將“非色”與“極成色”複合,構成命題“極成色非色”,以難破立方提供討論的主項本身(有法自相)“極成色”。這可以視爲道證對“有法自相相違難”宗命題構成的解釋。

本段繼而指出:“有法差別相違難”主張的宗命題“極成色是非(不離眼識)色”,是對於立方有關主項“極成色”的隱含意向(有法差別)“不離眼識的色”進行難破。在道證看來,這一隱含意向正是立方主張的宗命題“極成色定不離於眼識”本身,正是雙方辯論的焦點所在,在言語層面已得到明確表達,並非言下未陳之義(意許,*iṣṭa*)。因此,實際上並無所謂“差別難”之説,其所難之“差别”無非立方的宗命題本身。但如果剝離了“有法差別相違難”的“差別難”這層含義,則又與上述“有法自相相違難”一樣,是對主項“極成色”本身進行難破,“極成色是非(不離眼識)色”無非就是“極成色是非色”,同樣犯有宗過“自語相違”。無論是用怎樣的理由來證明,“有法差別相違難”主張的宗命題本身便有過失。

總之,“有法自相相違難”和“有法差別相違難”兩者,在宗過的層面便可被排除,無待於立方隨後再考察其理由具有論證效力與否。預留他方佛色這一特例,以備揭示“有法差別相違難”的理由有過,實際上並不必要。因而古來關於“自許”的解釋皆有無的放矢的嫌疑。

3.3 (520c14-17) 若彼差別得成難者,如立宗云:“聲是無常,所作性故,猶如瓶等。”於此亦應出如彼[98]過。謂“是無常之聲”“非是無常之聲”,是有法差別。

---

[98] “如彼”,IRMS 318a17 作“彼”。

立論意許“是無常之聲[99]”。

本段指出：即便我們姑且不計“有法差別相違難”的宗過，這種難破方式其實已經對所有符合因明論證規則的可靠論證構成了威脅。若該難破被允許，則“一切量皆有此違”，論證規則本身便無法起到區分可靠論證與不可靠論證的作用。

這裡便以“聲是無常，因爲聲是所作的，凡所作的皆被觀察到是無常，如瓶等”這樣一則典型的可靠論證爲例，來説明問題的嚴重性。在這條論證中，立方關於主項“聲”的隱含意向是“無常的聲”（有法差別），敵論的隱含意向則是“不是（無常的）聲”。

3.4 (520c17–19) 外作有法差別過言：“聲應非是無常之聲，所作性故，猶如瓶等。”

對於上述可靠論證，敵論的“有法差別相違難”如下：

宗：聲並非無常的聲（非是無常之聲）。

因：因爲它是所作的。

喻：凡是所作的個體，都被觀察到並非無常的聲，如瓶等。

關於“有法差別相違難”宗命題的謂項（所立法），仍需强調的是：此處的謂項“非是無常之聲”應解讀爲“不是（無常的）聲”而非“是（非無常的）聲”，重點在“非聲”而不在“是聲”。否則，“非聲”範圍内的“瓶等”便無法作爲同喻（正面的例證）被援引。[100] 也正因此，“聲應非是無常之聲”這一命題的核心内容即“聲應非聲”。“有法差別相違難”在剝離“有法差別”這層外衣之後，與“有法自相相違難”的論證意圖並無二致。故而道證在這裡將二者放在一起考慮，在下段中便指出其謂項“非是無常之聲”的實質就是“非聲”。道證還指出：與此相同，唯識比量的“有法差別相違難”所欲成立的謂項（所立法）“非是不離眼識色”實即“非色”。

本則“有法差別相違難”論域全集的“三分”以聲爲“宗”；以“無常的聲”以外的所有個體爲同品。若純從邏輯上來看，“無常的聲”以外自然還有“非無常的聲”即“恆常的聲”。但由於“恆常的聲”爲立方所不承認，無法成爲雙方共許的同品，況且聲本身就是宗，由於辯論雙方就它是無常抑或恆常，尚未達成共識

[99] “之聲”，IRMS 318a18 作“聲”。

[100] 參見上文段落 1.7 的評析。

(辯論亦因此而起),故而雙方共許的同品實際上就是所有“非聲”的個體。本則難破又以“無常的聲”爲異品,由於“無常的聲”爲敵論所不承認,無法成爲雙方共許的異品,而且聲其實是宗,是雙方尚在爭辯的對象,在異品中應被排除,故而雙方共許的異品實際上是一個空集。

在此論證中,聲是所作,滿足“遍是宗法”;在同品即“非聲”的範圍内存在體現“所作”屬性的個體,如瓶等,滿足“同品定有”;異品爲空集,自行滿足“異品遍無”。“因三相”完全滿足。若不考慮其宗過,“有法差别相違難”便應視爲完全符合因明論證規則的可靠論證。

3.5 (520c19–21) 雖持所諍“無常”之義,合〔101〕成“非聲”,既不成難。雖持所諍“不離識”義,合〔102〕成“非色”,豈獨成難?故上古釋皆不可依。〔103〕

如果説唯識比量的“有法差别相違難”尚未將這種難破的詭辯性質表現得非常明白,那麽對上述典型的可靠論證“聲是無常,所作性故”的“有法差别相違難”便使問題的嚴重性顯而易見。對於所有論證,不論其可靠與否,“有法差别相違難”以及“有法自相相違難”皆能構成合乎規則的反駁。在因明中“聲是無常,所作性故”論證的可靠性顯而易見,即便如此仍難逃羅網。這樣一種合規則的詭辯事實上已對因明論證的基本規則本身構成威脅,這正是道證的顧慮所在。〔104〕爲此,道證才在上文提出“自語相違”來主張這兩種難破方式在因明中不能被允許,這裡更明確指出二者與我們關於可靠論證的直觀想法以及因明

〔101〕“合”,IRMS 318a20 作“令”。

〔102〕“合”,IRMS 318a21 作“令”。

〔103〕《明燈抄》引文至此結束。

〔104〕唯識比量的“有法差别相違難”,詳見上文段落 1.8 的評析。實際上,“有法自相相違難”的情況還要更爲簡單明白。本則“聲無常,所作性故”論證的“有法自相相違難”爲:聲並非聲,因爲聲是所作的,凡是所作的個體都被觀察到並非聲,如瓶等。該難破以聲爲“宗”,“非聲”的個體爲“同品”,宗有法聲以外“是聲”的個體爲“異品”,“異品”爲空集。聲是所作,滿足“遍是宗法”;在“非聲”範圍内存在體現“所作”屬性的個體,如瓶等,滿足“同品定有”;“異品”爲空集,自行滿足“異品遍無”。“因三相”完全滿足。這樣一種合乎規則的詭辯,便對於規則本身構成了威脅。在這種情況下,可以通過增加規則來彌補原先規則的漏洞,如這裡提到的“自語相違”以及下文段落 4.4—4.7 中,淨眼記載的兩種限制方案;亦可以完全推翻原先的規則,另外提出一套新的理論。在歷史上,合規則的詭辯構成了邏輯理論本身發展的動力之一。簡單來説,“有法自相相違難”和“有法差别相違難”的問題亦出在陳那因明中論域全集的“三分”,即同、異品除宗有法,參見 Oetke 1994: 35 – 41。

關於可靠論證的基本觀念相矛盾。

可以説,"有法差别相違難"的詭辯性質,是道證反對之前"自許"解釋的主要依據。在道證看來,既不允許對因明中典型的可靠論證提出"有法差别相違難"(既不成難),那麼對於玄奘的唯識比量,也不可能允許存在"有法差别相違難"的情況(豈獨成難)。之前對"自許"的解釋,皆默認了敵論可提出"有法差别相違難"以難破唯識比量。但這種難破方式本身便應被拒斥,在因明基本理論中本不容有,"自許"的本意便不應當是爲了防範這類本來便不可能出現的難破方式,"故上古釋皆不可依"。

"持所諍'無常'之義,合成'非聲'",這是道證對"有法差别相違難"宗命題構成的解釋,意爲:針對立方所欲論證出現於主項聲上的屬性"無常"(持所諍"無常"之義),用立方關於主項聲的隱含意向"無常的聲"的反面"非(是無常之)聲"來謂述主項,將"非(是無常之)聲"與"聲"複合,構成命題"聲是非(無常的)聲"(合成"非聲")。下句"持所諍'不離識'義,合成'非色'"的解釋準此。[105]

3.6 (520c21–24) 然彼三藏立唯識意,通對小乘及外道宗,避外不立十八界者,一分隨一不成過故,因言"自許初三攝"也。

段落3.6—3.7是道證本人對"自許"的解釋。在道證看來,玄奘唯識比量的敵論包括小乘以及外道,而外道並不承認佛教十八界的根、境、識分類,自然也不承認"初三"。未經限定的"初三"便導致唯識量的因法"初三攝,眼所不攝"由於不滿足共許極成的要求而有"一分隨一不成"的過失。"一分隨一不成"即因法有一部分爲辯論中的一方所不承認,在這裡即其中"初三攝"這一部分爲敵論外道所不承認。而用"自許"來限定"初三",標明"初三"僅僅是基於立方佛教徒的理論,便能避免"一分隨一不成"。正如窺基所謂:"若自比量,以'自許'言簡,顯自許之言無他隨一等過。"[106]

---

〔105〕 參見上文段落3.2"難'極成色'合成'非色'"及其評析。

〔106〕 見段落1.2。與道證類似,Eli Franco教授亦嘗試從哲學背景的角度來理解"自許",他説道:"玄奘的推論涉及物質的各種形象,而這些形象在終極的意義上,即從瑜伽行派的觀點來看,並非如是的實存。這似乎就違背了'兩俱成就'(*ubhayasiddha*)的要求;但是玄奘指出瑜伽行派學者也承認(too accept)可見之物等等,不過與實在論者不同,他們不認可它們是獨立的實體(distinct entity)而不過是意識當中的各個側面(aspect),這就防止了那樣一種可能的反駁。"見Franco 2004: 205, n.21,下劃綫系筆者所加;關於將"自許"理解爲"也承認(too accept)",參見上文段落1.7的評析。

3.7 (520c24–26) 因既自故，自比量攝。〔107〕故他不得以不極成“佛有漏色”而作不定，於自量無他不定故。自義已成，何遣他宗？

在道證看來，整個因命題“極成色爲自許的初三所攝而且爲眼根所不攝”由於帶有立方的自許之義，唯識比量也就變成了自比量（因既自故，自比量攝），即基於己方理論的推理。根據因明的論證規則，自比量僅用於説明立方自身理論的内在融貫性，而與敵論持何種理論無關。〔108〕故而道證進一步認爲：既然唯識比量已經是一則自比量，敵論中的小乘學者便不能再以僅爲他們承認的佛有漏色對它提出“他不定難”。

由此可見，道證亦認爲不加限定的“初三”除了包括共許的眼根、色境、眼識以外，還可包括僅爲立、敵雙方各自承認的色境，如僅爲立方大乘承認的他方佛色與僅爲敵論小乘承認的佛有漏色。道證似與文軌等古師相同，對佛教邏輯亦取“非認知解釋”。〔109〕所不同者，不論取“認知解釋”的窺基，還是取“非認知解釋”的文軌，都認爲“自許”是對“初三”外延範圍的限定，由於其中保留了辯論雙方共許的眼根、色境、眼識，因而限定後的整個因命題“極成色爲自許的初三所攝而且爲眼根所不攝”仍能滿足“共許極成”的要求，整個唯識比量仍然是“共比量”。而道證則認爲“自許”是對“初三”理論立場的限定，既然標明了“初三”僅根據立方佛教的理論，整個因命題便無法爲敵論之中的外道所承認，整個唯識比量是自比量，只不過既然已經是自比量，敵論便不能再根據其所持的理論提出質難。

總之，道證認爲“自許”的作用在於標明唯識量因命題中不共許的成分“初三”僅僅是根據立方自身的理論學説，整個唯識比量因而是自比量，而非文軌、窺基等學者所認爲的共比量。他又與文軌等古師相同，取“非認知解釋”，承認“自許”能避免“他不定難”。但對於“自許”何以能避免“他不定難”的解釋，則是基於他對唯識比量的自比量理解，與文軌等古師的解釋不同。本部分所抄道證關於“自許”的論述，其意義主要在於他對“有法差別相違難”以及“有法自相相違難”的詭辯性質的説明。

---

〔107〕本句及以上段落3.6現有英譯見Moro 2015b：362。

〔108〕詳見上文段落1.2及其評析。

〔109〕文軌等古師取“非認知解釋”，認爲有“他不定難”，見段落2a.4—2a.5、2b.6及其評析；窺基取“認知解釋”，明確主張“依自比，不可對共而爲比量”，不認爲有“他不定難”，見段落1.10及其評析。注意：道證提到的小乘自許之色爲“佛有漏色”，在文字上與窺基相近，而與文軌和元曉的“釋迦菩薩實不善色”稍有不同，見段落1.4（窺基）、2a.4、2b.6（文軌）、5.4（元曉）。

4. 淨眼論"有法自相相違因"(*dharmisvarūpaviparītasādhana*)與"有法差別相違因"(*dharmiviśeṣaviparītasādhana*):JYLC MS 392－411

4.0a NP 3.2.3(3) *dharmisvarūpaviparītasādhano yathā / na dravyaṃ na karma na guṇo bhāvaḥ ekadravyavattvād guṇakarmasu ca bhāvāt sāmānyaviśeṣavad iti / ayaṃ hi hetur yathā dravyādipratiṣedhaṃ bhāvasya sādhayati tathā bhāvasyābhāvatvam api sādhayati / ubhayatrāvyabhicārāt*//古譯:有法自相相違因者,如說有性非實、非德、非業,有一實故,有德、業故,如同異性。此因如能成遮實等,如是亦能成遮有性,俱決定故。

今譯:能論證有法的自身形式的反面的[理由](*dharmisvarūpaviparītasādhana*,有法自相相違因),如:存在(*bhāva*,有性)不是一種實體(*dravya*,實)、不是一種運動(*karman*,業)、不是一種屬性(*guṇa*,德),因爲[它]具有[逐]一[單個]實體[作爲它的場所],而且因爲[它]出現於種種屬性與運動之中,如特殊的共相(*sāmānyaviśeṣa*,同異性,即低層次的共相)。因爲,這個理由,正如能就存在來論證對於實體等(即實體、屬性與運動)的否定(即論證存在並非實體等等),它也能論證存在不是存在,[這是]由於[該理由]對於["不是一種實體、不是一種運動、不是一種屬性"與"不是存在"]這兩項[結論]而言都無偏離(*avyabhicāra*,決定)。[110]

4.0b NP 3.2.3(4) *dharmiviśeṣaviparītasādhano yathā / ayam eva hetur asminn eva pūrvapakṣe 'syaiva dharmiṇo yo viśeṣaḥ satpratyayakartṛtvaṃ nāma tadviparītam asatpratyayakartṛtvam api sādhayati / ubhayatrāvyabhicārāt*//古譯:有法差

〔110〕 本段英譯見 Oetke 1994:35;Tachikawa 1971:126。有關"有性非實、非德、非業"論證的勝論哲學背景,參見 Tachikawa 1971:137－138, n.46。在同一處,立川武藏(Tachikawa)還指出"有性非實、非德、非業"論證實際上包含了三個獨立的推論,即"非實""非德""非業"這三個所立法,與相應的"有一實""有德""有業"這三個理由,而 Oetke(1994:35－36,尤其 n.19)則認爲這僅僅是一個推論。他將這個推論的理由表述爲"*x* 具有或內在於一個'實'並且出現或內在於種種'德'與'業'"(x possesses / inheres in one *dravya* and occurs / inheres in *guṇa*s and *karmas*),將其所立法表述爲"*x* 既不是一種'實'也不是一種'德'又不是一種'業'"(x is neither a *dravya* nor a *guṇa* nor a *karma*)。《入論》的印度注釋家師子賢與中國注釋家窺基,在此問題上似乎都支持立川武藏的解釋而不支持 Oetke,見 NPṬ 41,9－42,10 與 YMDS 546－558/130a2－c13。然而 Oetke 對《入論》關於第三、第四種"相違因"的這兩段文字(NP 3.2.3(3)-(4))背後的邏輯問題的揭示則極爲重要,見 Oetke 1994:35－41。

別相違因者,如即此因即於前宗有法差別作有緣性,亦能成立與此相違作非有緣性,如遮實等,俱決定故。

今譯:能論證有法的[某種]特殊性質的反面的[理由](*dharmiviśeṣaviparītasādhana*,有法差別相違因),如:正是這同一個理由,針對之前那同一個論題(*pakṣa*,宗),也能論證[存在]不是"存在"觀念的造作者(*asatpratyayakartṛtva*,作非有緣性)[111],即[論證]那同一個有法["存在"]的一種特殊性質(*viśeṣa*,差別)即"是'存在'觀念的造作者"(*satpratyayakartṛtva*,作有緣性)的反面,[這是]由於[該理由]對於["不是一種實體、不是一種運動、不是一種屬性"與"不是'存在'觀念的造作者"]這兩項[結論]而言都無偏離(*avyabhicāra*,決定)。[112]

4.1 (392–395) 問:如聲論師(Śābdika)破佛法"所作"比量云:"聲應非[113]無常聲,所作性故,猶如瓶等。"此既唯違立論有法自相相違。若言是者,一切法因皆斯過,如何言釋?若言非者,此既唯違立論有法,有[114]何所以得知非耶?

以下段落是淨眼的《因明入正理論略抄》(JYLC,敦煌寫卷)中關於上述"有法自相相違因"和"有法差別相違因"的討論。討論首先指出基於這兩種"相違因"的難破的詭辯性質(段落4.1);繼而給出一種回應的方式(段落4.2),這種回應方式與玄奘唯識比量對其"有法差別相違難"的回應思路如出一轍;在這種回應無法做出的情況下,淨眼又對此類詭辯式難破的運用提出兩種限定方案(段落4.3—4.7)。在段落4.4以下的討論中,淨眼將此類難破的基本思路概括爲"以法翻有法作"(簡稱"翻法作""翻法")。雖然淨眼的討論將"有法差別相違因"混同於"有法自相相違因",但由於這兩種難破的基本思

---

[111] *asatpratyayakartṛtva*(作非有緣性)一詞的解讀,參見NPṬ 43,12-14:*tathā hi — etad api vaktuṃ śakyata eva bhāvaḥ satpratyayakartā na bhavati / ekadravyavattvād dravyatvavat / na ca dravyatvaṃ satpratyayakartṛ dravyapratyayakartṛtvāt / evaṃ guṇakarmabhāvahetvor api vācyam /*,今譯:"這是因爲,也能够説:存在不是'存在'觀念的造作者(*satpratyayakartā na bhavati*),因爲[它]具有每一單個實體[作爲它的場所],如實體性(*dravyatva*),而且實體性也不是'存在'觀念的造作者,因爲[它]是'實體'觀念的造作者。屬性性和運動性(*guṇakarmabhāva*)这两个理由也應這樣來表述。"此處釋*asatpratyayakartṛtva*(作非有緣性)爲*satpratyayakartā na bhavati*(非作有緣性),由此可知,"作非有緣性"應理解爲"不是'存在'觀念的造作者"而非"是'非存在'觀念的造作者"(causing the idea "not being / existing",見Oetke 1994:35)。

[112] 本段英譯見Oetke 1994:35;Tachikawa 1971:126。

[113] "非"原作"是",據段落4.2"非無常聲"改,參見Shen 2008:261, n.5。

[114] 沈劍英先生疑"有"當作"又",見Shen 2008:262, n.1。

路一致[115],故而合併討論,亦情有可原。本部分選文與上一部分選文皆有助於我們認清唯識比量所要防備的“有法差别相違難”的實質。這種難破推出的結論實際上違背我們的直觀,但是在陳那邏輯理論的視域下,正因爲它符合該理論規定的基本論證規則“因三相”,故而是一種合規則的詭辯,對所有合規則的可靠論證皆能構成威脅。道證從根本上否認這種詭辯,而淨眼則提到應對其使用進行限制。

本段再一次以典型的可靠論證“聲是無常,所作性故,如瓶等”爲例,指出對它可作出難破:“聲應非無常聲,所作性故,猶如瓶等。”[116] 淨眼問道:如果肯定這樣一種難破,則“一切法因皆斯過”,即邏輯理由(因)無論用於論證何種屬性(法),都將遭遇這種質難;但如果否定這樣一種難破,否定的根據又何在?

淨眼認爲這一難破“唯違立論有法自相相違”、“唯違立論有法”,只是論證了立方所提出的主項本身(有法自相)的反面。但實際上,它是論證了立方關於主項“聲”的隱含意向(有法差别)“無常的聲”的反面“非(無常的)聲”,而不是主項本身(有法自相)的反面“非聲”。雖然“非(無常的)聲”實質上就是“非聲”[117],但按照因明的定義,這還是屬於“有法差别相違難”而非淨眼認爲的“有法自相相違難”。不過,鑒於二者都旨在論證“聲是非聲”,在“有法自相相違難”的名目下討論“有法差别相違難”,將後者在寬泛的意義上等同於前者,對下述討論的有效性亦無實質影響。

4.2 (395–397) 答:應與作不定過云:爲如瓶等,所作性故,非無常聲,證聲所作性故,非無常聲耶;爲如他方佛聲,所作性故,是無常聲,證聲所作性故,是無常聲耶?

本段作答:當聲論師對佛教徒提出上述難破時,佛教徒可作如下“不定言”,言其因有“不定過”:

> 聲究竟如瓶等,由於是所作的,因而並非無常的聲;還是如他方佛聲,由於是所作的,因而是無常的聲?

[115] 參見上文段落3.4的評析。

[116] 本則難破及其“因三相”滿足情況的解釋,參見上文段落3.4及其評析。陳那在其《集量論釋》中給出的“有法自相相違難”和“有法差别相違難”的實例分别爲:“聲是非聲(*aśabda*),勤勇無間所發性故”與“聲是非所聞的(*aśrāvaṇa*),勤勇無間所發性故”(*yathā prayatnānantarīyakatvād aśabdaḥ, aśrāvaṇaś ceti*,PSV *ad* PS 3.27),見Moriyama 2018:39。

[117] 亦見上文段落3.4及其評析,以及段落1.7的評析。

“他方佛聲”即其他世界中的佛的音聲言語,是唯獨佛教徒尤其大乘佛教徒承認而聲論師不承認的聲。通過援引立方佛教徒自許的他方佛聲作爲反例來揭示對方“有法差别相違難”的不定過,這與玄奘唯識比量援引自許的他方佛色來揭示其“有法差别相違難”犯有不定過的做法如出一轍。“他方佛聲”與“他方佛色”亦僅一字之差。所不同者,按照窺基的解釋,唯識比量用“自許”限定“初三”,才使“初三”的外延擴展到立方自許的色境;此處則允許未經任何限定的“所作”便能包含立方自許的聲。允許未限定的“所作”除了包含共許的對象,還能包含不共許的對象,與允許未限定的“初三”也能包含大乘自許的他方佛色與小乘自許的釋迦菩薩實不善色,實際上都默認了對佛教邏輯應取“非認知解釋”。由此可知,淨眼與文軌均主張“因明道理,於共比量,自法、他法皆得不定”,而窺基取“認知解釋”,主張“依自比,不可對共而爲比量”。[118]

4.3 (397–399) 問:若聲論對勝論“所作”因作此過失,既除餘極成有法外,更無不共許聲,如何與他作不定過耶?

本段進一步設問:並不是所有學派的理論,都能在共許的聲以外(除餘極成有法外),還承認存在一種唯獨他們自己承認的聲(不共許聲)。當勝論派的“聲是無常,所作性故”論證遭遇上述“有法差别相違難”時,便無法再提出他方佛聲或類似的其他個體作爲對方難破的反例。在這種情況下,又該如何揭示該難破的“不定過”?這其實指向了一個更深層的問題:“有法自相相違難”和“有法差别相違難”由於滿足陳那邏輯學的“因三相”,對一切論證皆有普遍的難破效力,而例舉自許的反例只是一種特殊手段,並非普遍適用,無法在理論層面從根本上拒斥此類難破。如何根據因明規則以一種普遍的方式來拒斥“有法自相相違難”和“有法差别相違難”,在因明理論中徹底排除此類詭辯,這還是一個相當棘手的問題。

4.4 (399–402) 答:若有斯過,應更解云:共[119]有法自相相違因,不得[120]翻法作。若翻法作者,即有難一切因過[121]。如言“聲應非無常[聲][122]”是也。若不

---

[118] 參見上文段落 1.10 及其評析等各處。

[119] “共”,IRMS 317c6 作“夫”,參見 Shen 2008: 262, n.3。“共有法自相相違因”至段落 4.4 末尾,見引於善珠《明燈抄》(IRMS 317c6–10)。

[120] “得”原作“同”,據 IRMS 317c7 改,參見 Shen 2008: 262, n.4。

[121] “過”,IRMS 317c8 作“之過”。

[122] “聲”,據 IRMS 317c8 補。

翻法，不違共許，破有法者，是有法自相相違因收，即如[123]“有性應非有[124]”是也。

本段及以下段落，便提出了兩種方案，試圖在理論上將“有法自相相違難”與“有法差別相違難”這兩種合規則詭辯的使用限制在特定的辯論情境中，從而取消其難破的普遍有效性。這裡仍是將兩種難破合併討論，故下文評析亦將其統稱爲“相違難”[125]。段落 4. 4—4. 5 提出第一種方案：“相違難”不能“以法翻有法作”（語見段落 4. 5）。“以法翻有法作”（to carry out［a refutation in the form of］negating the［very same］property-possessor by the［very same *pakṣa-*］*dharma*）亦簡稱“翻法作”或“翻法”，指以立方原先論證所用的“宗法”（*pakṣadharma*，因命題的謂項，即此處所謂“法”），在字面上否定（翻）立方宗命題的主項（有法）。

這是説：合法的“相違難”不能用立方的“宗法”，在字面上否定立方的“有法”本身（*P*），不能以“*P* 是非 *P*”的形式提出論題。因爲“有法”的這一字面表述 *P* 已爲雙方共同承認，既已共許，便不應再對它進行否定。本段中“共有法自相相違因”之“共有法”在《明燈抄》作“夫有法”[126]，但“共有法”亦非不可解，可理解爲對於“以法”所翻之“有法”的共許特征的強調。以“聲是無常，所作性故”爲例，該論證的有法聲已經共許，敵論便不應再以原先的宗法“所作性”來論證“聲不是聲”或“聲不是（哪一種觀點下的）聲”。

它只能以立方的“宗法”來否定立方關於該共許“有法”的另一種不共許的命名 *P′*，以“*P* 是非（你所謂的）*P′*”的形式提出論題。*P′* 與 *P* 指稱相同，含義不同。實際上，這一方案限定的只是“相違難”宗命題的表達方式。儘管如此，這還是大大限制了它在通常情況下的使用，從而防止其無視論辯情境的濫用。因爲，只有在敵論能找出這樣一種與原先的 *P* 指稱相同但又帶有一部分含義爲他所不承認的 *P′* 的情況下，“若不翻法”，避免直接否定原來的 *P*，從而“不違共

[123] “因收即如”，IRMS 317c10 作“因如”。

[124] “有”，IRMS 317c10 作“大有”。

[125] 文軌以及受文軌影響的元曉，皆曾用“相違難”來特指“有法差別相違難”，見段落 2a. 6、2b. 4、2b. 6、5. 2、5. 6 與 6. 7。當然，“相違難”就其字面來説，泛指基於因明“相違因過”的難破。而“相違因過”除這裡提到的“有法自相相違因”與“有法差別相違因”外，還包括“相違決定”“法自相相違因”“法差別相違因”，故而筆者用“相違難”來特指“有法自相相違因”與“有法差別相違因”，僅限於本部分選文的語境。

[126] 見上注 119。

許”,不違背雙方關於 P 既已形成的共許,在不共許的 P' 的名義下實際上“破有法”,才能構成合法的“相違難”。而一般只有在極爲特殊的教義性論辯中,才會存在這樣一種 P',因爲不同的命名通常出自對同一對象的不同哲學理解。通常情況下,並不存在這樣一類不共許的 P' 可供敵論難破。

若我們對“以法翻有法作”的“有法”取一種寬泛的理解,只要指稱相同,便可視爲同一個“有法”,而無論其含義是否共許,那麼淨眼提到的“以法翻有法作”正可以視爲“相違難”的基本論證思路。以“聲是無常,所作性故”爲例,其“相違難”正是照搬了原論證的宗法“所作性”來否定原論證的主項聲,即論證聲不是聲或者立方觀點之下(無常的)聲。由於該“相違難”仍使用原先的“宗法”,故而“聲是所作”,滿足“遍是宗法”;在“非聲”的範圍内,很容易找到其他體現“所作性”的個體,如瓶等,故而“同品定有”亦很容易就能滿足;其“異品”是聲以外“是聲”的個體,這實際上是一個空集,空集自然不能體現任何屬性,故而“異品遍無”亦自行滿足。“相違難”的普遍有效性,即對一切論證皆有普遍的反駁效力因而“有難一切因過”,正是由於這種“翻法作”的形式本身滿足因明論證的基本規則“因三相”。

至於這種“相違難”是取雙方共許的“聲”,以“聲是非聲”爲論題,還是取雙方不共許的“聲′”,以“聲是非聲′”爲論題,即不論是“以法”來“翻”原先字面上的“有法”,還是“翻”某種不共許的“有法′”,只要兩者指稱相同,“相違難”的有效性即不受影響。在陳那邏輯學的框架下,所能限制的僅僅是這種“相違難”被濫用的情況。這第一種方案便是要防止“P 非 P”形式的論題,但允許“P 是非 P'”形式的論題,儘管 P 與 P' 指稱相同。

4.5 (402–405) 若依此解,但可言“有性(*bhāva*)應非大有(*mahāsattā*)”等,即違他許之“有”;不得言“有性應非離實、離德、離業有”,即是以法翻有法作,便成難一切因過也。

本段便給出了合法使用“相違難”的一則實例。以《入論》提到的勝論派論證“有性非實、非德、非業,有一實故,有德、業故,如同異性”爲例[127],其“相違難”的論題只能表述爲“有性應非大有”即“存在(*bhāva*, being)並非‘絶對存在’(*mahāsattā*, absolute being)”,而不能表述爲“有性應非有”(存在不是存在)或“有性應非離實、離德、離業有”(存在不是[實、德、業以外

〔127〕 見上段落 4.0a。

的］存在）。〔128〕所謂“成遮有性”，只能是否定“有性”是“他許之有”即勝論派所謂的“大有”，而不能否定“有性”是雙方共許觀點下的“有性”，否則就是“以法翻有法作”，用“宗法”否定先已共許的“有法”，儘管“有性”與“大有”指稱相同。

4.6（405–407）又更解云：若成立法方便顯有法者，即須與作有法自相相違因過。如言“有性非實等”難，雖成立“非實等”法，意欲顯離實等别有“大有”有法，故得與彼作有法自相相違因過。

段落4.6—4.7提出第二種方案：只有當立方以論證“法”（論題謂項）的方式實際上是要論證“有法”（論題主項）本身存在（成立法方便顯有法，to show ［the proper existence of］ the property-possessor by means of the proof of the property ［to be proved］），敵論才可提出“相違難”，以直接破斥其“有法”。如上勝論派“有性非實、非德、非業”的論證，雖然表面上是論證“有性”具有“非實、非德、非業”這一組屬性（法），但實際上是要論證“有性”本身乃獨立於“實、德、業”的另外一種存在（entity），即論證“大有”的獨立存在。這種情況下，敵論便能合法地運用“相違難”來論證“有性非有性”。

4.7（407–411）若但成法，不欲方便成有法者，不合作｛者｝〔129〕有法自相相違因。即如“聲是無常”等，但欲成立“無常”之法，不是方便成立有法，故不得作有法自相相違。若强作者，即是方便破一切因，何名能破？

但是在常規情況下，論證的目的都在於論證“有法”（主項）具有“法”（謂項）所示的那種屬性，而不是要論證“有法”本身的存在。比如“聲是無常，所作性故”論證，只是要論證聲具有屬性無常，而不是要論證聲本身的存在。對於這一類常規情況下的論證，便不能用“相違難”來反駁。否則，無視對方的論證

〔128〕此處“離實、離德、離業有”是立方勝論派關於主項“有性”的隱含意向（有法差别），他們認爲“有性”是“實、德、業”以外的另一個獨立的範疇（句義）。正如“無常的聲”在外延上與“聲”相同，“離實、離德、離業有”的外延亦與原先共許的“有性”相同。所謂“無常的聲”只是聲無常論觀點下的“聲”，“離實、離德、離業有”也只是勝論派觀點下的“有性”。辯論中一方關於主項的隱含意向，對於原來的主項起不到增加其内涵從而縮小其外延的限定作用，它僅僅意味著辯論中這一方觀點之下的原先那個主項。比如在“機智勇敢的孫悟空”這一表達中，“機智勇敢”不是對“孫悟空”的限定，而是一種描述，表現了言説者對孫悟空的某種印象，而不是要專指某一種類型的孫悟空。

〔129〕沈劍英先生疑此“者”衍，見Shen 2008：262，n.5。

意圖,強行提出"相違難",就是"破一切因",不應視爲正確的反駁方式(能破)。因此,第二種方案規定"相違難"只能用於對手以迂迴的方式論證論題主項本身存在的非常規情況。這種迂迴的論證策略一般只出現於辯論雙方就某個存在論議題發生爭辯的場合。"相違難"僅適用於這種特殊的存在論辯難,而不是對一切論證皆普遍適用。

總之,淨眼提出限定"相違難"的兩種方案,第一種方案限定其論題的表達方式,第二種方案限定其適用的場合。兩種方案都試圖將"相違難"限定於某種特殊的論辯情境,而没有做到以一種一般的方式從根本上將其否定。玄奘唯識比量通過援引自許的實例來揭示其"有法差别相違難"犯有"不定過"的作法,在本部分選文中也作爲一種可能的方案而被提及。但選文也提到,這種方案並非普遍適用。這些討論,都可以視爲當時學者對"相違難"在理論上完全可以無視辯論的具體情境而具有普遍有效性這一事實的肯定。他們已明確意識到這種詭辯在陳那邏輯學基本理論視野下的"合規則性"(legitimacy),實質上已對於理論本身構成了威脅。理解這種"合規則性"的根據,有助於我們理解當時學者究竟是默認了何種類型的因明論證規則。

5. 元曉的"相違決定量":IRMS 321a17–b5

5.1 (321a17–18) 何以得知,本是曉製?彼師《判比量論》云:

本部分抄録了善珠《明燈抄》所引元曉本人在《判比量論》中對其"相違決定量"的核心闡述。

5.2 (321a18–21) 今謂此因,勞而無功,由須"自許"言,更致敵量故。謂彼小乘立比量言:"真故極成色,定離於眼識,自許初三攝、眼識不攝故,猶如眼根。"遮相違難,避不定過。

段落5.2—5.6是善珠的引文。將這組段落與日本現存本文軌《莊嚴疏》中有關唯識比量的論述(選文2b部分)進行對比,可知元曉在提出其"相違決定量"的時候,曾有參考文軌的唯識比量解釋,他對玄奘比量的理解來源於文軌。[130]

本段首先指出:玄奘唯識比量的"自許"限定語將招致敵論小乘運用相同

〔130〕 參見本章導論,段落5.2—5.6(元曉)與段落2b.1—2b.6(文軌)之間的具體對應關係,見上段落2a.1的評析。

的手段,提出"相違決定量"〔131〕與之相抗衡。該量如下:

	原文	今譯(元曉的解釋)
宗:	真故極成色,定離於眼識。	從終極真理的觀點看,雙方承認的色是與眼識必定分離的。
因:	自許初三攝、眼識不攝故。	因爲它是包括在我們承認的(自許)"初三"中,而不包括在眼識中。
喻:	猶如眼根。	如眼根。

假如我們承認元曉的"相違決定量"是對於唯識比量論證技巧的模仿,其中的限定語"自許"便也應當按照玄奘量的"自許"解釋爲對於"初三"的限定,從而採取如上翻譯。而窺基則主張該違量的"自許"是對於整個因命題的限定,因爲該因命題的合取支之一"極成色爲眼識所不攝"爲立方大乘所不承認,是敵論小乘的自許之義。〔132〕但窺基的解讀尚有商榷的餘地,後來的新羅學者道證便曾對此提出異議。〔133〕

元曉認爲該"相違決定量"的"自許"也如玄奘量的"自許"一樣,具有防止對手"有法差别相違難"和"他不定難"的雙重作用(遮相違難,避不定過)。由此可知,元曉亦認爲玄奘量的"自許"有此雙重作用,這實際上是文軌的觀點,而窺基則認爲玄奘量的"自許"只是爲了預防"有法差别相違難",至於"他不定難"的情況本來便不存在。〔134〕與文軌相同,元曉對佛教邏輯亦取"非認知解釋"(non-epistemic interpretation)。〔135〕

5. 3 (321a21-23) 孱類於前,謂若爲我作相違過云:"極成之色,應非離識之色,自許初三攝、眼識不攝故,猶如眼根。"

段落 5. 3—5. 6(元曉)與段落 2b. 4—2b. 6(文軌)的論述結構完全吻合,在措辭上也幾乎相同。不同之處僅在於後一組段落的討論主題是玄奘的唯識比量,在這裡都被換成了元曉本人的相違決定量,以及這裡的文字由於帶有商榷性質因而語氣上更顯鋒芒而已。茲隨文説明如下:

〔131〕有關"相違決定"及其在因明論辯中的作用,見上段落 1. 9 的評析。

〔132〕見上段落 1. 9、1. 12 的評析,窺基對於違量的六條批評見段落 1. 10—1. 15。

〔133〕詳下段落 6. 2 及其評析。

〔134〕見上段落 2a. 6、2b. 6 及其評析。

〔135〕關於"認知解釋"與"非認知解釋",見上段落 1. 10 的評析。

本段指出對於小乘的違量,原先的立方大乘亦可提出"有法差別相違難"如下:

宗:極成色並非與眼識分離的色(非離識之色)。

因:因爲它包括在(小乘)自許的"初三"中,而不包括在眼識中。

喻:如眼根。

本段與段落2b.4皆給出了各自"有法差別相違難"的完整形式,兩處"相違難"因命題的"初三"皆帶有"自許"限定,作"自許初三",是本量已用"自許"限定"初三"情況下對方提出的"相違難"。只不過本段的"相違難"針對小乘的違量,其否定的"有法差別"作"離識之色"。段落2b.4的"相違難"針對大乘的唯識量,其否定的"有法差別"作"即識之色"。兩者僅"離"與"即"一字之差。而窺基提到的"相違難"則作"不離眼識色"。[136]

5.4 (321a24–27) 我遮此難,作不定過:此極成色,爲如眼根,自許初三攝、眼識不攝故,非離識之色耶;爲如我宗釋迦菩薩實不善色,自許初三攝、眼識不攝故,是離識之色耶?

本段指出:小乘的違量既已如玄奘唯識量一樣,用"自許"限定"初三",將"初三"的外延範圍擴展到小乘自許的"色境"之上,便可援引自許的釋迦菩薩實不善色作爲反例,提出如下"不定言",言説此"相違難"的理由存在"不定過",不構成一則可靠的論證:

極成色究竟如眼根,由於包括在(小乘)自許的"初三"中而不包括在眼識中,因而並非與眼識分離的色(非離識之色);還是如我方小乘宗派承認的釋迦菩薩實不善色,由於包括在(小乘)自許的"初三"中而不包括在眼識中,因而是與眼識分離的色(是離識之色)?

本段與段落2b.4的後續文字皆給出在遭遇上述"相違難"的情況下,己方以"不定言"形式作出的完整回應。本段"不定言"援引自許的反例作"釋迦菩薩實不善色",這正是文軌的用語,而窺基對應的用語是"最後身菩薩染污諸色"。[137] 在自許的反例之前標明"我宗",這也是文軌的做法,凡提到辯論雙方各自自許的實例,文軌皆以"我宗"而非"自許"發端,如段落2b.4援引的反例

[136] 見段落2b.4評析中的"難破(3)""難破(1)"。

[137] 見段落2b.6、1.4。

便作"我宗所許他方佛色",而窺基的表述則是"自許他方佛等色"。[138] 而且文軌之後在段落 2b. 6 中提到小乘自許的實例也正是作"我宗釋迦菩薩實不善色",與本段給出的反例文字上完全相同。

5. 5 (321a27–b2) 若不須"自許",作不定過者。他亦爲我作不定過,謂:此極成色,爲如眼根,初三所攝、眼識不攝故,是離眼識耶;爲如我宗他方佛色,初三所攝、眼識不攝故,非離眼識耶?

本段繼而説道"若不須'自許',作不定過者",顯然指段落 2b. 5 中文軌所謂"但云'初三所攝、眼所不攝',亦得作不定過","初三"在不須"自許"限定的情況下也能容許己方援引自許的反例爲其相違難"作不定過"。只是在這裡,大小乘發生了攻守易位。2b. 5 之後的 2b. 6 便緊接著指出:但没有"自許"就不能預防對手的另一項反駁"他不定難"。本段在上一句後,也緊接著提到不須"自許"的情況下"他亦爲我作不定過"。

本段與段落 2b. 6 兩處的後續文字,皆給出了各自"他不定難"的完整形式。針對元曉違量的"他不定難"基於對手大乘自許的反例"我宗他方佛色"。針對唯識量的"他不定難"則是基於對手小乘自許的反例"我宗釋迦菩薩實不善色"。兩處援引自許的實例亦皆以"我宗"發端。本段給出的大乘"他不定難"如下:

> 極成色究竟如眼根,由於包括在"初三"中,而不包括在眼識中,因而是與眼識分離的(是離眼識);還是如我方大乘宗派承認的他方佛色,由於包括在"初三"中,而不包括在眼識中,因而是不與眼識分離的(非離眼識)?

正如文軌在段落 2b. 5—2b. 6 中肯定未經任何限定的"初三"並不限於"極成初三",在本段中,元曉也主張未限定的"初三"能包含唯獨小乘自許的釋迦菩薩實不善色與唯獨大乘自許的他方佛色。由於包含釋迦菩薩實不善色,故而未限定的"初三"同樣能容許小乘從中抽取這一自許的反例,揭示針對它的"相違難"存在"不定過"(作不定過)。由於其中又包含他方佛色,故而它又能容許大乘從中抽取他們自許的他方佛色作爲反例,對小乘的違量提出"他不定難"。可見,元曉受文軌影響,對佛教邏輯亦取"非認知解釋"。承認有"他不定難"類

[138] 見段落 2b. 4 評析中的"回應(1)"。

型的反駁,允許"於共比量,自法、他法皆得不定"[139],是"非認知解釋"的一項重要特徵。

5.6 (321b2–4) 若爲避此不定過故,須言"極成初三"等者,則不得遮彼相違難云云。

作爲最後的補充,本段與段落 2b.6 的後續文字皆指出用"極成"限定"初三"儘管也能防止"他不定難",但又無法預防前面提到的"有法差別相違難"。因爲"極成初三"之中既排除了唯獨大乘自許的他方佛色,也排除了唯獨小乘自許的釋迦菩薩實不善色。

5.7 (321b4–5) 既言"今謂",述其比量,故知彼師所製量也。

這是善珠的總結。根據以上引文,善珠認爲代小乘立言的"相違決定量",實際上是元曉所作。這應當是可信的。

6. 善珠論"攝":IRMS 對段落 1.12、1.14 的注釋

6.1 (322b1–3) 大乘自許極成之色,眼識所攝;唯汝小乘,自許共色眼識不攝。是故因中便有隨一不成之過。

本部分抄録了善珠在其《明燈抄》中對上文段落 1.12 和 1.14 的注釋。段落 1.12 和 1.14 分別是窺基對小乘"相違決定量"的第三條和第五條批評。段落 6.1—6.5 是對第三條批評的注釋,段落 6.6—6.9 是對第五條批評的注釋。其中,段落 6.1—6.5 與段落 6.6—6.9 分別見引於藏俊《大疏抄》(IDS 527c25 – 528a8 與 IDS 529a8 – 22)。

此外,段落 6.2 又單獨見引於《大疏抄》(IDS 520c1 – 4),段落 6.7 又單獨見引於《大疏抄》(IDS 520c4 – 9)。這兩則引用,連同上引文軌的一則殘片("因明道理……作不定過"[140]),以及選文第三部分全篇[141],在《大疏抄》中都隸屬於藏俊對太賢《古迹記》(*Kojŏkki*)的一段長篇援引(IDS 520b3 – 521a12)。[142]

窺基對"相違決定量"的第三條批評指出:違量因命題"自許初三攝、眼識

[139] 見上段落 1.10 的評析。

[140] 關於文軌的這則殘片及其解釋,見上段落 1.10 評析。

[141] 見上注 94。

[142] 參見 Moro 2007:329 – 330。

不攝故”的後一部分“眼識不攝”即“極成色爲眼識所不攝”,是小乘的自許之義,爲大乘所不承認,整個因命題因而有“隨一不成”(*anyatarāsiddha*)的過失。本段進而指出:大乘主張的是“極成色爲眼識所攝”,與小乘“極成色爲眼識所不攝”正相反對。

6.2 (322b3–6) 若敵救云〔143〕:敵言“自許”,豈成“眼識不攝故”因?若彼還成“眼識不攝”,而簡大乘“攝相(*ākāra*)歸識”,還〔144〕以宗法爲因之失。然其“眼識不攝故”者,但〔145〕取十八界中〔146〕别攝。

在本段中,善珠以假設性的口吻提出敵論,即元曉“相違決定量”的同情者,對於窺基上述第三條批評所可能作出的回應。“若敵救云”在《大疏抄》的對應段落中作“集曰此難不然”(IDS 520c1)。由此可知,本段回應實際上出自新羅學僧道證某一部名爲“集”(*Chip*)的著作。回應的觀點在歷史上真實存在,並非善珠的杜撰。〔147〕

道證的回應指出:違量因命題中的“自許”不是要限定整個因命題,不是要標明“極成色爲眼識所不攝”僅僅爲小乘學者所主張。而是爲了將違量因命題謂項中的一部分“初三”限定爲小乘學者承認的“初三”,即除了大、小乘共同認可(極成)的眼根、色境、眼識以外,還包括唯獨小乘學者承認的釋迦菩薩實不善色。違量中“自許”的用法與玄奘量相同,都是爲了擴大“自許”的外延範圍,以防範對手可能提出的“有法差别相違難”。因此,違量的整個因命題,和玄奘“唯識比量”帶有“自許”的因命題一樣,也滿足“共許極成”的要求。

這則回應的意義在於明確區分了“攝”(包括)的兩種不同含義,即存在論意義上的“攝”(ontological inclusion)與範疇分類意義上的“攝”(categorical inclusion)。具體來説,“x 包括或不包括在 y 中”(x is / isn't included in y)這一語句,可以在存在論的意義上,被理解爲 x 的存在取決或不取決於 y 的存在(the existence of x does / doesn't depend on the existence of y)。該語句也完全可以在範疇分類的意義上,被理解爲 x 包含或不包含在 y 中(x is / isn't classified in the same category as y)。我們將前一種意義上的“包括”稱爲“存在論意義上

〔143〕“若敵救云”,IDS 520c1 作“集曰此難不然”,參見上文段落 6.1 的評析。

〔144〕“還”,IDS 520 注 8 載異文作“致”。

〔145〕“但”,IDS 520c4 作“俱”。

〔146〕“界中”,IDS 520c4 作“界”。

〔147〕見上注 143,參見上文段落 3.1 評析,以及 Moro 2007: 329–330。

的包括(攝)”,後一種意義上的“包括”稱爲“範疇分類意義上的包括(攝)”。這兩個名稱並不見於因明文獻,但的確有助於我們準確把握窺基及其追隨者善珠對違量的批評的要點所在。

因爲,“視覺形象不包括在視覺意識中”(眼識不攝)這一語句中的“包括”如果按照“存在論意義上的包括”來理解,顯然就無法爲持觀念論立場的大乘學者所接受,整個因命題無法滿足“共許極成”的要求。而且還會有“以宗法爲因”的過失,即用作理由的屬性(的一部分)“眼識不攝”與論題中有待論證的屬性(宗所立法)“定離於眼識”[148]含義相同,故而違量就會變成實際上是用有待論證的屬性作理由,自己來論證自己。

但是,如果按照“範疇分類意義上的包括”來理解,便能滿足“共許極成”的要求。因爲範疇分類意義上的“包括”並不帶有任何一種存在論斷言。在本段中,元曉的同情者(道證)就是主張違量所用到的“包括”(攝)關係,應當純粹在範疇分類的意義上來理解。在他看來,“眼識不攝”僅僅是說:視覺形象(色境)根據十八界的分類,是包括在視覺意識(眼識)這一範疇以外的另一個範疇中的,即“十八界中別攝”([the visual form] is included in a different category [than that of the visual consciousness] in the classification of eighteen *dhātus*)。而不是要斷言:視覺形象的存在不取決於視覺意識的存在。這裡的關鍵詞“別攝”,即包括在另一個範疇中的意思。

在以下段落中,我們將看到,善珠對於這一回應的反駁,無非是再一次強調窺基的觀點,即違量因命題中“眼識不攝”的“攝”無論如何都免不了被理解爲存在論意義上的“包括”關係。善珠没有考慮到,敵論小乘學者完全可以通過修改違量因命題的具體表述,從而徹底消除這種存在論理解的可能性,正如道證在本段中明確指出的那樣:“但取十八界中別攝”。

6.3 (322b6–9) 此亦非也。凡因明法,其言相濫,方以爲過。宗言“離識”,因言“不攝”,其義全同。還以宗法爲因之失,猶未得免。

段落6.3—6.5是善珠對上述回應的反駁。在本段中,善珠指出:僅從字面上來看,“(眼識)不攝”中的“攝”勢必要被理解爲存在論意義上的“包括”關係。違量宗所立法中的“離識”和因能立法中的“(眼識)不攝”,無法被理解爲兩種不同的屬性。故而違量的整個論證還是免不了被認爲存在用宗所立法來

---

[148] 見上段落5.2,元曉的“相違決定量”。

作爲理由(以宗法爲因)的過失。

6.4 (322b9–10) “極成之色,離於眼識”,與“極成色,眼識不攝”,其二無别。“離識”之義,名“不攝”故。

這是因爲,“眼識不攝”(不包括在眼識中)就是“離識”([存在論意義上]與[眼]識分離)的意思。但有趣的是,按照善珠此處“不攝”即“離”的原則,玄奘唯識比量因命題中的“眼所不攝”([極成色]不包括在眼根中),哪怕被理解爲“離眼根”([極成色在存在論意義上]與眼根分離),依然能爲立、敵雙方所共同認可。而違量的“眼識不攝”則否。

不過,我們尚未發現文獻中有提到玄奘量的“不攝”也是“離”的意思。我們尚無法確定奘門弟子是否只承認“攝”是存在論意義上的“包括”,是否也承認單純範疇分類意義上的“包括”,還是默認了範疇分類意義上的“包括”實際上以存在論意義上的“包括”爲前提。因此,我們還無法十分確定地説窺基以及善珠揚奘量而抑違量存在雙重標準,有偏袒玄奘的傾向。

6.5 (322b10–13) 由此大乘不許彼自許“眼識不攝”因,於極成色轉。是故便有隨一不成,以之即爲第三過失。

如果“攝”只能理解爲存在論意義上的“包括”關係,那麽“極成色爲眼識所不攝”就只能是小乘的自許之義,大乘並不認可。違量的整個因命題存在“隨一不成”的過失,正如窺基的第三條批評所主張的那樣。

6.6 (322c12–16) 前唯識量,因言“自許”,依共比量,簡他小乘有法差别相違之過。後離識量,因言“自許”,顯依自比“眼識不攝”。立、敵因言,既各乖角,豈符因明之軌轍?故以之爲第五過失。

以下是善珠對於窺基針對違量的第五條批評(見上文段落1.14)的注釋。窺基的第五條批評指出:唯識比量的“自許”只是詞項層面的限定,僅僅爲了防範對手可能提出的“有法差别相違難”,不影響整個因命題滿足“共許極成”和整個論證成爲共比量;相違決定量的“自許”則是命題層面的限定,是爲了標明整個因命題僅爲小乘所許,爲大乘所不許,整個論證因而是自比量。在本段中,善珠重申了窺基的批評以後指出:唯識比量和相違決定量各自“自許”用法的不同,暴露出違量是用自比量來抗衡共比量,這不符合因明辯論的規則。這條批評仍是基於“極成色爲眼識所不攝”一句中“攝”字的存在論解讀,將它解讀爲存在論意義上的“包括”關係。

6.7 (322c16–21) 若敵救言[149]：敵言"自許[150]"，唯[151]遮有法差别相違，令於佛有漏色轉[152]。謂敵意許，是[153]"定離眼識之[154]色"。大乘師作相違難[155]云："極成之色[156]，應非定離眼識之色，初三所攝、眼識不攝故，由如[157]眼根。"爲引自許佛有漏色作不定過，故言"自許"，遮相違難，避不定過，孱類於前[158]。

在段落6.7—6.8中，善珠又以假設性的口吻提出敵論，即元曉"相違決定量"的同情者，對於窺基上述第五條批評所可能作出的回應。"若敵救云"在《大疏抄》的對應段落中作"判比量云"（IDS 520c4）。由此可知，段落6.7所載文字被認爲出自元曉。[159] 本段内容大致對應本章所選的段落5.2—5.4中元曉本人對其"相違決定量"的論述。

但值得注意的是，本段在措辭上與段落5.2—5.4有所不同。特别是違量爲了防備對手"有法差别相違難"而預留的反例，即唯獨小乘承認的釋迦牟尼菩薩在進入涅槃前最後一世中各種有染污的視覺形象，在這裡作"佛有漏色"，並非元曉慣用的"我宗釋迦菩薩實不善色"，而與段落3.7中道證所用的"佛有漏色"一致。[160]

如上所述，在《大疏抄》中標明"判比量云"而與本段平行的那一段文字（IDS 520c4－9），以及整個選文第三部分（IDS 520c9－26），都隸屬於藏俊《大疏抄》對道證弟子太賢《古迹記》的一段長篇援引（IDS 520b3－521a12）。[161] 存在措辭上的一致現象，可能是太賢本人爲在術語表達上，統一其《古迹記》中不同來源的引文，因而對元曉本人論述進行自由援引、有所改動所致。

---

[149] "若敵救言"，IDS 520c4作"判比量云"，參見上文段落6.1的評析。

[150] "敵言自許"，IDS 529a12作"自許"。

[151] "唯"，IDS 520c5作"亦"。

[152] "令於佛有漏色轉"，IDS 520c5無。

[153] "是"，IDS 520c5作"量"。

[154] "之"，IDS 520注9載異文作"也今"。

[155] "難"，IDS 520c6作"量"。

[156] "之色"，IDS 529a14作"色之"。

[157] "由如"，IDS 520注10載異文作"如"。

[158] "遮相違難避不定過孱類於前"，IDS 520c9無。

[159] 見上注149，參見Moro 2007：329－330。

[160] 見上文段落5.4及其評析，以及段落3.7，又見段落1.4（窺基）"一切佛身有漏諸色"。

[161] 見上文段落6.1評析。

更重要的是,本段論述並不足以表明其最初的作者對於窺基在段落 1. 14 中所表達的批評意見有某種了解。因而,我們無法根據本段論述最初來自元曉這一點,來推斷元曉本人的確知曉窺基對其“相違決定量”的批評,並曾有過回應。因此,段落 6. 7—6. 8 中敵論的回應,可能只是善珠代敵論立言,自己構擬出來的。善珠只是利用了《古迹記》的材料,又爲了使意思更爲清楚完整,聯繫上文段落 6. 2 中道證的觀點,自己補充了段落 6. 8 的文字。

本段中敵論的回應指出:違量因命題中的“自許”也和玄奘唯識比量的“自許”一樣,只是爲了將“初三”的範圍擴大到不僅包括極成的眼根、色境和眼識,還包括唯獨小乘自許的佛有漏色。當對手(大乘師)提出“有法差別相違難”的時候,就能以佛有漏色來指出該“相違難”的不定過。

與段落 5. 3 元曉本人提到的“相違難”相比,本段提到的“相違難”在文字上有兩處不同:第一,本段“相違難”的宗所立法作“非定離眼識之色”,元曉本人作“非離識之色”,多一“定”字。結合段落 5. 2 中元曉違量的宗所立法“定離於眼識”來看,將對應的“相違難”的宗所立法表述爲“非定離於眼識之色”,似乎比元曉本人的“非離識之色”更爲嚴密和準確。不過,段落 5. 3 與這裡的段落 6. 7 都没有關於這一“定”字的展開討論。在這裡,有無“定”字,似不甚重要。〔162〕

第二,本段“相違難”的因能立法作“初三所攝、眼識不攝”,元曉本人作“自許初三攝、眼識不攝”,本處缺一“(小乘)自許”。如上導論所述,敵論方“有法差別相違難”的因法必須要嚴格遵照立論方原先的因法,其難破才能構成一則真正的“有法差別相違難”。既然元曉“相違決定量”的因法作“自許初三攝、眼識不攝”,對手(大乘師)“相違難”的因法也應有此“自許”。本段“相違難”表述的因法似不嚴格。〔163〕

6. 8 (322c22–23) 故敵“自許”,不成“眼識不攝故”因,但取十八界中別攝。

敵論進而指出:故而,違量的“自許”不是要標明“極成色爲眼識所不攝”只是小乘的自許之義。這一語句應能滿足“共許極成”的要求,本來就不需要用“自許”來限定(簡別)。因爲,其中的“攝”只是説:極成色根據十八界的分

---

〔162〕 針對唯識比量的“相違難”的宗所立法,在表述上亦存在一些細微的分歧,參見上文段落 2b. 4 評析中的表格。

〔163〕 關於這一點,可參照上文段落 2b. 4 評析中關於唯識比量“相違難”因法的確切表述的討論。

類,是包括在眼識這一範疇以外的另一個範疇中的(十八界中别攝)。該"攝"只是範疇分類意義上的"包括",而非存在論意義上的"包括"。[164] 總之,違量的"自許"與玄奘量的"自許"用法相同,不存在"立、敵因言,既各乖角"(段落6.6)的問題。雙方的論證都是共比量,不存在用自比量抗衡共比量的問題。

6.9 (322c23–26) 此救亦非也。敵言"自許",雖不成"眼識不攝故"因,而因中既言"眼識不攝",明知即違大乘所許"極成色者,是眼識攝"。是故其因即有隨一不成之過。

本段是善珠對上述回應的反駁。善珠指出：即便就違量的本意而言,不是要用"自許"來標明"極成色爲眼識所不攝"只是小乘自許之義,不是要賦予其中的"不攝"任何存在論涵義。但"極成色爲眼識所不攝"這一語句仍無法避免被理解爲大乘觀念論者的主張"極成色者,是眼識攝"(極成色[在存在論的意義上]包括在眼識中)的反面。由於後者之中的"攝"帶有存在論涵義,前者所謂"不攝"也無法與存在論撇清關係。因此,即便違量的"眼識不攝"就作者意向而言無存在論斷言,在聽者感受上仍是一則存在論命題。故而,在聽者(大乘師)的角度上,仍有"隨一不成"的過失。僅此一點,已足以使我們將違量歸於自比量的範疇。是否自比量,取決於辯論雙方的認知態度,不取決於立論者(小乘師)的立量本意。

【本章發表於《唯識研究》第六輯時的附記】筆者此前對唯識比量的理解,主要見於拙著《陳那、法稱因明推理學説之研究》(上海：中西書局,2016年,第99—102頁)。該書的前身是筆者2010年10月向復旦大學提交的博士論文《陳那、法稱因明的推理理論——兼論因明研究的多重視角》。當時對唯識比量尤其是其中"自許"簡别語的分析,現在已全部推翻。而今嘗試重新理解唯識比量,最初是受了Franco 2004論文的啓發。對"有法差别相違難"的把握,則是受了Oetke 1994一書第35—41頁對《入論》相關段落的分析的影響。兩者都强調"除宗有法"對於理解陳那一系邏輯學説的重要意義。但筆者之前並未意識到"除宗有法"問題也與唯識比量有關,而且從這個角度來重新審視因明疏抄關於唯識比量的分析,居然能毫無滯礙。古人大部分看似費解的討論,從這個角度居然都説得通。在Franco 2004文中未受重視的"自許"簡别語,也能從這個角度來理

[164] 參見上文段落6.2評析。

解。因此,筆者便於2014年起草了本章的英文初稿,以作爲Franco 2004文的補充。英文稿雖然續有修訂,但基本觀點已形成於彼時。2015年,筆者在英文稿基礎上,整理出對應的中文版除第六部分選文的評析以外的所有文字。並將中文版"導論"和第一部分選文及其評析,以"玄奘唯識比量研究資料雜抄——導論、選文與評析(上)"爲題,向《唯識研究》(第四輯)投稿,隨該書於2016年9月正式出版。但由於各種原因,直到現在才將餘下的第六部分選文的評析整理出來。中文版與英文版互有詳略,英文版以譯注爲主,中文版以評析爲主。

2016年8月,筆者有幸讀到傅新毅先生發表於《世界宗教研究》2016年第2期第61—71頁的"從'勝軍比量'到'唯識比量'——玄奘對簡別語'自許'的使用"一文(Fu 2016)。該文對於唯識比量的解讀,尤其是從"除宗有法"的角度來解釋唯識比量及其"自許"簡別語,與筆者基本相同。難能可貴的是,這完全是傅先生一人經年累月獨立思考的成果。從參考文獻來看,没有參考過Franco與Oetke二人的上述研究,卻與之所見略同。筆者與先生在唯識比量問題上不僅持論相近,而且依據的文獻亦大致相同,實屬榮幸。現在看來,拙文只是用文獻的逐段疏解來印證傅先生縱觀全局的論述。如果説與傅先生有什麽不同的話,那就是筆者的問題點主要在於古人對唯識比量的理解背後默認的究竟是怎樣一種因明理論。正如本章開頭所説:"重要的不是在於判斷唯識比量本身是否可靠,而在於無論古人認爲本量可靠與否,其可靠或不可靠背後默認的邏輯理論究竟是什麽,這才是我們研究玄奘唯識比量的意義所在,即通過本量來窺見當時人對邏輯理論及其應用的真實理解。這是一個非常重要的歷史問題。"(見本章摘要)

謹記撰述因緣於此。

第六章　元曉的相違決定量及與文軌的互動*

在東亞因明傳統的歷史上，元曉以他針對玄奘唯識比量提出的相違決定量而著稱於世。過去一直以爲相違決定量到達中國，遭到窺基的批判以後，便不再有下文。但實際遠非如此。窺基不僅不是第一個批判相違決定量的學者，元曉後來更對來自當時中國的批判作出過回應。本章通過重新考察日韓學者新近研究發現的文軌《十四過類疏》中討論唯識比量和相違決定量的文字，試圖揭示有關文軌與元曉之間關係的一系列新事實，即：

元曉的相違決定量的確爲文軌所知，文軌在《十四過類疏》中對該量作出了批判。文軌的批判當早於窺基的批判。而且，善珠在《因明論疏明燈抄》中援引的一段《判比量論》文字更表明，文軌的批判也的確爲元曉所知，元曉對它也的確作出了回應。元曉回應的要點在於：相違決定量的"所立法"如果修改爲"離極成眼識"而非原先單純的"離眼識"，便能避免文軌指出的"不共不定"過失。

---

* 本章曾全文發表於《臺大佛學研究》第 38 期（2019 年 12 月），第 57—118 頁。是筆者向"《判比量論》的寫本與思想"研討會（Panbiryangnon［判比量論］, its manuscript and thought, Nov. 30, 2018, Dongguk University, Seoul）提交的英文稿（Wŏnhyo's Antinomic Inference and Mungwe）基礎上補充改寫而成。英文稿後经删节，以"Wŏnhyo's Antinomic Inference and Wengui"爲題发表於 *International Journal of Buddhist Thought & Culture*, Vol. 29, No. 2（December 2019）：41－68。在英文稿的撰寫過程中，曾蒙師茂樹教授（花園大學）、岡本一平博士（慶應義塾大學）、李在信博士（復旦大學）、甘沁鑫博士（東國大學）惠予資料、提供信息。筆者又曾以中文稿在中國人民大學（宗教學術講座之總第 248 期，2019 年 5 月 17 日）及其他一些場合作過報告，承聽講師友惠予指正，獲益實多。又承《臺大佛學研究》的兩位匿名審稿人悉心審讀，提供不少有用的修改建議，謹此一併致謝！當然，文責在我。必須注意的是，金星喆教授的論文（Kim Sung-chul 2017）未經授權便公佈了《判比量論》梅溪旧蔵本殘片和五島美術館所藏殘片的資料，而岡本一平和金永錫的論文（Okamoto 2018 和 Kim Young-suk 2017）則徵得上述兩則殘片收藏者的授權。

本章由此進而推測：文軌《因明入正理論疏》的前半部分（即三卷本的前兩卷）當撰寫於相違決定量到達長安之前，而後半部分（即三卷本的第三卷《十四過類疏》）當撰寫於相違決定量到達長安以後。至於相違決定量是否在玄奘去世以前便已到達長安，這仍是一個有待研究的問題。

一、引言

佛教邏輯學-知識論學派的東亞傳統，即古來稱爲"因明"者，當以玄奘爲實際奠基人。在漢文佛典中，此前雖有《方便心論》與《如實論》先後於公元472年和550年譯出〔1〕，但這兩部譯作對當時及此後中國學界的影響幾近於無。玄奘於645年返回長安以後，於647年譯出商羯羅主的《因明入正理論》，於650年譯出陳那的《因明正理門論》，〔2〕並於翻譯當時爲譯場中人詳細講解。東亞因明傳統的第一代撰述者，即誕生於當時聽受講解的徒衆之中。〔3〕作爲玄奘學術繼承人的窺基則屬於第二代撰述者。他雖然未能親預玄奘當年對因明的譯講，但從他的因明集大成之作《因明入正理論疏》（因明大疏）的內容來判斷，應係後來得到了玄奘的單獨傳授。〔4〕

因明又通過當時留學中國的新羅、日本學僧，傳播到整個東亞世界。一方面，早在玄奘返回長安之初，在長安就已有來自新羅的傑出學僧，如著名的圓測。圓測後來成爲玄奘弟子，屬於中國的第一代因明撰述者。來自新羅的道證從學於圓測門下，學成以後返回故鄉。太賢是道證在新羅的弟子。另一方面，因明又通過日僧道昭和玄昉傳佈到了日本。道昭是玄奘的弟子，玄昉是窺基再傳弟

〔1〕 譯出年代據 Lü 1980：84。

〔2〕 譯出年代據 Gotō 2018：146。關於玄奘譯本《因明正理門論》譯出年代的爭議，見下注47。

〔3〕 據 Takemura 2011：356－355 統計，出自第一代撰述者的著作，約有20餘部。這些著作大多已經散佚。保存下來有一定篇幅的著作僅有四部，即神泰的《因明正理門論述記》（缺後半部）、文軌的《因明入正理論疏》（莊嚴疏，後半部乃今人輯佚而成，詳見下注16、29），以及略晚於文軌的淨眼《因明入正理論略抄》和《因明入正理論後疏》。後兩書前後銜接，構成對《入正理論》全文的注釋。這些著作是我們研究玄奘所傳因明學說的第一手材料。關於當時玄奘講解因明的情況，見下注26。

〔4〕 參見 Zheng 2007：156－159 及本書第一章注18。

子智周的弟子。道昭和玄昉各自開啓了日本因明研習的南寺傳和北寺傳。〔5〕

中國學者對因明的研習,在唐武宗會昌五年至六年(845—846)的滅佛運動以後,便隨著法相宗的衰落而歸於沉寂。〔6〕然而對這門學問孜孜不倦的探索,在日本則未嘗中斷。在中古時期日本的因明學者中,最著名的莫過於善珠和藏俊。善珠撰有《因明論疏明燈抄》,藏俊撰有《因明大疏抄》。這兩部卷帙浩繁的著作是我們今天研究因明不可或缺的參考資料。爲此,我們似乎更應將"因明"視爲在整個古典東亞世界中得到傳承的佛教邏輯學-知識論傳統。

在東亞因明傳統的早期歷史中,還有一位非常著名的新羅學者元曉。雖然元曉從未到過中國,但他毫無疑問是一位思想敏鋭的因明學者,以其針對玄奘唯識比量的相違決定量而著稱於世。

玄奘本人没有因明著作流傳下來,但他在因明方面的功績,除了譯講因明以外,還體現在他留學印度、學成將還之際提出的唯識比量。根據窺基的記述:

> 且如大師周遊西域,學滿將還。時戒日王,王五印度,爲設十八日無遮大會,令大師立義。遍諸天竺,揀選賢良,皆集會所。遣外道、小乘,競申論詰。大師立量,時人無敢對揚者。大師立唯識比量云:"真故極成色,定不離於眼識"宗,"自許初三攝,眼所不攝故"因,"猶如眼識"喻。〔7〕

然而,根據《大唐大慈恩寺三藏法師傳》的記載,戒日王爲玄奘舉辦的辯論會發生在曲女城,而無遮大會則係玄奘在會後應戒日王之請前往觀禮。辯論會與無遮大會並非一事。而且,玄奘在曲女城辯論會上提交辯論並取得勝利的是他撰寫的《制惡見論》。〔8〕當然,經當代學者研究,一般認爲唯識比量當係《制惡見論》的主要内容。認爲玄奘憑藉唯識比量取得曲女城辯論的勝利,亦無太大偏差。〔9〕

關於相違決定量,窺基有如下記述:

> 然有新羅順憬法師者,聲振唐番,學包大小。業崇迦葉,每稟行於杜多;心務薄俱,恒馳誠於少欲。既而蘊藝西夏,傳照東夷,名道日新,緇素欽

---

〔5〕參見 Takemura 2011: 58-62。

〔6〕參見 Takemura 2011: 56。

〔7〕YMDS 336/115b26-27,參見 Tang 2018, Text 1.1(亦見本書第五章段落 1.1)。

〔8〕見 CEZ 247a23-248a11(關於曲女城辯論會的記載),248b11-249a3(關於無遮大會的記載)及本書第五章注 34。

〔9〕參見 Lü 1983: 63-64; Fu 2011: 21-23。

> 挹。雖彼龍象不少，海外時稱獨步。於此比量作決定相違。乾封之歲，寄請釋之："真故極成色，定離於眼識，自許初三攝、眼識不攝故，猶如眼根。"時爲釋言……〔10〕

這裡，窺基將相違決定量歸屬於另一位新羅學僧順憬，並在"時爲釋言"以下的文字中，對該比量作出了嚴厲的批判。〔11〕然而，順憬在因明領域的事跡除窺基此處提及以外，並不見於載籍。後來日僧善珠便根據元曉在其《判比量論》中對相違決定量的自我闡述，指出該量應爲元曉而非順憬所撰。〔12〕

儘管窺基關於唯識比量與相違決定量的記述有如上種種不嚴謹之處，他對唯識比量的解釋在此後的東亞因明傳統中，還是成爲一項專門的研究議題。他對相違決定量的六條批判，幾乎成爲了對該比量的權威判決。相違決定量與唯識比量之間的交鋒也似乎到窺基的批判爲止便告一段落，此後便無下文。〔13〕

在筆者最近發表的一篇論文中，曾將元曉在其《判比量論》中對相違決定量的自我闡述〔14〕與文軌在其《因明入正理論疏》(莊嚴疏)中的唯識比量解釋

---

〔10〕 YMDS 347/116a15－22。關於相違決定量的解釋，見下節。

〔11〕 YMDS 347－351/116a21－b11。參見 Moro 2015c：99－105。筆者對窺基的六條批判的研究，見 Tang 2018：166－169，186－190(亦見本書第五章段落 1.10—16 和段落 6 的評析)。

〔12〕 IRMS 321a17－b5(**Ce**《判比量論》殘片，參見下注 10)：

何以得知，本是曉製？彼師《判比量論》云：**今謂此因，勞而無功，由須"自許"言，更致敵量故。謂彼小乘立比**[a→]**量言："真故極成色，定離於眼識，自許初三攝、眼識不攝故，猶如眼根。"遮相違難，避不定過。屢類於前，謂若爲我作相違過云："極成之色，應非離識之色，自許初三攝、眼識不攝故，猶如眼根。"我遮此難，作不定過：此極成色，爲如眼根，自許初三攝、眼**[←a]**識不攝故，非離識之色耶；爲如我宗釋迦菩薩實不善色，自許初三攝、眼識不攝故，是離識之色耶？若不須"自許"，作不定過者。他亦爲我作不定過，謂：此極成色，爲如眼根，初三所攝、眼識不攝故，是離眼識耶；爲如我宗他方佛色，初三所攝、眼識不攝故，**[b→]**非離眼識耶？若爲避此不定過故，須言"極成初三"等者，則不得遮彼相違難。**[←b]云云。既言"今謂"，述其比量，故知彼師所製量也。

粗體表示《判比量論》的文字，下同。[a-a] 參見五島美術館所藏《判比量論》寫本，第 1—5 行，載 Kim Young-suk 2017：98(圖版 1)和 99(釋文)，及 Kim Sung-chul 2017：219(圖版和釋文)。[b-b] 參見梅渓旧蔵本《判比量論》寫本，第 1—2 行，載 Okamoto 2018：97(釋文)，及 Kim Sung-chul 2017：225(圖版和釋文)和 228(校訂本)。善珠的這段引用也是相違決定量最初乃由元曉提出的主要證據。對本段的英譯和研究，見 Tang 2018：184－186(亦見本書第五章段落 5 及其評析)。

〔13〕 這也是當代學界對唯識比量與相違決定量的通常敘事方式，如 Lü 1983：62－79；Zheng 2007：229－254。

〔14〕 見上注 12。

進行比較。[15] 經比較發現,元曉對其相違決定量的闡述不僅在闡述的整體結構上參照了文軌《莊嚴疏》的唯識比量解釋,而且在具體表述上也追隨了文軌《莊嚴疏》所特有的一些術語。衆所周知,元曉的相違決定量不僅在論證的基本思路方面,而且在限定語的使用方面,皆模仿了玄奘的唯識比量。現在可進一步認定的是,爲元曉的相違決定量所模仿的範本,正是文軌在《莊嚴疏》中對於唯識比量的解釋。元曉提出的相違決定量及其相違決定量闡述,曾受到文軌的唯識比量解釋的深刻影響。

最近,師茂樹教授的研究將我們的注意引向了文軌《因明論理門十四過類疏》(十四過類疏,YLSSGLS)中兩個鮮爲人知的段落。[16] 在一個段落(見下**文獻**[一])中,文軌提到了對於唯識比量的一種可能反駁。這種反駁基於"有法差別相違因"(*dharmiviśeṣaviparītasādhana*,能證明[立論方]有法的[某種]特殊屬性的反面的[邏輯理由])。在另一個段落(見下**文獻**[二])中,文軌引述了一則針對唯識比量的相違決定量,與元曉的相違決定量完全相同。文軌在引述以後,還對它進行了批判。這一段落尤爲重要,因爲文軌對相違決定量的批判

---

〔15〕 ZYS 2.21b2－22a10(**Ci** IDS 530a18－b11:"文軌疏一云……云云"):

問:如立宗云"真故極成色,非定離眼識",因云"自許初三攝,眼所不攝故",同喻云"如眼識"。此因既云"自許",應非極成。答:此云"自許",不簡他許,以他亦許"極成之色,初三所攝、眼所不攝"故。彼云"自許",即簡他許,以他不許"我"爲"德所依"故,故不例也。問:既不簡他許,何須"自許"言耶?答:此爲遮相違故,須"自許"言。謂他作相違難云:"極成之色,應非即識之色,自許初三攝、眼所不攝故,如眼識。"今遮此難云:此極成色,爲如眼識,自許初三攝、眼所不攝故,非即識之色耶;爲如我宗所許"他方佛色",自許初三攝、眼所不攝故,是即識之色耶?若不云"自許",即不得與他作不定過,遮相違難。問:但云"初三所攝、眼所不攝",亦得作不定過,何須"自許"耶?答:若不言"自許"者,即有他不定過。謂他作不定過云:極成之色,爲如眼識,初三所攝、眼所不攝,非定離眼識耶;爲如我宗"釋迦菩薩實不善色",初三所攝、眼所不攝,定離眼識耶?爲避此過,故云"自許"。若爲避此過言"極成初三攝、眼所不攝"者,即不得與他相違難,作不定過,故唯言"自許"也。

筆者的比較分析見 Tang 2018:194－195(亦見本書第五章導論及段落 2a.1 的評析)。參見上注 12。

〔16〕 見 Moro 2017:1295－1301。《因明論理門十四過類疏》(下文簡稱《十四過類疏》)是文軌《因明入正理論疏》的最後部分。這一部分作爲一個單獨的文本(錯誤歸屬於窺基),在 20 世紀上半葉發現於《趙城金藏》。《十四過類疏》的這個版本的年代約爲 13 世紀下半葉,因爲它屬於《趙城金藏》自 1261 年起補雕的部分。南京支那内學院於 1934 年對《十四過類疏》首次進行整理(見支那内學院版《莊嚴疏》第四卷)。又《十四過類疏》的作者當係文軌而非窺基,這是因爲該疏的部分文字曾在藏俊的《因明大疏抄》中作爲"文軌疏"而被援引,而且智周在其《因明入正理論疏後記》中也曾提到"軌法師疏"中有對"似破"(十四過類即十四種似能破)的詳細解釋。參見支那内學院版《莊嚴疏》的"校者付記"(ZYS 4.27a4ff.);Zheng 2007:267;Shen 2008:18。

實際上不同於窺基的批判,而且明顯要早於窺基。文軌在窺基以前便已批判了相違決定量這一事實,不得不使我們重新審視相違決定量到達中國的確切時間,以及窺基的相應記述的可靠性問題。

在下文中,筆者將依次考察這兩個段落,並嘗試給出一種有别於師茂樹教授的解釋。並進一步根據其他文獻(見下**文獻**[三]和**文獻**[**四**]),説明一個更重要的事實:儘管没有證據可以表明窺基的相違決定量批判爲元曉所知,但元曉的確知道文軌對該比量的批判的具體内容,並且元曉的確在其《判比量論》中,針對文軌的批判作出過回應。而鑒於元曉與文軌之間的確存在的互動關係,我們便不得不重新考慮文軌《莊嚴疏》的最終部分即《十四過類疏》的撰寫時間。

二、元曉相違決定量的論證思路

在佛教邏輯中,一則推論(比量,inference)假若被用於反駁另一則符合佛教邏輯推論規則的推論,該則推論所基於的邏輯理由(因)"相對於[與那另一則推論的結論]相矛盾的(*viruddha*,相違)[結論]而言,並無偏離(*avyabhicāra*,決定)",該則推論所基於的理由便稱爲"相違決定"或"決定相違"(*viruddhāvyabhicārin*)。這則推論本身便稱爲"相違決定量"或"決定相違量"(antinomic inference)。正如奘門弟子文軌和窺基所主張的那樣,玄奘的唯識比量滿足正確理由(因)的三項表徵(*trirūpa*,三相〔17〕),即"無偏離"(因不在異品中有)。在此情況下,假如元曉相違決定量的理由也同樣滿足"因三相",即"無偏離",便將使唯識比量的可靠性構成疑問(不定)。玄奘的唯識比量如下:

> 宗:從終極真理的觀點看(* *paramārthatas*〔18〕,真故),雙方承認的(*prasiddha*,極成)視覺形象(*rūpa*,色),是與視覺認知(*cakṣurvijñāna*,

〔17〕 承《臺大佛學研究》的一位匿名審稿人指出,"因三相"之"三相"的對應梵語當爲*trairūpya*。筆者之前也一直採用這一對應。然而,非常遺憾的是,*trirūpa* 是"因三相"之"三相"目前唯一可以確證的梵語對應,見《入正理論》:"因有三相" = *hetus trirūpaḥ*,而"何等爲三" = *kiṃ punas trairūpyam*,參見 Tang 2015:323。

〔18〕 承王俊淇博士(中國人民大學)惠予指出:"真故"更可能的梵語對應爲 *tattvatas*,因爲 *tattvatas* 一詞在清辨的著作中很常見,而 *paramārthatas* 則否。而且,窺基對"真故"的解釋爲:"有法言'真故',明依勝義。"(YMDS 341/115c4 - 5)若"真故"的梵語爲 *paramārthatas*(勝義),這一解釋便顯冗贅。筆者未採納這一建議,而仍沿用 Franco(2004:202)的構擬。但此一問題的確還需進一步思考,以求定論。

眼識)必定不分離的。("真故極成色,定不離於眼識"宗。)

因:因爲它是包括在我方承認的(自許)視覺官能(眼根,*cakṣurindriya*)、視覺形象與視覺認知三者組成的集合(初三)中,而不包括在視覺官能中。("自許初三攝,眼所不攝故"因。)

喻:如視覺認知。("猶如眼識"喻。)〔19〕

Eli Franco 教授的研究已清楚解釋了玄奘的唯識比量爲何滿足"因三相"。〔20〕

---

〔19〕 YMDS 336/115b26–27。關於本章對"色"、"眼根"與"眼識"的現代語譯,尚有需要説明者:第一,將"色"譯爲"視覺形象",將"眼根"譯爲"視覺官能",皆基於當代學界對佛教哲學中的 *rūpa*(色)與 *cakṣurindriya*(眼根)較爲通行的翻譯 visual form 與 visual faculty。該譯法並不默認某一種特定的佛教哲學立場。第二,筆者之前一直將"眼識"(*cakṣurvijñāna*)直接語譯爲對應英語 visual consciousness 的"視覺意識",將"識"(*vijñāna*)一律譯爲對應英語 consciousness 的"意識"。這一翻譯在英語中無太大問題,但在漢語中則易與漢語唯識學的傳統概念"意識"(*manovijñāna*)混淆。其實,Franco 2004: 205, n. 19 已指出,對 *vijñāna* 更準確的翻譯應爲 cognition 或 awareness 而非 consciousness。爲此,筆者此番下決心,將"識"一律表述爲"認知",如"眼識"表述爲"視覺認知",便不會再有混淆。感謝《臺大佛學研究》的兩位匿名審稿人指出此處語譯可能存在的問題,促使筆者作出修正與澄清!

〔20〕 根據 Eli Franco 的解釋,玄奘唯識比量對論域全集的三分如下:

宗: 第二"界"(關於"十八界",詳下表一);

同品:第三"界",即眼識。眼識是唯一體現唯識比量的"所立法"即"定不離於眼識"這一屬性的事物,因爲眼識自身不與自身分離;

異品:第一、第四至第十八"界"。它們構成不體現唯識比量的"所立法"即不體現"定不離於眼識"這一屬性的事物的集合。

就唯識比量的"因"而言,"包括在'初三'中"(初三攝)即包括在第一至第三"界"的集合中,"不包括在眼根中"(眼所不攝)即不等於第一"界"。唯識比量的"因"就是這兩項條件的合取,即:包括在第一至第三"界"的集合中,同時不等於第一"界"。因而,該"因"所表述的屬性,即"或者是第二'界'或者是第三'界'"。據此,唯識比量對"因三相"的滿足可解釋如下:

(1) 滿足第一相"遍是宗法性"(因是宗所普遍具有的屬性),因爲第二"界"(宗)體現了"或者是第二界或者是第三界"這一屬性;

(2) 滿足第二相"同品定有性"(因在同品中的確存在),因爲第三界作爲唯一的"同品",恰體現了"或者是第二界或者是第三界"這一屬性;

(3) 滿足第三相"異品遍無性"(因在異品中普遍不存在),因爲屬於"異品"的第一、第四至第十八界,無一體現"或者是第二界或者是第三界"這一屬性。

詳見 Franco 2004: 199–212。當然,Eli Franco 的解釋未慮及唯識比量的三個限定語(簡別)"真故"、"極成"與"自許"尤其是"自許"在論證中的作用。關於"自許"的必要性,詳見下節,以及 Tang 2018: 145–149(亦見本書第五章導論)。此外,Fu(2016: 61–71)對唯識比量及其中"自許"限定語的解釋,與筆者在 Eli Franco 基礎上所作的進一步解釋相近,且對唯識比量中"自許"限定語的用法的來源有詳細説明,而爲筆者撰寫 Tang 2018(亦見本書第五章)一文時所未及參考。

以相同的方式，我們也完全可以解釋元曉的相違決定量爲何同樣滿足“因三相”。元曉的相違決定量如下：

宗：從終極真理的觀點看，雙方承認的色是與眼識必定分離的。（真故極成色，定離於眼識。）

因：因爲它是包括在我方承認的（自許）“初三”中，而不包括在眼識中。（自許初三攝、眼識不攝故。）

喻：如眼根。（猶如眼根。）〔21〕

與唯識比量相似，元曉的比量也運用了“十八界”（*dhātu*）的分類。十八界的分類如下：〔22〕

表一：十八界

1. *cakṣus*＝眼 視覺官能	2. *rūpa*＝色 視覺形象	3. *cakṣurvijñāna*＝眼識 視覺認知
4. *śrotra*＝耳 聽覺官能	5. *śabda*＝聲 聲音	6. *śrotravijñāna*＝耳識 聽覺認知
7. *ghrāṇa*＝鼻 嗅覺官能	8. *gandha*＝香 氣味	9. *ghrāṇavijñāna*＝鼻識 嗅覺認知
10. *jihvā*＝舌 味覺官能	11. *rasa*＝味 滋味	12. *jihvāvijñāna*＝舌識 味覺認知
13. *kāya*＝身 觸覺官能	14. *spraṣṭavya*＝觸 可觸者	15. *kāyavijñāna*＝身識 觸覺認知
16. *manas*＝意 心靈	17. *dharmas*＝法 諸非感官對象	18. *manovijñāna*＝意識 非感官認知

根據陳那邏輯的“三分法”（tripartitionism），即將一則論證或推論所涉論域全集分爲宗（*pakṣa*，論證的主題）、同品（*sapakṣa*，與宗相似的事物）與異品（*vipakṣa*，與宗不相似的事物）三類的理論設定，元曉相違決定量所涉論域全集可一分爲三如下：

---

〔21〕 IRMS 321a19－21（**Ce**《判比量論》殘片，見上注 12）。

〔22〕 參見 Franco 2004：208。

表二：相違決定量的宗、同品與異品

宗：	第二界；
同品：	第一、第四至第十八界。它們構成體現這裡的“所立法”即“定離於眼識”這一屬性的事物的集合；
異品：	第三界，即眼識。眼識是這裡唯一不體現“所立法”的事物，因爲眼識自身不與自身分離。

就元曉比量的“因”而言，“包括在‘初三’中”（初三攝）即包括在上述第一至第三界的集合中，“不包括在眼識中”（眼識不攝）即不等於第三“界”。元曉比量的“因”就是這兩項條件的合取，即：包括在第一至第三界的集合中，同時不等於第三界。因而，該“因”所表述的屬性，即“或者是第一界或者是第二界”。元曉比量的“因”滿足“三相”的情況可解釋如下：

表三：相違決定量的“因三相”

(1)	滿足第一相“遍是宗法性”（因是宗所普遍具有的屬性），因爲第二界（宗）體現了“或者是第一界或者是第二界”這一屬性；
(2)	滿足第二相“同品定有性”（因在同品中的確存在），因爲第一界作爲“同品”之一，體現了“或者是第一界或者是第二界”這一屬性；
(3)	滿足第三相“異品遍無性”（因在異品中普遍不存在），因爲第三界作爲唯一的“異品”，既非第一界，亦非第二界。

因而，如果玄奘的唯識比量滿足“因三相”的話，元曉的相違決定量也以相同的方式滿足“因三相”。根據論辯規則，在這兩個比量同時滿足“因三相”並且各自的結論相互矛盾的情況下，兩者均應判爲無效。在這個意義上，元曉比量就“因三相”規則而言的正確性，便將迫使玄奘的唯識比量成爲不可靠，並使後者在辯論中敗北。

而且，元曉還主張，他的相違決定量對“真故”（從終極真理的觀點看）、“極成”（雙方承認）和“自許”（我方承認）這三個限定語（*viśeṣaṇa*，簡別[23]）的運用，尤其是對“自許”的運用，與玄奘唯識比量對這三個限定語的運用並無二致。

〔23〕“簡別”的梵文原語，見 He 2014：1233。

三、文軌視唯識比量爲錯誤嗎?

文獻(一)(ZYS 4. 13b4 – 8 = YLSSGLS 439b1 – 5):如難唯識比量云:“極成之色,應非即識之色,極成初三攝、眼所不攝故,如眼識。”如此比量,唯違他許“即識之色”,不違自許“離識之色”,亦應即是似破所攝?答:……難唯識比量,能破所攝。[24] (按:下畫綫爲筆者所加,下同。)

在上述段落中,文軌提到了一則針對唯識比量的基於“有法差別相違因”的反駁。该反驳[以下簡稱“**反駁(一)**”]的具體内容如下:

宗:雙方承認的色應當不是與眼識同一的色。(極成之色,應非即識之色。)

因:因爲它是包括在雙方承認的“初三”(極成初三)中,而不包括在眼根中。(極成初三攝、眼所不攝故。)

喻:如眼識。(如眼識。)　　**反駁(一)**

文軌認爲這是一則正確的反駁(能破所攝)。然而,只要**反駁(一)**被認爲正確,它所反駁的那則比量就必須被認爲是錯誤或無效的論證。以此爲據,師茂樹主張:文軌“似乎將這個證明(按:唯識比量)視爲無效”(seems to regard the *proof* as invalid)。[25] 而且,儘管《莊嚴疏》是在文軌聽受玄奘講解《因明入正理論》所記筆記基礎上撰寫而成的,[26]全書卻無一字提到唯識比量的作者實即玄奘。[27]有鑒於此,師茂樹得出結論:“這個證明(按:唯識比量)……可能不是玄奘的作品,或者玄奘只是將它們作爲謬誤的實例加以引述”(the *proof* ... were not Xuanzang's work or that Xuanzang introduced them as examples with fallacies)。[28]

在**文獻(一)**中,文軌的確認爲**反駁(一)**是一則正確的反駁。但是,**反駁**

[24] 翻譯見 Moro 2017:1297。

[25] Moro 2017:1297。

[26] 文軌《莊嚴疏》的序言(ZYS 1. 2a4 – 6)對當時聽講情況有非常生動的記述:“旋踵東華,頗即翻譯。軌以不敏之文,慕道膚淺,幸同入室,時聞指掌,每記之汗簡,書之大帶。”參見 Moro 2017:1296。

[27] 參見 Moro 2017:1296。在 Tang 2018:150 – 152 中,筆者對此的解釋爲:玄奘當時以唯識比量爲例爲徒衆講解因明論證的各項細節時,可能根本就未提到他自己就是該比量的作者。在現存文獻中,窺基最早提到唯識比量的作者實即玄奘。參見上注 7。參見 Moro 2017:1296,及 Tang 2018:151(亦見本書第五章導論)。

[28] Moro 2017:1297。

（一）所要反駁的那則比量並非唯識比量實際採用的表述形式。它所反駁的只是唯識比量的一種可能的表述形式。即使文軌本人也對此非常明白。在《莊嚴疏》的敦煌版本即二卷本傳本〔29〕中，也有提到相同的反駁（一）：

> 問：但應云"極成初三攝，眼所不攝故"，亦遮此難，何須別用"自許"避之？
> 答：雖得避不定過，然不能遮相違難。謂他作相違難云："此極成色，應非即識之色[a]，極成初三攝、眼所不攝故，如眼識。"此難便成也。
> （[a] 即識之色 em.：即色之識 MS）〔30〕

此處，提問者問道：爲什麼唯識比量的因中的"初三"應當用"自許"而不能用"極成"來限定，爲什麼是"自許初三"而非"極成初三"。"自許初三"（我方承認的"初三"）與"極成初三"（雙方承認的"初三"）兩概念外延上的差異可如下表所示：

表四："自許初三"與"極成初三"〔31〕

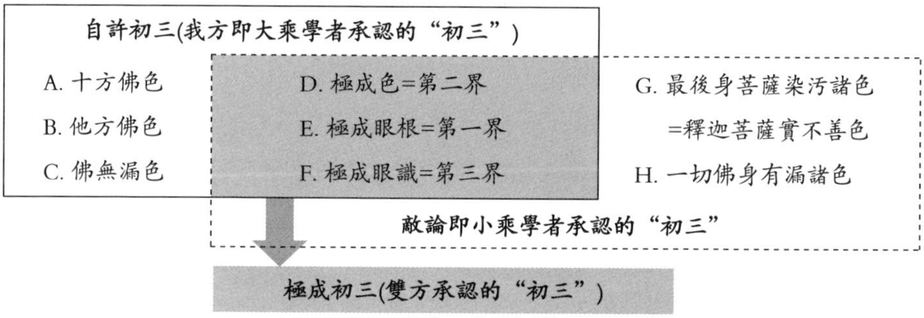

---

〔29〕《莊嚴疏》的敦煌版本並非全帙，止於對《因明入正理論》"相違決定"段（NP 3.2.2[6]）的注釋，並附有題記曰："□□□正理論疏卷上"（ZYS MS 173）。這個"卷上"的篇幅大致相當於全書的一半，由此便可推知該版本剩餘的部分應該是"卷下"而非"卷中"和"卷下"，若該"卷下"的篇幅與"卷上"大致等同的話。因此，該敦煌版本應該屬於《莊嚴疏》的二卷本系統。而根據《卍新纂大日本續藏經》所收《莊嚴疏》卷一的跋尾（《因明入正理論疏》，X53，no. 848，694b21）可知，現行的《莊嚴疏》則屬於三卷本系統。參見 Takemura 2011：219－221。此外，支那内學院本《莊嚴疏》（見上注 16）除採用了當時新發現的《十四過類疏》以外，亦主要基於該書的三卷本系統，復將全書判分爲四卷。其卷一和卷二對應《卍新纂大日本續藏經》所收的卷一，卷三和卷四對應三卷本系統的卷二和卷三。而由於三卷本系統的卷二和卷三業已散失，故支那内學院本的卷三和卷四，除利用當時新發現的《十四過類疏》以外，其餘文字皆據日本因明疏抄所引《莊嚴疏》殘章斷句輯佚而成。

〔30〕 ZYS MS 15－18，英譯見 Tang 2018：172（參見本書第五章段落 2a.5—6 的評析）。

〔31〕 實綫框表示"自許初三"，即大乘學者承認的"初三"，包括項目 A－F。虛綫框表示敵論即小乘學者承認的"初三"，包括項目 D－H。兩框相疊的陰影部分，表示"極成初三"，即立論方大乘學者與敵論方小乘學者雙方共同承認的"初三"，包括項目 D－F。參見 YMDS 341/115c8－14；Tang 2018：159－160（參見本書第五章段落 1.4 及其評析）。關於"十八界"，參見上文表一。

上述段落中的回答説到：如果用“極成”來限定唯識比量中的“初三”，使之成爲“極成初三”，唯識比量便會遭遇上述**反駁**(一)。在那種情況下，**反駁**(一)就會成爲正確的反駁(此難便成)。唯識比量便將犯有“相違因”的過失，成爲一則無效的論證。正是在此語境下，文軌才認爲**反駁**(一)“能破所攝”，是“正能破”。

然而，上述回答緊接着又提到：**反駁**(一)的正確性僅限於“初三”限定爲“極成初三”的場合。

> 若言“自許”，彼難不成，以得用他方佛色，與彼相違作不定過故。用“自許”之言，一遮他不定難，遮相違難。[32]

根據《入正理論》(NP 3.2.3[4])對“有法差別相違因”及以之爲基礎的反駁的説明，一則以“有法差別相違因”爲基礎的反駁(“有法差別相違難”)，必須完全照搬它所要反駁的那一則推論所使用的“因”來作爲該反駁本身的“因”。這是因爲敵論方提出這一反駁，只是爲了揭示立論方自己採用的“這同一個理由”(*ayam eva hetuḥ*，“如即此因”，NP 3.2.3[4])實際上否定了立論方推論的有法的某種特殊屬性(有法差別)，而這種特殊屬性恰恰爲立論方所主張。[33] 與之相應，針對唯識比量的“有法差別相違難”只是爲了揭示唯識比量的“因”實際上能證明唯識比量的有法即極成色，並非與眼識同一的色(非即識之色)。“即識”，也就是“定不離於眼識”(與視覺認知必定不分離)，正是立論方意圖通過唯識比量所要論證的極成色所應具有的那樣一種特殊屬性。

因此，當唯識比量轉而使用“自許”來限定“初三”，將其表述爲“自許初三”而非“極成初三”的時候，上述**反駁**(一)作爲一則“有法差別相違難”，便不得不隨着立論方對“初三”限定語的改變，放棄原先的“極成初三”，亦使用“自許”來限定“初三”，從而轉變爲下述**反駁**(二)的形式。否則，該“有法差別相違難”便將成爲無的之矢，因爲**反駁**(一)所攻擊的目標已變更其“因”的表述形式，不再保持它原先所要反駁的那種形態。**反駁**(二)如下：

> 宗：雙方承認的色應當不是與眼識同一的色。(極成之色，應非即識之色。)

---

〔32〕 ZYS MS 18－19，英譯見 Tang 2018：173(參見本書第五章段落 2a.6 及其評析)。

〔33〕 見 Tang 2018：148，179－180(參見本書第五章導論及段落 4.0a－b)。

因：因爲它是包括在我方承認的“初三”（自許初三）中，而不包括在眼根中。（自許初三攝、眼所不攝故。）

喻：如眼識。（如眼識。）〔34〕 **反駁（二）**

反駁（二）所涉論域全集的“三分”可如下表所示：

表五：反駁（二）的宗、同品與異品

宗：	第二界，即表四中的項目 D；
同品：	第一、第三、第四至第十八界。它們構成體現這裡的“所立法”即“非即識之色”這一屬性的事物的集合；
異品：	表四中的項目 B（他方佛色）。“他方佛色”是“即識之色”，同時又不是“極成色”（表四中的項目 D，即**反駁**［二］的宗）。〔35〕

事實上，**反駁**（一）所涉論域全集的“三分”與**反駁**（二）幾近全同。唯一的不同在於兩者的“因”的具體含義。**反駁**（一）的“因”是“包括在‘極成初三’中”（即包括在第一至第三“界”的集合中）與“不包括在眼根中”（即不等於第一“界”）這兩項條件的合取。因而，**反駁**（一）的“因”所表述的屬性，即“或者是第二‘界’或者是第三‘界’”。相比之下，**反駁**（二）的“因”則是“包括在‘自許初三’中”（即包括在第一至第三“界”以及項目 B 的集合中）與“不包括在眼根中”（即不等於第一“界”）這兩項條件的合取。它所表述的屬性，即“或者是第二‘界’或者是第三‘界’或者是項目 B”。

反駁（一）的“因”滿足“因三相”，特別是它不爲作爲該反駁的“異品”的項目 B（他方佛色）所體現，因而不存在於異品中，滿足第三相“異品遍無性”。相比之下，**反駁**（二）的“因”，儘管與**反駁**（一）的“因”一樣，滿足第一相“遍是宗法性”和第二相“同品定有性”，〔36〕但是不滿足第三相。因爲作爲**反駁**（二）的“異品”的項目 B 事實上體現了“或者是第二‘界’或者是第三‘界’或者是項目 B”這一屬

〔34〕 見 ZYS 2. 21b7－22a3，英譯見 Tang 2018：174（參見本書第五章段落 2b. 4 的評析）。

〔35〕 參見上文表一。此外，表四所列的項目 A（十方佛色）和項目 C（佛無漏色）其實也可以包括在**反駁**（二）的“異品”範圍中。因爲它們與他方佛色（項目 B）一樣是“即識之色”，同時也都不屬於**反駁**（二）的（極成色）。然而，在文獻中，項目 A 和項目 C 都未在此情況下被提到。故而此處亦暫且將它們忽略。

〔36〕 參照上文表三對元曉相違決定量滿足“因三相”的解釋，**反駁**（一）和**反駁**（二）皆滿足第一相和第二相這一點可以很容易得到說明。

性。因此,在上引《莊嚴疏》的敦煌版本中,便被認爲犯有"不定因"的過失(以得用他方佛色,與彼相違作不定過故)。如果唯識比量用"自許"來限定"初三",對它提出的"有法差別相違難"便不構成一則正確的反駁(彼難不成)。[37]

上引敦煌本《莊嚴疏》段落的主要思想亦見於《莊嚴疏》的通行本(三卷本系統[38])中。該通行本中對應的表述如下:

> 若爲避此過言"極成初三攝、眼所不攝"者,即不得與他相違難,作不定過,故唯言"自許"也。[39]

由此可見,爲師茂樹所首先注意到的上述**文獻**(一),實際上對應文軌在解釋唯識比量的時候對"自許"這一限定語用於限定"初三"的必要性的説明。根據文軌的看法,針對唯識比量的"有法差別相違難",若構造爲上述**反駁**(一)的形式,便構成一則正確的反駁。然而,文軌並非無條件地主張**反駁**(一)的正確性。其正確性僅限於唯識比量用"極成"來限定"初三",將"初三"表述爲"極成初三"的情況。

無論在敦煌版本還是通行版本的《莊嚴疏》中,文軌都非常清楚地説到,唯識比量用"自許"來限定"初三"的目的,正是爲了防範這樣一種"有法差別相違難"。在唯識比量的"初三"表述爲"自許初三"的情況下,針對它的"有法差別相違難"就必須由**反駁**(一)轉爲**反駁**(二)的形式,而**反駁**(二)由於犯有"不定過",便不再構成一則正確的難破。

因此,文軌對於**反駁**(一)正確性的認可,並不必然意味著他將唯識比量視爲錯誤或者無效的論證。**反駁**(一)所能反駁的,僅僅是唯識比量的一種可能表述形式。這種形式由於用"極成"而非"自許"來限定"初三"因而招致了**反駁**(一)。而唯識比量實際採用的表述形式已經用"自許"替換了"極成"來限定"初三",因而得以擺脱任何一種形式的"有法差別相違難"。**反駁**(一)對於唯識比量實際採用的表述形式不再構成"有法差別相違難",而**反駁**(二)儘管構成"有法差別相違難",但由於犯有"不定過",並非有效的反駁。

總之,文軌關於**反駁**(一)的正確性,以及唯識比量若缺少"自許"限定"初三"情況下的不正確性的討論,僅僅是爲了顯示唯識比量所實際採用的表述形

---

〔37〕 見上注 32。

〔38〕 見上注 29。

〔39〕 ZYS 2. 22a8－10,英譯見 Tang 2018: 175(參見本書第五章段落 2b. 6 的評析)。

式的確構成一則正確的論證。如果上述**文獻**(一)也是基於文軌當時聽受玄奘講解《因明入正理論》所記的筆記,〔40〕那麼該段討論很可能還是反映了講解者玄奘本人運用唯識比量作爲可靠論證的一個生動實例,向其弟子展示佛教邏輯學中的各項理論要素是如何實際應用於辯論的。總之,**文獻**(一)並不構成對於唯識比量的創作者爲玄奘本人這一傳統記載的反證。

四、文軌對相違決定量的批判

文獻(二)(ZYS 4.3b9－4b2＝YLSSGLS 436c22－437a8):(1) 問:如立量云:“真故極成色,非定離眼識”宗,“自許初三攝、眼根不攝故”因,“如眼識”喻。〔41〕有人破此比量,作相違決定云:“真故極成色,定離於眼識”宗,“自許初三攝、眼識不攝故”因,“如眼根”喻。〔42〕 此四句〔43〕中何句所攝?(3b9－4a3＝436c22－26)

(2) 答:此當第四“以不定破定”句攝,以眼根非同品故。謂小乘宗自許眼根定離眼識。(4a3－4＝436c26－27)

(3) 若大乘自在菩薩六識互用,眼識亦得緣彼眼根,現眼相分。及成所作智,亦緣眼根,現眼相分。(4a4－6＝436c27－437a2)

(4) 如此相分眼根,並是初三之中眼根所攝。此則大乘不許眼根定離眼識。(4a6－8＝437a2－4)

(5) 此之眼根,望自雖是同品,望他即是異品。然無共同品故,〔44〕是同品

---

〔40〕 見上注26。

〔41〕 這是文軌版本的唯識比量。參見ZYS 2.21b2－3＝ZYS MS 9－11,英譯見Tang 2018:173,170(參見本書第五章段落2a.1、2b.1的評析)。參見上注7(窺基的版本)。

〔42〕 此“相違決定”與元曉的相違決定量完全相同。參見上注10。

〔43〕 這裡的“四句”(反駁的四種類型)爲:“以定破不定”(用決定因反駁不定因)、“以定破定”(用決定因反駁決定因)、“以不定破不定”(用不定因反駁不定因)和“以不定破定”(用不定因反駁決定因)。見ZYS 4.3a5－7＝YLSSGLS 436c8－10。

〔44〕 實際上,這裡還是存在除眼根(第一界)以外的其他事物,的確體現此相違決定量的“所立法”即“定離於眼識”這一屬性,且這一點爲小乘與大乘學者所共同承認,因而屬於本量的“同品”,並非如這裡所説“無共同品”(不存在雙方共同承認的同品)。這類事物即第四至第十八界(見上表二)。因而,這裡的“無共同品”似應理解爲不存在雙方共同承認的同喻。文軌似乎混淆了同品與同喻。事實上,在因明文獻中,混淆同品與同喻的情況屢見不鮮。參見Tang 2015:309－310。嚴格來説,根據文軌此處對相違決定量的分析,該量只是“無同喻”,即不存在既體現所立法“定離於眼識”、同時又體現因法“自許初三攝、眼識不攝”(即“或者是第一界或者是第二界”,見上表三)的事物,而不是“無同品”。

無。以眼識爲異品,因復非有。此"自許初三攝、眼識不攝"因,於同、異品,既遍非有,即六不定中不共不定也。(4a8 – b1 = 437a4 – 7)

(6) 復是似喻中他隨一所立不成過也。(4b1 – 2 = 437a7 – 8)

對這段文獻,師茂樹説道:"《因明入正理論疏》(按:《莊嚴疏》)引述了針對唯識比量的相違決定量的一個實例,該實例基於五根(或六根)互用的理論。《因明大疏》中順憬對唯識比量的批判,以及善珠所引元曉《判比量論》的殘片,所給出的相違決定量實例均與之相同,解釋亦復類似。"〔45〕

然而,在**文獻(二)**中,文軌不僅引述了窺基錯誤地歸屬於順憬、爾後爲善珠指認其作者實即元曉的那同一則相違決定量,〔46〕更重要的是,文軌還對該相違決定量進行了批判。如上所述,我們並無充分的理由質疑文軌對唯識比量所持的正面肯定態度。而且,文軌在**文獻(二)**中對相違決定量的批判,更表明了他對於這樣一則針對唯識比量的相違決定量的否定態度。因此,認爲相違決定量是文軌本人的創見,爾後爲順憬和元曉所繼承,似不妥當。毋寧説,文軌在這裡所引述的相違決定量,是早已存在於他之前並通過某種未知途徑爲他所知的一則比量。

如果善珠將該相違決定量歸屬於元曉並無問題,那麼從**文獻(二)**,我們可進一步知道:元曉的相違決定量早在《莊嚴疏》撰寫之際便已抵達中國。根據沈劍英先生的研究,《莊嚴疏》應當撰寫於 649—654 年間;或更準確的説,650—655 年間。〔47〕然而,窺基提到,相違決定量是在乾封年間(666—668)、在

〔45〕 Moro 2017: 1298: "IIRS introduces an example of contradictory formula of the *proof* on the basis of the theory of mixed usage of five (or six) organs. Sungyŏng's 順憬 criticism of the *proof* in YDS, as well as the fragment of Wŏnhyo's *P'an piryang non* quoted by Zenju, shows almost the same example and similar explanation."關於這裡提到的順憬對唯識比量的批判,見上注 10。關於這裡提到的元曉的殘片,見下**文獻(四)**,注 b – b。該殘片的完整版本,見 IRMS 322b26 – c7(= IDS 528a24 – b4),見下**文獻(四)**。

〔46〕 見上注 10 和 12。

〔47〕 見 Shen 2008: 4。沈劍英先生給出的年代上限基於玄奘譯出陳那《正理門論》的年代(649 年,實際上是 650 年,見本書第一章注 2),因爲《莊嚴疏》曾前後多次引用奘譯《正理門論》。沈先生給出的年代下限則是基於呂才(600—665)與奘門弟子之間發生於 655 年關於因明的那場著名辯論。在那場辯論中,文軌的《莊嚴疏》是呂才因明觀點的依據之一。爲此,沈先生將《莊嚴疏》的下限定在 654 年。但嚴格來説,655 年也並非完全不可能,故而本章取 655 年而非 654 年。不過,玄奘譯出《正理門論》的年代,事實上仍有爭議。羅炤(Luo 1981)主張該論譯出於 655 年而非 649 年。羅先生系年的根據是《大唐大慈恩寺三藏法師傳》的記載(CEZ 262b6 – 10,英譯見 Li 1995: 237)。但是,假如考慮到《莊嚴疏》前前後後曾多次逐字逐句引用奘譯《正理門論》而且《莊嚴疏》只可能寫於 655 年之前這兩個事實,筆者認爲羅先生的系年似有問題。

玄奘逝世(664)以後才寄到長安的("乾封之歲,寄請釋之")。〔48〕但是,如果沈先生對《莊嚴疏》的系年無誤,則元曉的相違決定量就應該早在655年以前便已寄到中國。由此看來,窺基的記述似有問題。

不過,值得注意的是,窺基在《因明大疏》中對相違決定量的批判,緊隨於他對唯識比量的解釋之後。〔49〕相比之下,文軌對唯識比量的解釋位於《莊嚴疏》的第一卷(三卷本系統),而他對相違決定量的批判(**文獻**[二]),以及上述**文獻**(一),則位於《莊嚴疏》的最後一部分(三卷本系統的第三卷),即曾經單行的《十四過類疏》。〔50〕這最後一部分(《十四過類疏》)事實上有一個專門的主題,即《正理門論》的"過類(*jāti*)"(錯誤的反駁)理論。因此,並不能排除這樣一種可能性:含有文軌對唯識比量的解釋的《莊嚴疏》前半部分,與含有文軌對相違決定量的批判的該書後半部分,並非撰寫於同一時期。具體來説,在650—655年間,文軌可能只是撰寫了《莊嚴疏》前半部分(三卷本系統的前兩卷),而該書的後半部分(三卷本系統的第三卷,即《十四過類疏》),則是在655年以後的某個時候撰寫的。〔51〕如是,上述**文獻**(一)與**文獻**(二),便有可能撰寫於655年以後。很可能文軌先是完成了他對於唯識比量的解釋。由於包含這一部分文字的《莊嚴疏》前半部分,在655年左右便已完成,並在當時學界廣爲流通,而在這之後,相違決定量才輾轉寄到中國,爲文軌所知曉,文軌便只能隨後在《莊嚴疏》的後半部分中對它進行批判。如果是這樣的話,655年便只是《莊嚴疏》前半部分的年代下限,並非文軌相違決定量批判的年代下限。元曉的相違決定量也有可能的確如窺基所述,在玄奘逝世以後的乾封年間才寄到中國。〔52〕

---

〔48〕見上注10,參見Moro 2017:1298。

〔49〕見YMDS 336-345/115b21-116a15(解釋玄奘的唯識比量)與YMDS 347-351/116a15-b11(批判相違決定量,見上注11)。

〔50〕見上注16、29。

〔51〕參見上注47。呂才並未表現出對《正理門論》的"過類"理論有何了解。因而文軌關於"過類"的闡述撰寫於655年以後也並非不可能。這後半部分以"十四過類疏"的名義的單獨傳承,不僅見於《趙城金藏》中的《因明論理門十四過類疏》(見上注16),而且還見於高麗僧人義天(Ŭich'ŏn,公元1055-1101年)《新編諸宗教藏總録》(*Sinp'yŏn chejong kyojang ch'ongnok*)的記載("正理門論　過類疏一卷　窺基述",SCKC 1176a28-29)。若該"過類疏"與《趙城金藏》中被錯誤歸屬於窺基的《因明論理門十四過類疏》是同一部著作,則義天的記載更可以證明文軌的《十四過類疏》在當時韓國的單獨傳承。

〔52〕儘管可以這樣來解釋窺基所説的"乾封之歲"與文軌相違決定量批判的年代之間的矛盾,但筆者仍對窺基的記述持懷疑態度,尤其是相違決定量在玄奘逝世以後才寄到中國這一點。參加下文**文獻**(五)。在下文中,筆者還將回到這一有關《莊嚴疏》前後兩部分撰寫年代不同的假設上來。

無論如何，文軌對相違決定量的批判，就其内容來看，也應早於窺基對這一比量的批判。文軌的批判大致對應於窺基的六條批判中的第四條。窺基的第四條批判如下：

又同喻亦有所立不成。大乘眼根非定離眼識，根因識果，非定即離故。況成事智〔53〕，通緣眼根。疎所緣緣，與能緣眼識，有定相離義。〔54〕

窺基對相違決定量的六條批判的主要思想是：相違決定量的因命題的一部分，即"［雙方承認的色］是不包括在眼識中的"（眼識不攝），〔55〕並不爲大乘學者所認可。在窺基看來，"不包括在眼識中"等同於"與眼識分離"（離於眼識）。而"［雙方承認的色］是與眼識分離的"，這正是有待於整個相違決定量來論證的宗命題。在一則比量中，任何與有待論證的宗命題含義相同的命題，都不能作爲論證的理由來使用。此處，窺基對相違決定量的因命題所涉及的"包括"（攝，inclusion）關係，實際上默認了一種存在論的解讀。在這種解讀之下，某個體類 *X* 不包括在另一個體類 *Y* 中，便意味著 *X* 類個體的存在不取決於 *Y* 類個體的存在。窺基拒絶考慮另一種解讀的可能性，即相違決定量涉及的"包括"關係，實際上也完全可以理解爲：*X* 不包括在 *Y* 中，僅僅意味著 *X* 在範疇分類的意義上，不歸類在 *Y* 之下。〔56〕

窺基的這一主要思想，並不見於這裡的**文獻**（二）。此外，與**文獻**（二）對相違決定量的批判相比，窺基在上述第四條批判中，還另外提到了眼根與眼識之間的因果關係，以之作爲二者之間既不絶對同一、又不絶對分離（非定即離）的證據。另一方面，窺基也没有提到文軌在**文獻**（二）-（5）中所指出的相違決定量的"因"由於在"同品"和"異品"中都不存在因而犯有"不共不定"（*asādhāraṇānaikāntika*）的過失。窺基只是重複了**文獻**（二）-（6）中文軌指出的另一過失，即相違決定量的"所立法"（*sādhyadharma*，有待論證的屬性，即宗命題的謂項所示的屬性）"定離於眼識"相對於該比量的"同喻"（正面例證）即"眼根"而言並不成立（*asiddha*，不成），因而該"同喻"有"所立法不成"

---

〔53〕 **文獻**（二）提到的"成所作智"與窺基這裡的"成事智"，都對應梵語的 *kṛtyānuṣṭhānajñāna*（能完成［任何］任務的認知，cognition of achieving the task），參見 Tang 2018：168（亦見本書第五章段落 1.13）及 Cook 1999：348，352 "the knowledge of achieving the task"。典據詳下注 59。

〔54〕 YMDS 350/116b3－5，英譯見 Tang 2018：168（參見本書第五章段落 1.13 及其評析）。

〔55〕 參見上注 10。

〔56〕 參見 Tang 2018：187，n.132（亦見本書第五章段落 6.2 的評析）。

(*sādhyadharmāsiddha*)的過失。

文軌對相違決定量的批判的主要思想爲：大乘學者並不承認眼根(第一界)體現了相違決定量的"所立法",即不承認眼根具有"定離於眼識"這一屬性。因此,眼根根本就不是該比量"同品"的一員。[57] 因爲,作爲"同品",它必須要爲辯論雙方共同承認爲體現"所立法"。爲説明這一點,文軌援引了大乘教義中的兩種特殊情況。第一種情況是已經修行到第八地(*bhūmi*)或更高境界的菩薩。這一類菩薩將獲得"六識互用"(或"五根互用")的超自然能力,即能運用自己六識(或五根)中的任何一種以替代行使其他識(或根)的認知作用。[58] 第二種情況是通過轉變自己的前五識從而獲得"成所作智"的佛陀。"成所作智"即能夠完成任何一項所應完成的任務的純淨的認知能力。佛陀憑藉這種能力,便能夠用自己五根的任何一根來認知一切對象。[59] 在這兩種特殊情況下,眼識都可以認知眼根。而眼根此時作爲眼識的認知對象,在瑜伽行派的觀念論立場看來,便成爲了眼識自身所呈現出來的一種"相"(*ākāra* / *ābhāsa*, appearance),其存在因而内在於眼識、不離於眼識。在**文獻(二)-(4)**中,文軌進一步強調：無論是以何種方式被認識到,眼根本身並無任何改變,仍舊是相違決定量的作者歸在他的比量的"同品"範圍中的那個眼根(第一界[60])。而現在,文軌便主張該眼根根本就不構成該比量"同品"的一員,因爲它並不在一切情況下"定離於眼識"。至少在"六識互用"和"成所作智"這兩種情況下,是"不離於眼識"的。因而一般來説,眼根便"非定離眼識"。

如果眼根不屬於相違決定量的"同品",則該比量的"同品"中便没有一個成員能體現"因"即"或者是第一界或者是第二界"這一屬性。[61] 因此,文軌

---

〔57〕 參見上文表二。

〔58〕 見《成唯識論》(CWSL 21a9－11,英譯 Cook 1999：123)："若自在位,如諸佛等,於境自在,諸根互用,任運決定,不假尋求。"《成唯識論》(CWSL 26a25－26,英譯 Cook 1999：154)："若得自在,諸根互用,一根發識,緣一切境。"參見《成唯識論述記》(CWSLSJ 388b4－6)："若正義者,此位即在八地以去皆能任運,此於有漏五根亦能得互用故,無漏殊勝非前位故,然此舉勝故説如來。"

〔59〕 見《成唯識論》(CWSL 56c21－29,英譯 Cook 1999：352)："成所作智相應心品,有義：但緣五種現境,《莊嚴論》説：如來五根,一一皆於五境轉故。有義：此品亦能遍緣三世諸法,不違正理,《佛地經》説：成所作智,起作三業諸變化事,決擇有情心行差別,領受去來現在等義。若不遍緣,無此能故。然此心品,隨意樂力,或緣一法、或二、或多。且説五根於五境轉,不言唯爾,故不相違。隨作意生,緣事相境,起化業故,後得智攝。"

〔60〕 參見上文表二。

〔61〕 參見上文表三及注 44。

進一步在**文獻**(二)-(5)中說道：該比量的"因"因而不存在於"同品"中(是同品無)。既然此"因"在"異品"中也不存在,[62]它就在"同品"和"異品"中都不存在,因而犯有"不共不定"的過失。而且,眼根在相違決定量中被用作"同喻",[63]因而該"同喻"也犯有"所立法不成"的過失。具體來説,即"他隨一所立不成",該比量所對的論敵(大乘學者,他)一方(隨一),鑒於上述兩種特殊情況,因而不承認所立法"定離於眼識"在眼根中存在(不成),不承認眼根與眼識必定分離。

總之,文軌顯然是站在相違決定量的對立面。"不共不定"和"他隨一所立不成"是文軌指出相違決定量所犯有的兩種過失。師茂樹認爲：是文軌首先提出了相違決定量以制衡唯識比量,而順憬和元曉後來承襲了文軌對於唯識比量的這一批判。這一結論似未充分把握上述**文獻**(二)的具體内容。

五、元曉的回應：文獻

文獻(三)(IDS 520c26－521a4)：(1) 文軌師云：因明道理,於共比量,自法、他法皆得不定。以自在眼識所變眼根之影作不定過。(520c26－28)[64]

(2) 然判者云：改[65]即無過。"真故極成色,離極成眼識"[66],便無不定,極成眼識不緣眼故。(520c28－521a1)

(3) 以自許佛有漏色,於前共量,他作不定,便改因云"自許極成初三攝"[67]等。如無漏色,耳識等緣,雖離眼識,而非極成初三攝故,不成不定。(521a1－4)

文獻(三)出自藏俊《因明大疏抄》中的一段長篇引文。這段長篇引文乃係

---

〔62〕 參見上文表三。

〔63〕 參見上注 10 及本處**文獻**(二)-(1)。

〔64〕 筆者之前在 Tang 2018：167, n. 70 中對本段的翻譯並不準確(亦見本書第五章注 69 及相關評析文字)。當時,筆者還未意識到這裡所謂的"不定"實即"不共不定"。

〔65〕 改[藥師寺藏古寫本]：救[寬文延寶年間寫東大寺藏本],見 IDS 520, n. 12。

〔66〕 相違決定量原先的宗命題表述爲："真故極成色,定離於眼識"(從終極真理的觀點看,雙方承認的色是與眼識必定分離的)。而這裡修改爲："真故極成色,離極成眼識」"(從終極真理的觀點看,雙方承認的色是與雙方承認的眼識必定分離的)。參見注 10 及**文獻**(二)-(1)。

〔67〕 相違決定量原先的因命題表述爲："自許初三攝、眼識不攝故"(因爲它是包括在我方承認的"初三"中,而不包括在眼識中)。而這裡修改爲："自許極成初三攝"(因爲它是包括在我方承認而且雙方承認的"初三"中,而不包括在眼識中)。參見注 10 及**文獻**(二)-(1)。

藏後引自新羅太賢一部稱爲“古迹記”(*Kojŏkki*)的著作,該“古迹記”現已散佚。〔68〕在該長篇引文中,太賢廣泛援引了各家因明學者關於唯識比量的討論,包括窺基、道證、文軌、元曉和憬興(Kyŏnghŭng,7 世紀下半葉〔69〕)。同時,太賢在援引這些材料的時候,都或多或少有所改動,不能視爲所引諸家原來的文字。〔70〕在這段長篇引文中,太賢援引了文軌的觀點以後[**文獻**(三)-(1)],便緊接著提到“然判者云”,以之爲另一段援引[**文獻**(三)-(2—3)]的開端。由於“然”(然而)通常用於標識文意的轉折,故而可知**文獻**(三)-(2—3)所説的内容,在太賢看來,實際上構成對文軌在**文獻**(三)-(1)中所表達觀點的回應。但是,太賢在這裡提到的“判者”究竟是誰,卻並不清楚。〔71〕必須結合下述**文獻**(四),才能解決這一疑難。

文獻(四)(IRMS 322b15 - 322c10=IDS 528a12 - b8),校注:

(1)極成之色,離於眼識,是一向離,以之爲宗。根〔72〕之與識,不即不離,以之爲喻。不即不離眼根,何成一向離宗?故喻中有所立不成。(322b15 - 18)

(2)此因位中,尚眼根喻,所立不成。況果位中,成所作智通緣〔73〕眼根。疎所緣緣與能緣識,豈定相離?自在位智,通緣本質,即爲相分。a→如此眼根,是初三攝。此則大乘不許眼根定離眼識。〔74〕此之眼根,望自雖爲同品,望他則是異品。以無共同品故,〔75〕是同品無。以眼識爲異品,於彼亦無。此因於〔76〕同、異品〔77〕,既遍非有,則六不定中〔78〕不共不定收。〔79〕←a 非但喻有所立不成,因中亦有不共不定。(322b18 - 26)

---

〔68〕該長篇引文見 IDS 520b3 - 521a12。這部“古迹記”的全名當爲《因明入正理論古迹記》(*Inmyŏng ip chŏngni non kojŏkki*),見 Moro 2015c:112。Moro 2015c:112 - 126 對該段引文曾有詳細分析,亦見 Moro 2007:329 - 330。然而筆者的分析與之稍異,容另文展開。

〔69〕據 Moro 2015c:124。

〔70〕參見 Tang 2018:189, n. 133(亦見本書第五章段落 6.7 的評析)。

〔71〕Moro 2015c:119 對此“然判者云”的日譯爲“それを判定する者は”,似不準確。

〔72〕根[元文二年寫藥師寺藏本],IDS 528a13:眼[大日本佛教全書],見 IRMS 322, n. 5。

〔73〕通緣[元文二年寫藥師寺藏本],IDS 528a16:通[大日本佛教全書],見 IRMS 322, n. 6。

〔74〕參見**文獻**(二)-(4)。

〔75〕參見上注 44。

〔76〕於[寬文延寶年間寫東大寺藏本],IRMS 322b24:此[藥師寺藏古寫本],見 IDS 528, n. 1。

〔77〕異品[大日本佛教全書],IDS 528a22:品[元文二年寫藥師寺藏本],見 IRMS 322, n. 7。

〔78〕定中[元文二年寫藥師寺藏本],IDS 528a22:定[大日本佛教全書],見 IRMS 322, n. 8。

〔79〕參見**文獻**(二)-(5)。

（3）曉師〔80〕《判》云：此通未盡。b→若對五根實〔81〕互用宗，〔82〕則應立言："真故極成色，離極成眼識。自許初三攝，眼識不攝故。猶如眼根。"〔83〕若作是難，亦〔84〕離不定。以大乘宗極成眼識必不緣眼故，此眼根爲共同品。識不攝因，於此定有。極成眼識，爲其異品，於彼遍無。故非不定，能作敵量。〔85〕←b 若c→以自許佛有漏色，於前〔86〕共量，他作不定，便改因云"自許極成初三攝"等。〔87〕如無漏色，耳識等緣，雖離眼識，而非極成初三攝故，不成不定。〔88〕←c（322b26 - c7）

（4）此《判》非也。雖改〔89〕因云"自許極成初三攝"等，而"眼識不攝"言，大乘不許。若唯識門中，色即眼識攝。大乘不許極成之色眼識不攝。是故因有隨一不成。〔90〕（322c7 - 10）

---

a–a **Ce'e** ZYS 4. 4a6 - b1 = YLSSGLS 437a2 - 7［見文獻（二）-（4—5），下畫綫部分爲相同的文字］：如此相分眼根，並是初三之中眼根所攝。此則大乘不許眼根定離眼識。此之眼根，望自雖是同品，望他即是異品。然無共同品故，是同品無。以眼識爲異品，因復非有。此"自許初三攝、眼識不攝"因，於同、異品，既遍非有，即六不定中不共不定也。

b–b **Ci** IRMS 317a7 - 14（亦見 IDS 522b7 - 13）：曉法師《判比量》中簡小乘所作決定相違過云……已上. **Ri** IDS 520c28 - 521a1［見文獻（三）-（2）］：然判者云：改即無過。"真故極成色，離極成眼識"，便無不定，極成眼識不緣眼故。

---

〔80〕師［藥師寺藏古寫本］，IRMS 322b26：法師［寬文延寶年間寫東大寺藏本］，見 IDS 528, n. 2。

〔81〕實 IRMS 317a9、IRMS 322b27、IDS 528a24：望 IDS 522b8。

〔82〕參見上注 58、59。

〔83〕參見上注 10、66。

〔84〕亦［大日本佛教全書（IRMS 317a11）］，IRMS 322b29，IDS 528a27：可［元文二年寫藥師寺藏本（IRMS 317a11）］，IDS 522b10，見 IRMS 317, n. 2。

〔85〕參見文獻（三）-（2）。

〔86〕前［元文二年寫藥師寺藏本］，IDS 521a2，IDS 528b1：前前［大日本佛教全書］，見 IRMS 322, n. 9。

〔87〕參見上注 67。

〔88〕參見文獻（三）-（3）。

〔89〕改［寬文延寶年間寫東大寺藏本］，IRMS 322c7：既［藥師寺藏古寫本］，見 IDS 528, n. 3。

〔90〕參見 IRMS 322b6 - 13, 322c23 - 26，以及 Tang 2018：187 - 188，190（亦見本書第五章段落 6. 3 - 6. 5、6. 9 及其評析）。

c–c **Ci** IDS 521a1 – 4［緊隨 **Ri** IDS 520c28 – 521a1 之後，見上 b – b 以及**文獻**（三）–（3）］。

文獻（四）是善珠《因明論疏明燈抄》所引的一則《判比量論》殘片以及善珠的前後文。由於本段文字非常重要，故筆者嘗試作了詳盡的校注。其中，**粗體**部分表示《判比量論》的文字。事實上，《因明論疏明燈抄》所引《判比量論》有關相違決定量的文字，經比對與化歸以後，可知唯有兩則屬於直接引用且相對完整的殘片，即《明燈抄》（IRMS 321a17 – b5）所引元曉本人對其相違決定量的正面闡述，〔91〕與本則殘片。本則殘片反映了元曉對文軌相違決定量批判的回應。善珠對本則殘片的引用，連同善珠的前後文（IRMS 322b15 – 322c10），又一併見引於藏俊的《因明大疏抄》（IDS 528a12 – b8）。

金星喆教授在他最近的論文中，基於新發現的寫本資料與善珠的引用，對《判比量論》專論相違決定量的段落，作出了富有教益的重構。然而在他的重構中，並未將本則殘片考慮進來。〔92〕若筆者在下一節中的解説可以接受的話，金星喆教授重構的段落便應認爲是元曉《判比量論》專論相違決定量一章的前半部分。而本則殘片則是該章的最後部分。該章中間的部分至今仍未發現。這一中間部分，應該包含了元曉對文軌相違決定量批判〔93〕的進一步援引。正是針對這一部分所援引的觀點，元曉作出了**文獻**（四）–（3）中“此通未盡”的判斷。筆者期待，對《判比量論》寫本的進一步調查與搜集，能使這一佚失的中間部分也重現於世，從而使我們最終復原元曉《判比量論》對其相違決定量的完整討論。

六、元曉的回應：解説

通過比較上一節中的**文獻**（三）–（**2—3**）與**文獻**（四）–（3）（善珠《因明論疏明燈抄》所引元曉《判比量論》的一則殘片），我們發現：**文獻**（三）–（2）實際上是該《判比量論》殘片前半部分［**文獻**（四）–（3）b–b］的大意概括，**文獻**（三）–（3）則是對該殘片後半部分［**文獻**（四）–（3）c–c］的逐字引用。因此，太賢在**文獻**（三）–（**2—3**）開頭提到的“判者”當係元曉。“判者”意爲“《判比量論》的作者”。在太賢看來，**文獻**（三）–（**2—3**）所表現的元曉的論述，實際上構成對文軌

〔91〕見上注 12。

〔92〕見 Kim Sung-chul 2017：237 – 238，及下注 101。

〔93〕參見**文獻**（二）–（**2—6**）。

在**文獻**(三)–(1)中所表達觀點的回應。

善珠引用上述元曉《判比量論》殘片的前後文語境,也同樣暗示了他所引用的元曉的論述[**文獻**(四)–(3)≈**文獻**(三)–(2—3)]與文軌之間應存在某種關聯。善珠的引用位於他爲窺基針對相違決定量的第四條批判所寫的注釋。在這第四條批判中,窺基宣稱相違決定量所使用的"同喻"犯有"所立不成"的過失。〔94〕 然而,在注釋這條批判的時候,善珠卻另外解釋了該比量的"因"還犯有"不共不定"的過失。如上所述,這顯然是文軌相違決定量批判的要點之一,而不屬於窺基的批判。而且,在具體解釋該比量的"因"何以"不共不定"的時候[**文獻**(四)–(2)[a–a]],善珠還悄悄使用了文軌相違決定量批判的文字[**文獻**(二)–(4—5)],卻未聲明這段文字實際上來自文軌。在暗引文軌相違決定量批判的文字以後,善珠總結道:相違決定量不僅"喻"有過失,"因"亦有過。緊接著這一總結,善珠便立即引用了上述《判比量論》殘片[**文獻**(四)–(3)],以之作爲對(文軌)批判相違決定量犯有"不共不定"因過這一觀點的回應。在引用這一殘片以後,善珠最後對它又作了批判[**文獻**(四)–(4)]。不過,善珠最後的批判只是重申了窺基相違決定量批判的主要思想,即:大乘學者並不承認相違決定量因命題所謂的"[雙方承認的色]是不包括在眼識中的"(大乘不許極成之色眼識不攝)。因而,在善珠看來,**文獻**(四)–(3)所引的元曉《判比量論》殘片,實際上構成對文軌在**文獻**(二)–(4—5)中所作相違決定量批判的回應。

上述各種文獻之間紛繁錯雜的關係,可概括如下:

表六:元曉與文軌

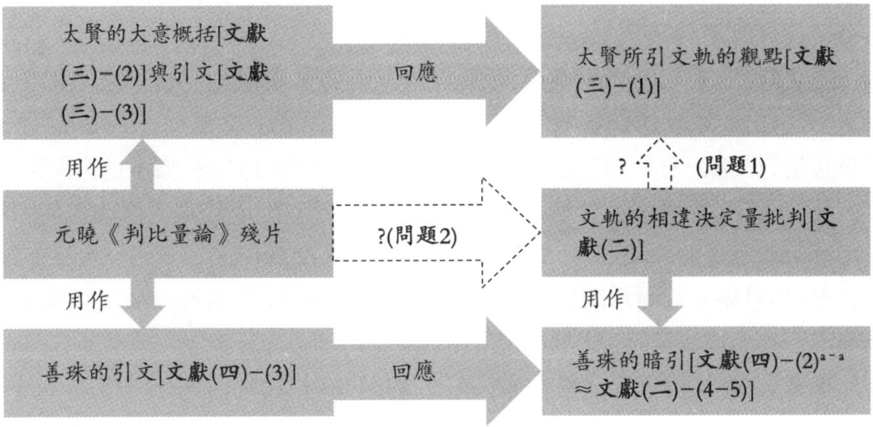

〔94〕 見上注54。

由上表可見,尚有兩處疑點(問題1和問題2)留待解答。其中,問題1涉及太賢在**文獻**(三)-(1)中所引文軌的觀點的確切來源。首先,在太賢看來,**文獻**(三)-(2)是對**文獻**(三)-(1)的回應,而**文獻**(三)-(2)講述了元曉本人對其相違決定量的修訂。因而,**文獻**(三)-(1)便應當是表達了某種針對相違決定量的不同觀點,故而才引出了**文獻**(三)-(2)中的回應。

如太賢所引,文軌在**文獻**(三)-(1)中所表達的觀點爲:辯論者可以使用某個僅僅爲他自己承認或者僅僅爲他的對手承認的實例,來揭示他的對手的比量的"因"犯有"不定"的過失。文軌爲説明這一點所提供的實例爲"自在眼識所變眼根之影"(自在眼識所變現出來的眼根的影像)。這個實例與文軌在**文獻**(二)-(4)中提到的"相分眼根"(眼識作爲自身的相分所變現出來的眼根)極爲相似。而且,這裡的"自在眼識"(其作用不受限制的眼識)與文軌在**文獻**(二)-(3)中作爲大乘教義容許存在的兩種特殊情況之一而提到的"自在菩薩"(具備種種不受限制的能力的菩薩)亦極相似。**文獻**(三)-(1)中提到的"自在眼識所變眼根之影",應該就是指爲八地及八地以上具備種種"自在力"的菩薩,在"六識互用"的情況下,憑藉眼識所緣取(把握到)的眼根。在此情況下,眼根便成爲了眼識所變現出來的"影"或者"相"。這種眼根實際上就是**文獻**(二)-(4)提到的"如此相分眼根,並是初三之中眼根所攝"的眼根之一。

而且,在**文獻**(二)-(5)中,文軌以這種認知情形之下的"眼根"爲例,指出眼根(第一界)並不構成相違決定量"同品"的一員。[95] 這樣一來,由於眼根不屬於"同品",便不存在"因"可以存在於其中的"同品",相違決定量的"因"便犯有"不共不定"的"不定"過失。文軌所指出相違決定量犯有的"不定"過失種類,實即"不共不定"。

在**文獻**(三)-(1)中,儘管太賢没有明確提到文軌以相同情形之下的眼根爲例,所指出的相違決定量的"不定"過失種類。但既然**文獻**(三)-(2)從上下文來看是對**文獻**(三)-(1)的回應,文軌在**文獻**(三)-(1)中所揭示的"不定"究係何種"不定",應可從太賢的下文即**文獻**(三)-(2)中,元曉通過修改他的相違決定量所要迴避的"不定"過失種類反推出來。在**文獻**(三)-(2)中,元曉主張:由於大、小乘雙方共同承認的眼識並不緣取眼根(極成眼識不緣眼故),故而經他修改後的相違決定量"便無不定"。

事實上,眼根儘管能成爲"自在眼識"的認知對象,從而與這種眼識不分離

---

[95] 參見上文表二。

（不離於眼識），但並不是“極成眼識”的認知對象。儘管眼根不離眼識，但卻“離極成眼識”。“自在眼識”並不屬於“極成眼識”，因爲它僅僅爲大乘所承認，而爲小乘所不承認，並非雙方共同承認的眼識。因而，假如相違決定量的“所立法”由“定離於眼識”改爲“離極成眼識”，假如用“極成”（雙方承認）來限定本量“所立法”中使用的“眼識”概念，則眼根將仍然構成該比量“同品”的一員。

如**文獻**（三）-（2）所示，對相違決定量“所立法”的這一修改，正是爲了使眼根仍舊處在該比量“同品”的範圍之中。這樣一來，由於“同品無因”而導致的“不定”過失便能被避免。因此，元曉在**文獻**（三）-（2）中所要避免的“不定”過失種類，正是這樣一種由於不存在“因”可以存在於其中的“同品”而導致的“不定”過失，即“不共不定”。從**文獻**（三）-（2）的回應來反推它所要回應的批判的旨趣，便可知曉太賢在**文獻**（三）-（1）中表現的文軌所要揭示的相違決定量的“不定”過失種類正是“不共不定”。儘管“不共不定”是“六不定”中一種非常特殊的情況，但它的確是一種“不定”。〔96〕 總之，文軌在太賢所述的**文獻**（三）-（1）中所要揭示的“不定”過失種類，與文軌在**文獻**（二）-（5）中所要揭示的“不定”過失種類相同，均爲“不共不定”。

因此，在太賢所述的**文獻**（三）-（1）與文軌本人的**文獻**（二）-（3—5）中，文軌以同一個實例（具備“自在力”的大乘菩薩的眼識所緣取的眼根），針對同一則比量（相違決定量），指出它存在相同的過失（“不共不定”）。以此爲據，便可知太賢在**文獻**（三）-（1）中所引文軌的觀點，正是來源於**文獻**（二）-（3—5）。**文獻**（三）-（1）是太賢對**文獻**（二）-（3—5）中文軌本人文字所作的概括，即對文軌相違決定量批判的大意概括。這是我們對上述問題 1 的解答。

問題 2 涉及一個更爲重要的問題，即：文軌的相違決定量批判，是否的確爲元曉所知，而且元曉是否的確針對文軌的批判作出過回應。既然**文獻**（三）-（2）僅僅是太賢對元曉本人表述的大意概括，在下文中，我們將轉而關

---

〔96〕 運用僅爲辯論中的一方（隨一）承認的實例，來揭示對手比量存在“不定”過失的一種更常見的做法，可見於運用唯獨小乘承認的釋迦菩薩實不善色來揭示含有未經“自許”限定的“初三”的唯識比量犯有“他不定”過失的情形。在這種情況下，釋迦菩薩實不善色是作爲唯識比量的“異品”（他異品）而被提到，用以揭示唯識比量的“因”並未滿足“異品遍無”的要求，而不是像這裡運用“自在眼識所變眼根之影”，以揭示對手的“因”在“同品”中根本就不存在。參見 Tang 2018：171－172，175（亦見本書第五章段落 2a. 4、2b. 6 及相應評析）。

注元曉本文的文字,即善珠在**文獻(四)-(3)**b-b中對元曉《判比量論》更爲直接的引用。

首先,在**文獻(四)-(3)**b-b之前,元曉有一判語“此通未盡”。〔97〕可以想見,在原先完整而現已散佚的《判比量論》中,在此判語之前,應該還有關於“此通”具體内容的陳述。然而,這一本應存在的陳述,並未出現在**文獻(四)-(3)**爲善珠所框定的《判比量論》引文之中。善珠應該是截去了該處元曉原先對“此通”具體内容的引述,僅僅引用了表現元曉本人觀點的文字。善珠對元曉《判比量論》的這一截頭去尾的處理方式並非孤例。在現存《判比量論》殘本中,元曉有一段關於“相違決定”的討論。在那段討論中,元曉先是引述了文軌的觀點,隨後給出他自己的分析。〔98〕然而,善珠在引用元曉自己的分析的時候,卻將元曉對文軌的引用從《判比量論》的上下文中抽離出來,作爲單獨一段文字,放在他所框定的《判比量論》引文之前,且將其標識爲直接引自文軌本人的著作。〔99〕這一處理方法,便使得該處《判比量論》引文開頭的“此中問意”顯得非常突兀,不知所云。假如我們現有的《判比量論》殘本中,元曉關於“相違決定”的這一段完整討論也佚失了,那我們根本就無法確切知曉元曉這裡的“此中問意”究竟指向誰的觀點。鑒於善珠在彼處對《判比量論》的引用,曾有截頭去尾的處理方式,我們便不能排除在這裡善珠也很有可能將元曉對文軌的引用,從《判比量論》的上下文中抽離出來,改頭換面作爲單獨一段文字,放置在他所框定的《判比量論》引文之前,即放置在**文獻(四)-(2)**之中,從而使文軌的論述,嵌入善珠本人對窺基《因明大疏》第四條相違決定量批判進行注釋的上下文語境中。〔100〕事實上,經比對發現,**文獻(四)-(2)**的 a-a 部分也正是大致對應文軌本人**文獻(二)-(4—5)**的文字。如果是這樣的話,**文獻(四)-(2)**a-a就很可能包含有元曉本人在《判比量論》中引述文軌的内容。正是針對這段

---

〔97〕 Moro 2015c: 105 對該“此通未盡”的日譯爲“この[基の]解釈は不十分である”,似不準確,該判語似與窺基無關。

〔98〕 PBRN 952b17-20:“文軌法師自作問答:‘問:具足三相,應是正因。何故此中,而言不定? 答:此疑未決,不敢解之。有通釋者,隨而爲注。’(**Ce** ZYS 3.4a3-5,參見 IDS 569a7-8:‘文軌疏二云……云云’)此中問意,立比量云……”

〔99〕 IRMS 362c8-12:“然文軌師自問答云:‘具足三相,應是正因。何故此中,而言不定? 答:此疑未決,不敢解之。有通釋者,隨空爲注。’判比量云:‘此中問意,立比量云……’”

〔100〕 參見上注 94。

現已難辨蹤跡的引述，元曉作出了“此通未盡”的判斷。〔101〕

其次，元曉在**文獻**（**四**）-（**3**）b-b中對其相違決定量的修訂，默認了其對手所持的觀點爲“五根實互用宗”（五種感覺官能中的任何一種實際上能替代行使其他感覺官能的認知作用的觀點）。對手所持的這一觀點對應於文軌在**文獻**（二）-（**3**）中給出的兩種特殊情況。在“大乘自在菩薩六識互用”和轉“前五識”得“成所作智”的佛陀這兩種特殊情況中，六識的任何一種都可以替代行使另一識的認知作用（六識互用）。在容許眼識把握眼根從而變現不離於眼識的“眼根相分”這一點上，“五根互用”與“六識互用”實質相同。〔102〕因而，元曉在**文獻**（**四**）-（**3**）b-b所假定持“五根實互用宗”的對手應該就是在**文獻**（二）-（**3**）中基於“六識互用”立場批判相違決定量的文軌。無論如何，文軌相違決定量批判所基於的“六識互用”說，的確爲元曉本人所知曉。

第三，文軌在**文獻**（二）-（**5**）中主張相違決定量不存在爲辯論雙方所共同承認的“同品”（無共同品）。與此針鋒相對，元曉在**文獻**（**四**）-（**3**）b-b中主張，在相違決定量的“所立法”修改爲“離極成眼識”以後，眼根的確能成爲辯論雙方所共同承認的“同品”的一員（爲共同品）。這是因爲，大乘學者也同樣承認“極成眼識”並不緣取眼根（以大乘宗極成眼識必不緣眼故）。眼根爲辯論雙方所共同承認爲與“極成眼識”分離，因而屬於辯論雙方共同承認的“同品”（共同品）。文軌的相違決定量批判對“共同品”概念的使用，同樣爲元曉所知。

第四，文軌在**文獻**（二）-（**5**）中主張相違決定量的“因”不存在於“同品”之

---

〔101〕　值得注意的是，元曉對文軌相違決定量批判的引述的一部分文字，最近在梅溪旧藏本《判比量論》寫本第2—5行中找到了。見 Okamoto 2018：97（釋文），及 Kim Sung-chul 2017：225（圖版和釋文）和228（校訂本）：

文軌法師通此難云：此因不定，故非爲敵。謂小乘宗自許眼根定離眼識。若大乘宗自在菩薩六識互用，眼識亦得緣彼眼根，現其相分。及成所作智，亦緣眼根，現眼相分。如此眼根，是……［**Cee** ZYS 4. 4a3－6＝YLSSGLS 436c26－437a2，參見**文獻**（二）-（**2—4**）、**文獻**（**四**）-（**2**）］

然而，元曉在這裡對文軌批判的引述依然殘缺下半段。該佚失的下半段中，可能就含有善珠在**文獻**（**四**）-（**2**）中所使用的部分內容。此外，在上述梅溪旧藏本中，元曉對文軌批判的引述，緊跟在其相違決定量的正面闡述之後（參見上注12）。金星喆（Kim Sung-chul 2017：237－238）根據現有的寫本資料與善珠的引文（參見上注12），曾嘗試部分重構《判比量論》論述相違決定量的段落。

〔102〕　差別僅在於**文獻**（**四**）-（**3**）b-b元曉提到的是“五根互用”，**文獻**（二）-（**3**）文軌本人提到的是“六識互用”。元曉“五根互用”的表述，似更貼近此學説的文本依據，而文軌的表述則較爲自由。在文獻中，僅提到“五根互用”而非“六識互用”。關於此學説的文本依據，參見上注58和59。

中(同品無)。這是因爲,眼根儘管具有此"因",卻並不構成該比量的"同品"。與此針鋒相對,元曉在**文獻(四)**-(3)[b-b]中主張,該比量的"因"的確存在於"同品"之中(於此定有)。這是因爲,該比量的"所立法"一旦修改爲"離極成眼識",眼根便仍構成它的"同品"。正是通過修改相違決定量的"所立法",從而保證該比量的"因"仍於"同品"中存在,元曉便掃除了此"因"所可能犯有的"不共不定"過失。如上所述,"不共不定"是文軌在整個**文獻(二)**中批判相違決定量的一條重要理由。在**文獻(四)**-(3)[b-b]中,"不共不定"也正是元曉通過修改相違決定量的"所立法"所想要擺脱的主要麻煩。

基於以上四點理由,可基本斷言:儘管元曉爲其相違決定量所作的辯護,從未體現他對於窺基的相違決定量批判有何了解,但文軌對該比量從"不共不定"角度展開的批判,的確爲元曉所知,而且元曉對此批判作出了逐項回應。可以説,對文軌相違決定量批判的了解,貫穿了元曉在**文獻(四)**-(3)[b-b]中爲該比量所作辯護的每一個方面。如果再考慮到太賢和善珠對元曉的辯護與文軌的批判之間應答關係的明確意識的話,我們便有理由認爲:元曉的確知曉文軌的相違決定量批判,而且在**文獻(四)**-(3)爲善珠所引的《判比量論》殘片中,元曉的確是針對文軌的批判作出了回應。

七、對文獻(三)-(3)的説明

文獻(三)-(3)[=**文獻(四)**-(3)[c-c]]極爲難解。在因明文獻中,不存在平行的討論可資參證。故而以下所述,僅僅是筆者的一種可能解讀。首先,至少有一點是清楚的,即:元曉在這一段中,對相違決定量的"因"也提出了一種修改建議。經他修改以後的"因"可表述如下:

修改前:因爲它(即極成色)是包括在我方承認的"初三"中,而不包括在眼識中(自許初三攝、眼識不攝故)。

修改後:因爲它(即極成色)是包括在我方承認而且雙方承認的"初三"中,而不包括在眼識中(自許極成初三攝)。[103]

這裡,元曉將"初三"的限定語由"自許"改爲"自許極成"。然而,該新限定語"自許極成"的含義並不清楚。爲何需要用"自許極成"來替換原先的"自許"

---

〔103〕 參見上注67。

的緣故,也並非一目了然。

儘管如此,至少有一點是清楚的,即:這一修訂是爲了防止除上述文軌在**文獻**(二)-(5)中指出、在本處**文獻**(三)-(1)中又被簡略提到的"不共不定"過失以外的另一種"不定因過"。然而,元曉在**文獻**(三)-(3)中所要迴避的"不定"究係何種"不定",並非一目了然。爲解決這一疑難,我們不妨先來考察元曉在本段的後半部分中提到並略作展開討論的實例"無漏色",再回過來考察本段的前半部分。

> **文獻(三)-(3)前半部分**:以自許佛有漏色,於前共量,他作不定,便改因云"自許極成初三攝"等。
>
> **文獻(三)-(3)後半部分**:如無漏色,耳識等緣,雖離眼識,而非極成初三攝故,不成不定。

竊以爲,元曉在這裡提到的"無漏色"亦應結合《判比量論》中本段上文"五根實互用宗"〔104〕的語境[**文獻**(四)-(3)b-b]來理解。因爲這裡的"無漏色"是作爲"耳識等"的認知對象被提到(耳識等緣),而非作爲通常情況下眼識的認知對象被提到的。筆者認爲,由於在本段的前半部分中提到了"佛有漏色",後半部分中的這一"無漏色"亦應相應理解爲"佛無漏色"。**文獻**(三)-(3)提到的"有漏色"與"無漏色",皆應指佛的"有漏色"與"無漏色"。"佛有漏色"與"佛無漏色",正是傳統因明學者解釋玄奘唯識比量時經常提到、反復討論的兩個概念。〔105〕

在爲耳識而非眼識所把握的情況下,佛無漏色便與眼識分離(離眼識),從而構成唯識比量"異品"的一員。因爲在此情況下,它僅僅是耳識的認知對象,從而"不離於耳識"。而且,該佛無漏色包括在大乘學者"自許"的色之中,從而包括在大乘學者的"自許初三"〔106〕之中,並且不包括在眼根中。因此,該佛無漏色作爲唯識比量"異品"的一員,又同時體現了唯識比量的"因法"(自許初三攝,眼所不攝),〔107〕這就會使得唯識比量犯有"不定因過"。

在此情況下,元曉針對該"無漏色"指出:"而非極成初三攝故,不成不定。"

---

〔104〕 **文獻(四)**-(3)b-b,參見**文獻**(二)-(3)"六識互用"。

〔105〕 例如 YDMS 341/115c8 - 14,參見 Tang 2018:159 - 160(亦見本書第五章段落 1.4)。

〔106〕 見上表四,項目 C。

〔107〕 參見上注 7、20。

然而,如上所述,唯識比量的"因"的實際表述是"自許初三攝,眼所不攝故"。[108] 因此,元曉在這裡似乎對唯識比量的"因"提出了一種修改建議。他似乎認爲,只要唯識比量中的"初三"換而用"極成"來限定,便能避免上述從"無漏色耳識等緣"的角度指出的"不定因過"。由上文表四可見,佛無漏色(=項目C)包括在大乘學者的"自許初三"中,而不包括在大、小乘學者"共許"的"初三"即"極成初三"中。因此,玄奘唯識比量的"初三"如果用"極成"以代替實際上採用的限定語"自許"來限定,上述"佛無漏色"作爲唯識比量"異品"的一員,便不再體現唯識比量的"因法",因爲它不包括在"極成初三"中。

然而,正如上文所述,爲了防備論敵的"有法差別相違難"[109],"自許"限定語仍應是唯識比量的必要成分。因此,一項極自然的考慮便是:不僅"極成"而且"自許",都應當用來限定唯識比量的"初三"。用"極成"限定"初三",以迴避上述從"佛無漏色"角度指出的"不定因過"。同時,用"自許"限定"初三",以防備論敵的"有法差別相違難"。

這一考慮,即同時用"極成"和"自許"來限定"初三",似乎就是元曉在**文獻**(三)-(3)中對其相違決定量的"因"進行修改,即將該比量中的"自許初三"修改爲"自許極成初三"的動機所在。因爲,元曉的相違決定量既然在論證的基本思路與限定語的使用方面皆模仿了玄奘的唯識比量,該相違決定量便不得不面對唯識比量所可能遭遇的一切麻煩。如果唯識比量的論敵有可能使用僅爲大乘所承認的佛無漏色來揭示唯識比量的"不定因過",相違決定量的論敵亦有可能使用僅爲小乘所承認的佛有漏色來揭示相違決定量犯有類似的"不定因過"。元曉似乎預見到這一可能性,故而在**文獻**(三)-(3)的前半部分才以假設的口吻説道:"以自許佛有漏色,於前共量,他作不定。""於前共量",即針對元曉前述的相違決定量。

在元曉看來,正如唯識比量所可能遭遇的上述情況一樣,相違決定量的論敵(大乘學者)也有可能指出:佛有漏色在某種極特殊的情況下也可以成爲眼識的認知對象。儘管元曉並未明言這一特殊情況究係何種,但可以想見,這應當是某種類似上述"成所作智"的情況。獲得"成所作智"以後,便能通過眼根來認知一切對象。[110] 在大乘看來並不存在的佛有漏色,也應包括在此"一切

[108] 參見上注7。

[109] 見上**反駁**(一)和**反駁**(二)。

[110] 參見上注59。

對象”中。儘管在大乘學者看來,這是一種虚幻不實的色,但在此情況下,佛有漏色便的確有可能成爲眼識所變現出來的“相分”,與眼識不分離,即並非“定離於眼識”,從而成爲元曉比量“異品”的一員。

由上文表四可見,佛有漏色(＝項目 H)包括在小乘學者“自許”的“初三”中,因而包括在相違決定量的“自許初三”中,而且不包括在眼識中。因此,佛有漏色便體現了相違決定量的“因法”。然而,佛有漏色作爲該比量的“異品”,同時又體現了該比量的“因法”,這就會使得該比量同樣犯有“不定因過”。通過指出佛有漏色爲眼識所緣的特殊情況,來揭示相違決定量的“不定因過”,與元曉在**文獻**(三)-(3)的後半部分中所設想的,通過指出佛無漏色爲耳識所緣的特殊情況,來揭示唯識比量的“不定因過”,在出過思路上,正如出一轍。

正是出於這樣的考慮,元曉在**文獻**(三)-(3)中使用“自許極成”這一新的限定語,以替代原先的“自許”,來限定其相違決定量的“初三”。同時用“極成”和“自許”來限定“初三”,一方面新增“極成”,以避免上述基於佛有漏色的“不定因過”,另一方面保留“自許”,以防備“有法差别相違難”。[111]特别是爲“初三”新增“極成”這一限定語,便能使得佛有漏色儘管在爲眼識所緣的特殊情況下,可以構成相違決定量的“異品”,但卻不再能體現該比量的“因法”。因爲佛有漏色僅包括在小乘的“自許初三”中,而不包括在“極成初三”中。

儘管元曉換而使用“自許極成”來限定其相違決定量的“初三”的大致意圖可如上述,但“極成”與“自許”這兩個限定語,何以能同時用於限定同一個“初三”,從因明理論上來看,並非絶無問題。由上文表四可見,“極成初三”乃“(大乘)自許初三”與“(小乘)自許初三”兩概念的合集(intersection),因而它實際上既包括在單純的“(大乘)自許初三”之中,也包括在單純的“(小乘)自許初三”之中。

如果這裡的“自許極成初三”指不僅小乘自許而且大、小乘雙方共同承認的“初三”,即“(小乘)自許初三”與“極成初三”兩概念的合集,則該合集無非還是表四所示的“極成初三”。無論“自許”指小乘自許,還是大乘自許,“自許初三”與“極成初三”的合集還是“極成初三”。在此情況下,“自許極成初三”

---

〔111〕 見 IRMS 321a21－27,及 Tang 2018：184－185(參見本書第五章段落 5.3－4 及其評析)。

與“極成初三”在外延上没有差别,“自許”這一限定語便顯冗餘。但這樣一來,正如“有法差别相違難”不能通過“極成初三”來防備,這一可能的反駁實際上也無法通過“自許極成初三”來防備。

如果這裡的“自許極成初三”指或者小乘自許的“初三”,或者大、小乘雙方共同承認的“初三”,即“(小乘)自許初三”與“極成初三”兩概念的並集(union),則該並集無非還是表四所示的“(小乘)自許初三”。若“自許”指小乘自許,則“自許極成初三”從外延上來看,便等同於“(小乘)自許初三”;若“自許”指大乘自許,則“自許極成初三”從外延上來看,便等同於“(大乘)自許初三”。在此情況下,“自許極成初三”與“自許初三”在外延上没有差别,“極成”這一限定語便顯冗餘。但這樣一來,正如上述基於佛有漏色的“不定因過”不能通過“(小乘)自許初三”來避免,這一“不定因過”實際上也無法通過“自許極成初三”來避免。

簡言之,**文獻**(三)-(3)表現了在“五根互用”乃至“成所作智”的特殊情況下,元曉對其相違決定量與唯識比量之間的往復辯難所可能出現的新的發展方向的延伸思考。至於元曉對此新發展方向的對應策略,即换而用“自許極成”來限定“初三”,能否如其所願的那樣發揮效力,則是另一個問題。在文獻中,迄未發現更進一步的討論。

八、結論

在上文中,筆者試圖説明:(一)與窺基相同,文軌亦對唯識比量持讚同的立場。儘管在《莊嚴疏》現存的文字中,没有一處提到該比量的作者實即玄奘本人,但文軌的確是將這一則比量作爲可靠論證的範例予以提及和使用的。

(二)元曉針對唯識比量提出的相違決定量,的確爲文軌所知曉。而且,文軌在其《莊嚴疏》的最後一部分即《十四過類疏》中,也的確對它作出了批判。文軌相違決定量批判的要點在於認爲:該比量的“因”犯有“不共不定”的過失,因爲眼根(即上文表二中的第一界)並不構成該比量“同品”的一員。爲説明這一點,文軌援引了“六識互用”與“成所作智”這兩種爲大乘學説所容許的特殊情況。這兩種特殊情況亦在窺基的相違決定量批判中提到,作爲窺基六條批判中第四條的理論背景。文軌的相違決定量批判應早於窺基的批判。

(三) 儘管没有證據可以表明窺基的相違決定量批判爲元曉所知,但元曉的確知道文軌對該比量的批判的具體内容,並且元曉的確在其《判比量論》中,針對文軌的批判作出過回應。元曉回應的要點在於主張：通過修改相違決定量的"所立法"就能避免文軌所指出的"不共不定"過失,即將該比量的"所立法"由"定離於眼識"修改爲"離極成眼識",用"極成"來限定"所立法"中的"眼識"。

在之前的研究中,筆者已試圖説明與此有關的另一個重要事實,即：

(四) 文軌對唯識比量的闡述實際上構成了元曉有關該比量的知識的來源。因爲元曉對其相違決定量的闡述,實際上默認了一種與文軌完全相同的唯識比量解釋。而且,文軌在其《莊嚴疏》的前半部分中對唯識比量進行闡述的文字,無論是闡述的總體結構,還是這部分文字所特有的一些術語,均爲元曉對其相違決定量的闡述所繼承。[112]

然而,上述結論(二)與結論(四)似乎是矛盾的。同一部《莊嚴疏》,在年代上不可能既構成了元曉有關唯識比量的知識來源,同時又包含了對於元曉相違決定量的批判。因爲,該相違決定量在年代上只可能出現在《莊嚴疏》的寫作以後。元曉唯有藉助《莊嚴疏》從而對唯識比量本身有所了解以後,才有可能將這一則針對唯識比量的相違決定量構思出來。一般來説,在文獻 B 唯有在文獻 A 以後才會出現的情況下,文獻 A 不可能既是文獻 B 的來源,同時又包含了對於文獻 B 的某種了解。

解決這一矛盾的唯一辦法,便是假設：作爲元曉關於唯識比量的知識來源的《莊嚴疏》前半部分(三卷本系統的前兩卷),與含有對元曉相違決定量的批判的《莊嚴疏》後半部分(三卷本系統的第三卷,即《十四過類疏》),並非成於一時。具體來説,《莊嚴疏》前半部分的寫作在先,而後半部分則是在稍後的某個歷史時期中寫作的。[113] 據此,筆者就文軌與元曉之間的關係,草擬大事年表如下：

---

〔112〕 參見 Tang 2018：194 – 195(亦見本書第五章導論及段落 2a. 1 的評析)。

〔113〕 承《臺大佛學研究》的一位匿名審稿人指出：也有可能文軌本已完成注釋《因明入正理論》全本的《莊嚴疏》,對"十四過類"作專門解釋的部分爲後來單獨寫就。之後,文軌再試圖將這部分内容與《莊嚴疏》對《因明入正理論》已有的注釋融合在一起。亦因此,現存《十四過類疏》中帶有《因明入正理論》結尾部分的注釋。筆者認爲的確有此可能,這一建議值得進一步思考。

表七：大事年表

玄奘譯出《正理門論》	650	
		《莊嚴疏》前半部分的寫作
呂才與奘門弟子之爭	655	《莊嚴疏》前半部分傳播於新羅學界
玄奘逝世	664	元曉相違決定量到達中國
窺基對相違決定量的批判	666/668	文軌對相違決定量的批判與《莊嚴疏》後半部分(即《十四過類疏》)的寫作
		《莊嚴疏》後半部分傳播於新羅學界
	671	元曉對文軌相違決定量批判的回應與《判比量論》的寫作

這就是説,文軌在650—655年間寫作了《莊嚴疏》的前半部分。[114] 在655年左右乃至更晚的某個時候,《莊嚴疏》的前半部分傳播到當時的新羅學界,爲元曉所研習。元曉在研習了《莊嚴疏》的前半部分以後,便構思了他的相違決定量。他可能是通過其他新羅學者(例如順憬)的幫助,才將該比量輾轉寄到中國。該比量寄到中國以後,爲文軌所知曉。於是,文軌在撰寫《莊嚴疏》後半部分(即《十四過類疏》)的時候,便對它作出了批判。

根據窺基的説法,相違決定量是在玄奘逝世(664)以後的乾封年間(666—668)寄到長安的。當時,由於玄奘已經去世,故而窺基便代替玄奘對它作出了回答。[115] 然而,如上所述,文軌對於這同一則相違決定量的批判,顯然要早於窺基的回答。至少就窺基對相違決定量的回答是在乾封年間作出這一點而言,如果窺基的説法不存在錯誤的話,則文軌的相違決定量批判以及《莊嚴疏》後

〔114〕 參見上注47。

〔115〕 參見上注10。

半部分的寫作,就應當不晚於乾封年號的最後一年,即 668 年。[116] 又由於元曉的《判比量論》寫作於 671 年(咸亨二年[117]),其中含有對文軌批判的回應,因而可知含有相違決定量批判的文軌《莊嚴疏》後半部分,應在 671 年以前便已到達當時的新羅學界。

以上,是對大事年表的解釋。然而,仍有一個很重要的問題尚未解決,即相違決定量到達中國的確切年代。相違決定量的確有可能在玄奘逝世以後才到達中國。但也不能排除它在玄奘逝世以前,即在玄奘晚年,便已到達中國的可能性。[118] 現有的證據還不足以證實或者證僞窺基關於相違決定量在乾封年間抵達中國的記述。不過,在這方面,定賓律師(733 年活躍)的下述說法值得注意:

文獻(五)(IDS 525a28 – 525b3[119]):定賓《疏》二[120]云:新羅順憬[121]師乾封年中,傳彼本國元曉師作相違決定來至此國云:"真故極成色,定離於眼識",因云[122]"自許初三攝、眼識不攝故",同喻云[123]"如眼根"。[124] 三藏于時躊躇未釋。後有人釋云等。云云。

對這一記載,藏俊早已表達過強烈的質疑,因爲玄奘早在 664 年便已去世,不可

[116] 根據《東域傳燈目録》(TDM 1160a4)的記載,整部《莊嚴疏》都是文軌在大莊嚴寺期間完成的著作。而且,如上所述,相違決定量是在《莊嚴疏》的後半部分完成以前到達中國的。因而,文軌由大莊嚴寺改隸西明寺的年代,或許可以幫助我們確定《莊嚴疏》後半部分寫作的年代下限,從而確定相違決定量到達中國的年代下限。然而,我們也無法確定文軌改隸西明寺的確切年代。根據李際寧先生的研究(Li Jining 1995: 99),文軌改隸西明寺當不早於 659 年,更有可能是在玄奘晚年甚至玄奘逝世以後。

[117] 見《判比量論》現存殘本末尾的題記(PBRN 953a17 – 18)。

[118] 參見上注 116。

[119] 本段又爲善珠引用,見 IRMS 321a13 – 17(定賓律師《理門疏》云……云云)。與本章所引的文字相比,善珠的引文缺末句"後有人釋云等",此外還有一些細小的差異——其中,唯有一處在此注明(見下注 121)。善珠的引文又爲藏俊重複,見 IDS 525c18 – 21。

[120] 參見上注 119。

[121] 憬[藥師寺藏古寫本],IRMS 321a14,IDS 525c18:囧[寬文延寶年間寫東大寺藏本],見 IDS 525, n. 8。

[122] 因云[寬文延寶年間寫東大寺藏本]:[藥師寺藏古寫本]缺,見 IDS 525, n. 9。

[123] 喻云[寬文延寶年間寫東大寺藏本]:喻[藥師寺藏古寫本],見 IDS 525, n. 10。

[124] 參見上注 10。

能活到定賓所謂的“乾封年中”。[125] 但是,定賓的記載中有一部分可能是真的。本段所謂“後有人釋”很可能暗示了在窺基以前,便已經有人對相違決定量作出過回應。此處的“有人”應該就是文軌。儘管“乾封年中”這一年代明顯有問題,但不排除本段的其他内容也有可能是真的。無論如何,玄奘本人是否了解元曉針對唯識比量提出的相違決定量,這仍是一個懸而未決的問題。對於窺基的説法,似有進一步檢討的必要。

總之,基於上述考證,我們能明確知道:從《莊嚴疏》的最初撰寫(650—655年間)到《判比量論》定稿(671年)的二十年左右時間裡,文軌與元曉之間曾圍繞唯識比量發生過往復辯難。在當時的長安與新羅之間,應當至少發生過三次學術觀點的交流,即第一次從文軌到元曉,第二次從元曉到文軌,第三次再一次從文軌到元曉。雖然我們無法對與此相關的一系列事件(如上表七右欄所示)作出更確切的系年,但這些事件之間的前後關係則是清楚明確的。過去,我們只知道窺基對相違決定量的批判,卻不知道文軌早就批判過相違決定量,更不知道文軌的批判還傳到當時的新羅學界,得到元曉的回應。

通過揭示這些事實,筆者希望能從一個側面説明:在東亞因明傳統的最早階段,在短短二十年左右的時間裡,在當時的中國與韓國之間,就曾發生過極爲頻繁的學術交流。因明在東亞世界的傳播,從一開始就不是一個由中國向外單向輻射的過程。當時的韓國學者並非被動地接受來自中國的新學問,而是基於理性作爲真理的唯一標準的立場,針對中國傳來的新學問作出深刻有力的思想反饋,並在得到中國方面的回應以後,充分運用這門新學問的各項基本理論設定來捍衛自己的觀點。正是這種理性、自由、平等的學術風氣,見證了因明在東亞世界的成功傳播。

【附記】爲分類標識相應文獻與對該文獻的各種類型引用之間错综複雜的關係,佛教量論研究界的維也納歷史-文獻(historical-philological)學派在逐步實踐中形成了一套成熟的記號,詳見 Ernst Steinkellner, Helmut Krasser, Horst Lasic (eds.). *Jinendrabuddhi's Viśālāmalavatī Pramāṇasamuccayaṭīkā*, Chapter 1, Part I. Beijing and Vienna: China Tibetology Publishing House & Austrian Academy of Sciences Press, 2005, introduction, lii–liv。這套記號在佛教量論文獻學界已廣爲採用,而在漢語學界則絶少提及。兹略述本章所涉 **Ce**,

〔125〕 參見 IDS 525c27–526a5。

Ce'e, **Ci**, **Ri** 等記號含義如下：

Ce　=*citatum ex alio*/本書明確標識引自他書的文字。

Cee　=*citatum ex alio modo edendi*/本書明確標識引自他書、但有改動的文字。

Ce'e　=*citatum ex alio usus secundarii modo edendi*/本書未明確標識，但實即引自他書且有改動的文字。

Ci　=*citatum*/他書明確標識引自本書的文字。

Ri　=*relatum in alio*/本書大意爲他書所概括的文字。

凡此諸記號皆冠於他書相應文字的書目信息前。在本書相應段落，則以 a－a、b－b 等記號標識起訖。

人物年代簡表*

印度	無著(Asaṅga,約 315—390) 世親(Vasubandhu,約 400—480) 富差耶那(Vātsyāyana,5 世紀) 陳那(Dignāga,約 480—540) 商羯羅主(Śaṅkarasvāmin,約 500—560) 清辨(Bhāviveka,約 500—570) 賢愛(Bhadraruci,約 510—570) 法稱(Dharmakīrti,約 550—660) 月稱(Candrakīrti,6—7 世紀)	勝軍(Jayasena,6—7 世紀) 阿闍陀(Arcaṭa,約 730—790) 法上(Dharmottara,約 740—800) 角宮(Karṇakagomin,約 770—830) 聖主覺(Jinendrabuddhi,約 8—9 世紀) 師子賢(Haribhadra,約 8 世紀) 吉答利(Jitāri,約 940—1000) 寶藏寂(Ratnākaraśānti,約 970—1030) 脅天(Pārśvadeva,約 12 世紀上半葉)
中國	玄奘(602—664) 神泰(約 7 世紀上半葉) 文軌(約 615—675) 靖邁(7 世紀) 淨眼(7 世紀) 窺基(632—682)	義淨(635—713) 慧沼(650—714) 定賓(733 年活躍) 智周(668—723) 延壽(904—975)
韓國	圓測(Wŏnch'ŭk,613—696) 元曉(Wŏnhyo,617—686) 順憬(Sungyŏng,7 世紀) 憬興(Kyŏnghŭng,7 世紀下半葉)	道證(Tojŭng,約 640—710) 太賢(T'aehyŏn,735—744 間活躍) 義天(Ŭich'ŏn,1055—1101)
日本	道昭(Dōshō,629—700) 玄昉(Genbō,? —746) 善珠(Zenju,723—797) 護命(Gomyō,750—834)	慚安(Zen'an,815 年活躍) 藏俊(Zōshun,1104—1180) 寶雲(Hōun,1791—1847)

* 本表中,一些人物的年代僅能確定到屬於哪一個世紀或哪兩個百年之間(如月稱、勝軍、靖邁、順憬)。現將他們排在年代較爲確定的同時代人後面,但並不意味著他們的年代一定晚於後者。

參考文獻和縮略語*

縮略語(藏經、目録、雜誌)

D/Derge	*sDe dge Tibetan Tripiṭaka bsTan 'gyur Preserved at the Faculty of Letters, University of Tokyo*, ed. J. Takasaki, Z. Yamaguchi and N. Hakamaya. Tokyo: Tokyo sekai seiten kanko kyokai, 1977–1981.
EAST	Online Resource: "Epistemology and Argumentation in South Asia and Tibet" (2017). Institute for the Cultural and Intellectual History of Asia, Austrian Academy of Sciences. https://east.ikga.oeaw.ac.at. Accessed 12 March 2023.
Hōbōgirin	*Répertoire du Canon Bouddhique Sino-Japonais. Édition de Taishō. Fascicule Annexe du Hōbōgirin*, compilé par Paul Demiéville, Hubert Durt, Anna Seidel. Paris: L'Académie des Inscriptions et Belles-Lettres, Institut de France, 1978.
IBK	*Indogaku Bukkyōgaku Kenkyū* 印度學仏教學研究.
JIP	*Journal of Indian Philosophy*.
P/Peiking	*The Tibetan Tripitaka, Peking Edition, Kept in the Library of the Otani University, Kyoto*, ed. D. T. Suzuki. Tokyo/Kyoto: Tibetan

* 下面的三張表格中,左列爲本書正文據以引用的文獻題名,右列爲相應文獻的詳細出版信息。本書對所有一手文獻使用縮寫,無論梵語、古漢語還是古藏文的題名,皆根據羅馬字母順序排列。將所有二手文獻(無論語種)編制在同一個表中,根據作者姓氏的羅馬字母順序和出版年份先後順序排列;在單憑作者姓氏和出版年份進行援引造成混淆的情況,則對其中之一根據作者全名來援引,以示區别。"縮略語"適用於不屬於上述二類文獻但需要進行縮寫的情況,包括"一手文獻"和"二手文獻"中用到的縮寫(如大型叢書名)。

	Tripitaka Research Institute, 1955 – 1961.
SZY	*Shijie zongjiao yanjiu* 世界宗教研究.
T/Taishō	*Taishō shinshū daizōkyō* 大正新脩大藏經. Tokyo: Taishō issaikyō kankōkai 東京: 大正一切經刊行會, 1924 – 1935.
WZKS	*Wiener Zeitschrift für die Kunde Südasiens und Archiv für Indische Philosophie.*
WZKSO	*Wiener Zeitschrift für die Kunde Süd- und Ostasiens.*
X	*Shinsan dai nippon zokuzōkyō* 卍新纂大日本續藏經. Tokyo: Kokusho kankōkai 東京: 國書刊行會, 1975 – 1989.

一手文獻(梵語、古漢語、古藏文)

*ĀŚP	**Āryaśāsanaprakaraṇa* (Asaṅga): Chinese translation, *Xian yang sheng jiao lun* 顯揚聖教論, T31, no. 1602.
AS	*Abhidharmasamuccaya* (Asaṅga): *Abhidharma Samuccaya of Asanga*, ed. Pralhad Pradhan. Visva – Bharati: Santiniketan Press, 1950.
AS_{Ch}	Chinese Translation of AS: *Da cheng a pi da mo ji lun* 大乘阿毘達磨集論, T31, no. 1605.
CEZ	*Da tang da ci en si san zang fa shi zhuan* 大唐大慈恩寺三藏法師傳 (Huili 慧立 and Yancong 彥悰): T50, no. 2053.
CWSL	*Cheng wei shi lun* 成唯識論 (Dharmapāla et al.): T31, no. 1585.
CWSLSJ	*Cheng wei shi lun shu ji* 成唯識論述記 (Kuiji 窺基): T43, no. 1830.
CWSLZZSY	*Cheng wei shi lun zhang zhong shu yao* 成唯識論掌中樞要 (Kuiji 窺基): T43, no. 1831.
GJYJTJ	*Gu jin yi jing tu ji* 古今譯經圖紀 (Jingmai 靖邁): T55, no. 2151.
HB	Hetubindu (Dharmakīrti): *Dharmakīrti's Hetubindu. Critically Edited by Ernst Steinkellner on the Basis of Preparatory Work by Helmut Krasser, with a Transliteration of the Gilgit Fragment by Klaus Wille*, ed. Ernst Steinkellner. Beijing – Vienna: China

Tibetology Publishing House – Austrian Academy of Sciences Press, 2016.

HCḌ *Hetucakraḍamaru* (Dignāga): see Frauwallner 1959: 161 – 164.

HTK *Hossō tōmyō ki* 法相燈明記 (Zen'an 慚安): T71, no. 2310.

HV The *Hetuvidyā* Section in the *Yogācārabhūmi*: see Yaita 2005: 95 – 124.

HV$_{\text{Ch}}$ Chinese Translation of HV: see *Yu jia shi di lun* 瑜伽師地論, T30, no. 1579, 356a11 – 360c21.

HV$_{\text{Tib}}$ Tibetan Translation of HV: P vol. 109, no. 5536, Dsi 214b6 – 229a6.

IDS *Inmyō daisho shō* 因明大疏抄 (Zōshun 藏俊): T68, no. 2271.

IRMS *Inmyō ronsho myōtō shō* 因明論疏明燈抄 (Zenju 善珠): T68, no. 2270.

ISMSS *Inmyō shōri mon ron shin sho* 因明正理門論新疏 (Hōun 寶雲): Woodprint edition. Kyoto: Naga ta bun shō dō 京都: 永田文昌堂, 1881.

JYHS *Yin ming ru zheng li lun hou shu* 因明入正理論後疏 (Jingyan 淨眼): see Shen 2008: 278 – 299 (Text), 300 – 314 (Plates).

JYLC *Yin ming ru zheng li lun lüe chao* 因明入正理論略抄 (Jingyan 淨眼): see Shen 2008: 244 – 264 (Text), 265 – 277 (Plates).

KYSJL *Kai yuan shi jiao lu* 開元釋教録 (Zhisheng 智昇): T55, no. 2154.

NB *Nyāyabindu* (Dharmakīrti): *Paṇḍita Durveka Miśra's Dharmottarapradīpa*, ed. Paṇḍita Dalsukhbhai Malvania. Patna: Kashiprasad Jayaswal Research Institute, 1971.

NBṬ *Nyāyabinduṭīkā* (Dharmottara): see op. cit.

NBh *Nyāyabhāṣya* (Vātsyāyana): *Gautamīyanyāyadarśana with Bhāṣya of Vātsyāyana*, ed. Anantalal Thakur. [Nyāyacaturgranthikā 1]. New Delhi: Indian Council of Philosophical Research, 1997.

NMu *Nyāyamukha* (Dignāga): see Katsura [1]–[7].

NP *Nyāyapraveśa* (Śaṅkarasvāmin): see Tachikawa 1971: 140 –

144.

NP$_{Ch}$ Chinese Translation of NP: *Yin ming ru zheng li lun* 因明入正理論, T32, no. 1630.

NPṬ *Nyāyapraveśakaṭīkā* (Haribhadra): *Nyāyapraveśakaśāstra of Baudh Ācārya Diṅnāga. With the Commentary of Ācārya Haribhadrasūri and with the Subcommentary of Pārśvadevagaṇi*, ed. Muni Jambuvijaya. Delhi: Motilal Banarsidass, 2009, 13 – 55.

NPVP *Nyāyapraveśakavṛttipañjikā* (Pārśvadeva): see op. cit., 56 – 126.

NS *Nyāyasūtra* (Gotama): see Ruben 1928.

NV *Nyāyavārttika* (Uddyotakara): *Nyāyabhāṣyavārttika of Bhāradvāja Uddyotakara*, ed. Anantalal Thakur. [Nyāyacaturgranthikā 2]. New Delhi: Indian Council of Philosophical Research, 1997.

PBRN *P'an biryang non* 判比量論(Wŏnhyo 元曉): X53, no. 860.

PS(V) *Pramāṇasamuccaya(vṛtti)* (Dignāga): Tibetan translation. K = Tibetan translation of PSV by Kanakavarman and Mar thuṅ Dad pa'i śes rab: P vol. 130, no. 5702, Ce 93b4 – 177a7; V = Tibetan translation of PSV by Vasudhararakṣita and Źa ma Seṅ ge rgyal mtshan: D vol. 174, no. 4204, Ce 14b1 – 85b7. K and V are collated in Kitagawa 1985: 441 – 579.

PSṬ$_{Tib}$ Tibetan Translation of the *Pramāṇasamuccayaṭīkā* of Jinendrabuddhi: P vol. 139, no. 5766, Re 1a1 – 355a8.

PVSV *Pramāṇavārttikasvavṛtti* (Dharmakīrti): *The Pramāṇavārttikam of Dharmakīrti: The First Chapter with the Autocommentary*, ed. Raniero Gnoli. Rome: Istituto Italiano per il Medio ed Estremo Oriente, 1960.

PVSVṬ *Pramāṇavārttika[sva]vṛttiṭīkā* (Karṇakagomin): *Ācārya – Dharmakīrteḥ Pramāṇavārttikam (svārthānumānaparicchedaḥ) svopajñavṛttyā, Karṇakagomiviracitayā taṭṭīkayā ca sahitam*, ed. Rāhula Sāṃkṛtyāyana. Ilāhābād: Kitāb Mahal, 1943.

RINM *Daijō hossō kenjin shō* 大乘法相研神章 (Gomyō 護命), Chapter 10 *Ryakken inmyō nisshōri mon* 略顯因明入正理門: T71, no. 2309, 29a5 – 36b24.

SCKC *Sinp'yŏn chejong kyojang ch'ongnok* 新編諸宗教藏總録（Ŭich'ŏn 義天）：T55，no. 2184.

SGSZ *Song gao seng zhuan* 宋高僧傳（Zanning 贊寧 et al.）：T50，no. 2061.

TDM *Tōiki dentō mokuroku* 東域傳燈目録（Eichō 永超）：T55，no. 2183.

VŚ Viṃśikā（Vasubandhu）：*Materials Toward the Study of Vasubandhu's Viṁśikā (I): Sanskrit and Tibetan Critical Editions of the Verses and Autocommentary*, *an English Translation and Annotations*, ed. & trans. Jonathan A. Silk.［Harvard Oriental Series 81］. Cambridge，MA：Department of South Asian Studies，Harvard Unversity，2016.

VŚ$_{Ch}$ Chinese Translation of VŚ：*Wei shi er shi lun* 唯識二十論，T31，no. 1590.

XYJ *Da tang xi yu ji* 大唐西域記（Xuanzang 玄奘 and Bianji 辯機）：T51，no. 2087.

YJSDLLZ *Yu jia shi di lun lüe zuan* 瑜伽師地論略纂（Kuiji 窺基）：T43，no. 1829.

YLSSGLS *Yin ming lun li men shi si guo lei shu* 因明論理門十四過類疏（Kuiji 窺基［sic！］）：*Jin zang guang sheng si ben* 金藏廣勝寺本［Jin Tripiṭaka Edition as Found in Guangsheng Temple］，reprinted in *Zhong hua da zang jing*（*Han wen bu fen*）中華大藏經（漢文部分），vol. 99，no. 1880，Beijing：Zhonghua shuju 北京：中華書局，1996，436 – 442.

YMDS *Yin ming da shu* 因明大疏（Kuiji 窺基）：see Zheng 2010；also T44，no. 1840，*Yin ming ru zheng li lun shu* 因明入正理論疏.（Reference made to both editions，separated by a slash［"/"］）.

YMQJ *Yin ming ru zheng li lun shu qian ji* 因明入正理論疏前記（Zhizhou 智周）：X53，no. 853.

YZMS *Yin ming zheng li men lun shu ji* 因明正理門論述記（Shentai 神泰）：Nanjing：Zhina neixue yuan 南京：支那内學院，1923.

YZY	*Yin ming ru zheng li lun yi zuan yao* 因明入正理論義纂要（Huizhao 慧沼）：T44，no. 1842.
ZJL	*Zong jing lu* 宗鏡録（Yanshou 延壽）：T48，no. 2016.
ZYS	*Yin ming ru zheng li lun shu* 因明入正理論疏（Wengui 文軌），abbreviated as *Zhuang yan shu* 莊嚴疏：Woodprint edition. Nanjing：Zhina neixue yuan 南京：支那内學院，1934.
ZYS MS	Dunhuang Manuscript of ZYS；see Shen 2008：218 – 229（Text），230 – 239（Plates）.

二手文獻

Aviv 2015	Aviv，Eyal. "A Well – Reasoned Dharma：Buddhist Logic in Republican China." *Journal of Chinese Buddhist Studies* 中華佛學學報 28（2015）189 – 234.
Chen 1952	Chen，Ta-tsi 陳大齊. *Yintu litsêhsüeh*（*Yinming*）印度理則學（因明）［Indian Logic：Hetuvidyā］. Taipei：Chêngchih tahsüeh yenchiuso 臺北：政治大學研究所，1952.
Chen 1997	Id. *Yinming tashu lits'ê* 因明大疏蠡測［Observations on the Great Commentary on Hetuvidyā］. Reprint. Tainan：Chih chê ch'u pan shê 臺南：智者出版社，1997.
Chen 2018	Chen，Shuai. "Rethinking Indian Buddhist Logic in Tang China：An Analysis and Translation of the *Sādhana* Section of Kuiji's Commentary on the *Nyāyapraveśa*." PhD Dissertation，Ruprecht – Karls – Universität Heidelberg，2018.
Chen 2021	Id. "*Jiyu xinjian wenxian de Mingqing yinming shi chonggou*" 基於新見文獻的明清因明史重構［A Reconstruction of the History of Buddhist Logic in Ming and Qing China Based on New Materials］. *Taiwan Journal of Buddhist Studies* 臺大佛學研究 42（2021. 12）121 – 162.
Chen & Chien 2021	Chen，Shuai 陳帥 and Chien，Kai – Ting 簡凱廷. *Ming Qing Yinming ru zhengli lun zhenxi zhushi xuanji* 明清《因明入正理論》珍稀注釋選輯［Rare Commentaries on the *Nyāyapraveśa* in

Ming and Qing China]. Kaohsiung: Foguang wenhua 高雄：佛光文化,2021.

Cook 1999 — Cook, Francis H. *Three Texts on Consciousness Only*. [BDK English Tripiṭaka 60 - Ⅰ, Ⅱ, Ⅲ]. Berkeley: Numata Center for Buddhist Translation and Research, 1999.

Copi & Cohen 2005 — Copi, M. Irving and Cohen, Carl. *Introduction to Logic* (Twelfth Edition). New Jersey: Pearson Education, Inc, 2005.

Eltschinger 2019 — Eltschinger, Vincent. "Dharmakīrti." In: *Brill's Encyclopedia of Buddhism, Volume II: Lives*, ed. Jonathan A. Silk. Leiden/Boston: Brill, 2019, 156 - 167.

Eltschinger & Ratié 2013 — Eltschinger, Vincent, and Ratié, Isabelle. *Self, No - Self, and Salvation: Dharmakīrti's Critique of the Notions of Self and Person.* Wien: Verlag der Österreichische Akademie der Wissenschaften, 2013.

Franco 2004 — Franco, Eli. "Xuanzang's Proof of Idealism (*Vijñaptimātratā*)." *Hōrin* 11 (2004) 199 - 212.

Frauwallner 1954 — Frauwallner, Erich. "Die Reihenfolge und Entstehung der Werke Dharmakīrti's." In: *Asiatica. Festschrift Friedrich Weller.* Leipzig, 1954, 142 - 154.

Frauwallner 1957 — Id. "Vasubandhu's Vādavidhiḥ." WZKSO 1 (1957) 104 - 146.

Frauwallner 1959 — Id. "Dignāga, sein Werk und seine Entwicklung." WZKSO 3 (1959) 83 - 164.

Frauwallner 1961 — Id. "Landmarks in the History of Indian Logic." WZKSO 5 (1961) 125 - 148.

Fu 2011 — Fu, Xinyi 傅新毅. "*Xuanzang fashi Zhi e jian lun kao*" 玄奘法師《制惡見論》考. SZY 2011 (6) 16 - 23.

Fu 2016 — Id. "*Cong 'Shengjun biliang' dao 'weishi biliang': Xuanzang dui jianbie yu 'zixu' de shiyong*" 從"勝軍比量"到"唯識比量"：玄奘對簡別語"自許"的使用. SZY 2016 (2) 61 - 71.

Ganeri 2004 — Ganeri, Jonardon. "Indian Logic." In: *Handbook of the History of Logic, Vol. 1*, ed. D. M. Gabbay and J. Woods. North Holland: Elsevier BV, 2004, 309 - 395.

Gillon & Hayes 1982 — Gillon, B. S. and Hayes, R. P. "The Role of the Particle *eva* in (Logical) Quantification in Sanskrit." WZKS 26 (1982) 195 – 203.

Gillon & Hayes 2008 — Id. "Dharmakīrti on the Role of Causation in Inference as Presented in *Pramāṇavārttika Svopajñavṛtti* 11 – 38." JIP 36 (2008) 335 – 404.

Gillon & Love 1980 — Gillon, Brendan S. and Love, Martha Lile. "Indian Logic Revisited: *Nyāyapraveśa* Reviewed." JIP 8 (1980) 349 – 384.

Gotō 2018 — Gotō, Yasuo 後藤康夫. "*Higashi ajia ni okeru bukkyō ronrigaku no tenkai*" 東アジアにおける仏教論理学の展開 [Development of Buddhist logic in East Asia]. *Gifu shōtoku gakuen daigaku bukkyō bunka kenkyūjo kiyō* 岐阜聖徳学園大学仏教文化研究所紀要 18 (2018) 145 – 169.

Hayes 1988 — Hayes, Richard P. *Dignāga on the Interpretation of Signs*. Dordrecht: Kluwer Academic Publishers, 1988.

He 2014 — He, Huanhuan. "Xuanzang, Bhāviveka, and Dignāga: On the 'Restriction of the Thesis' (* *pratijñāviśeṣaṇa*)." IBK 62/3 (2014) 1230 – 1235.

Hirakawa 1973/1977/1978 — Hirakawa, Akira 平川彰 et al. *Abidamma kusharon sakuin* 阿毘達磨倶舍論索引 [Index to the Abhidharmakośabhāṣya]. Three parts. (Part 1: Sanskrit – Tibetan – Chinese, Part 2: Chinese – Sanskrit, Part 3: Tibetan – Sanskrit). Tōkyō: Daizō shuppan kabushikikaisha 東京：大蔵出版株式会社,1973/1977/1978.

Hugon 2004 — Hugon, Pascale. "Interpretations of the *trairūpya* in Tibet." *Hōrin* 11 (2004) 95 – 117.

Inami 1991 — Inami, Masahiro. "On *pakṣābhāsa*." In: *Studies in the Buddhist Epistemological Tradition: Proceedings of the Second International Dharmakīrti Conference, Vienna, June 11 – 16, 1989*, ed. Ernst Steinkellner. Wien: Österreichische Akademie der Wissenschaften, 1991, 69 – 83.

Ishii 1990 — Ishii, Kosei 石井公成. "*Chōsen bukkyō ni okeru sanron kyōgaku*" 朝鮮仏教における三論教学. In: *Sanron kyōgaku no kenkyū* 三論教学の研究, ed. Hirai Shun'ei 平井俊榮. Tokyo: Shunjū sha 東京：春秋社,1990,459 – 483.

Kajiyama 1973 Kajiyama, Yuichi. "Three Kinds of Affirmation and Two Kinds of Negation in Buddhist Philosophy." WZKS 17 (1973) 161 - 175.

Karlgren 1957 Karlgren, Bernhard. *Grammata Serica Recensa*. Stockholm: Museum of Far Eastern Antiquities, Bulletin 29, 1957.

Katsura[1]-[7] Katsura, Shōryū 桂紹隆. "*Inmyō-shōri-mon-ron kenkyū*" 因明正理門論研究 [A study of the *Nyāyamukha*]. *Hiroshima Daigaku Bungakubu Kiyō*, (1) vol. 37, 1977, 106 - 126; (2) vol. 38, 1978, 110 - 130; (3) vol. 39, 1979, 63 - 82; (4) vol. 41, 1981, 62 - 82; (5) vol. 42, 1982, 82 - 99; (6) vol. 44, 1984, 43 - 74; (7) vol. 46, 1987, 46 - 85.

Katsura 1985 Id. "On *trairūpya* Formulae." In: *Buddhism and Its Relation to Other Religions. Essays in Honour of Dr. Shozen Kumoi on His Seventieth Birthday*. Kyoto: Heirakuji shoten 京都: 平楽寺書店, 1985, 161 - 172.

Katsura 2000 Id. "Dignāga on *trairūpya* Reconsidered: A Reply to Prof. Oetke." In: *Indo no bunka to ronri: Tosaki Hiromasa hakase koki kinen ronbunshū* インドの文化と論理: 戸崎宏正博士古稀記念論文集. Fukuoka: Kyūshū University Press 福岡: 九州大学出版会, 2000, 241 - 266.

Katsura 2004a Id. "*Pakṣa*, *Sapakṣa* and *Asapakṣa* in Dignāga's Logic." *Hōrin* 11 (2004) 119 - 128.

Katsura 2004b Id. "The Role of *dṛṣṭānta* in Dignāga's Logic." In: *The Role of the Example* (Dṛṣṭānta) *in Classical Indian Logic*, ed. Shoryu Katsura and Ernst Steinkellner. Wien: Arbeitskreis für Tibetische und Buddhistische Studien, Universität Wien, 2004.

Kim Sung-chul 2017 Kim, Sung-chul 김 성 철. "*P'an piryangron sinch'ul p'ilsabon ŭi haedok kwa Yushikpiryang kwallyŏn tanp'yŏn ŭi naeyong punsŏk*" 『판비량론』 신출 필사본의 해독과 유식비량 관련 단편의 내용 분석 [The Analysis of Brief Contexts Related to Consciousness-only Inferences and Newly Found Manuscripts of the *Critical Discussions of Inference*]. *Han'guk Pulgyohak* 한국불교학 84 (2017. 12) 215 - 247.

Kim Young-suk 2017 Kim, Young-suk 김영석. "*Wŏnhyo P'an piryangron ŭi saeroun palgul – Kot'omisulgwan mit Mich'ŭiginyŏm misulgwan sojangbon ŭl chungshim ŭro*" 원효『판비량론』의 새로운 발굴 - 고토미술관 및 미츠이기념 미술관 소장본을 중심으로 [A New Discovery of Wŏnhyo's *Panbiryangnon*: Focusing on the Collections of the Gotoh Museum and the Mitsui Memorial Museum]. *Pulgyo hakpo* 불교학보 81 (2017. 12) 93 – 115.

King 1999 King, Richard. *Indian Philosophy: An Introduction to Hindu and Buddhist Thought*. Edinburgh: Edinburgh University Press, 1999.

Kitagawa 1985 Kitagawa, Hidenori 北川秀則. *Indo koten ronrigaku no kenkyū: Jinna no taikei* インド古典論理學の研究—陳那(Dignāga)の體系 [A study of Indian Classical Logic. Dignāga's System]. Reprint, Kyoto: Rinsen Book 京都: 臨川書店, 1985.

Lamotte 1988 Lamotte, Étienne. *History of Indian Buddhism. From the Origins to the Śaka Era*, translated from the French by Sara Webb-Boin under the supervision of Jean Dantinne. Louvain-la-Neuve: Institut Orientaliste, 1988.

Li 1995 Li, Rongxi. *A Biography of the Tripiṭaka Master of the Great Ci'en Monastery of the Great Tang Dynasty*. [BDK English Tripiṭaka 77]. Berkeley, California: Numata Center for Buddhist Translation and Research, 1995.

Li 1996 Li, Rongxi. *The Great Tang Dynasty Record of the Western Regions*. [BDK English Tripiṭaka 79]. Berkeley: Numata Center for Buddhist Translation and Research, 1996.

Li Jining 1995 Li, Jining 李際寧. "*Wengui de zhuzuo ji qita*" 文軌的著作及其它 [On Wengui's Works and Related Problems]. In: *Zangwai fojiao wenxian* 藏外佛教文獻, vol. 1, ed. Fang Guangchang 方廣錩. Beijing: Zongjiao wenhua chubanshe, 北京: 宗教文化出版社, 1995, 95 – 100.

Lü 1926 Lü, Cheng 呂澂. *Yinming gangyao* 因明綱要 [The Principles of Indian Logic], Shanghai: Shangwu yinshu guan 上海: 商務印書館, 1926.

Lü 1980 Id. *Xinbian hanwen dazangjing mulu* 新編漢文大藏經目録［A New Catalogue of Chinese Tripiṭaka］. Jinan: Qilu shushe 濟南：齊魯書社，1980.

Lü 1983 Id. *Yinming ru zhengli lun jiangjie* 因明入正理論講解［Lectures on the *Nyāyapraveśa*］. Beijing: Zhonghua shuju 北京：中華書局，1983.

Luo 1981 Luo, Zhao 羅炤. "*Xuanzang yi Yinming zhengli men lun ben niandai kao*" 玄奘譯《因明正理門論本》年代考［A Study of the Date of Xuanzang's Translation of the *Nyāyamukha*］. SZY 1981 (2) 29–36.

Luo 1982 Id. "*Yingdang shishi qiushi de duidai 'Zhen weishi liang': Yu Shen Jianying tongzhi shangque*" 應當實事求是地對待"真唯識量"：與沈劍英同志商榷［To Treat the "True Inference of Consciousness-only" as It Is: A Discussion with Mr. Shen Jianying］. SZY 1982 (3) 90–100.

Luo 1988 Id. "*Youguan 'Zhen weishi liang' de jige wenti*" 有關"真唯識量"的幾個問題［Some Problems concerning the "True Inference of Consciousness-only"］. SZY 1988 (3) 28–50.

Lusthaus 2012 Lusthaus, Dan. "Critical Discussion on Inference (*P'an piryang non*). Translation and Introduction." In: *Wŏnhyo's Philosophy of Mind*, ed. A. Charles Muller and Cuong T. Nguyen. Honolulu: University Of Hawai'i Press, 2012, 263–297.

Matilal 1998 Matilal, Bimal Krishna. *The Character of Logic in India*, ed. Jonardon Ganeri and Heeraman Tiwari. Albany: State University of New York Press, 1998.

Moriyama 2014 Moriyama, Shinya. "A Comparison between the Indian and Chinese Interpretations of the Antinomic Reason (*Viruddhāvyabhicārin*)." In: *A Distant Mirror. Articulating Indic Ideas in Sixth and Seventh Century Chinese Buddhism*, ed. Chen-kuo Lin and Michael Radich. Hamburg: Hamburg University Press, 2014, 121–150.

Moriyama 2018 Id. "On *dharmisvarūpaviparītasādhana*." WZKS 56–57 (2015–2018) 37–49.

Moro 2007 Moro, Shigeki 師茂樹. "Xuanzang's Inference of Yogācāra and Its Interpretation by Shilla Buddhists." In: *Korean Buddhism in East Asian Perspectives*, compiled by Geumgang Center for Buddhist Studies, Geumgang University. Seoul: Jimoondang, 2007, 321 – 331.

Moro 2010 Id. "*Gangyō no yuishiki-hiryō kaishaku*: E. Franco *shi no setsu to hikaku shitsutsu*" 元曉の唯識比量解釋: E. Franco 氏の説と比較しつつ [Wŏnhyo's Interpretation of the Proof of Idealism (*vijñaptimātratā*): Comparing with the Interpretation by Dr. Eli Franco]. *Wŏnhyohak yŏngu* 元曉學研究 15 (2010) 101 – 116.

Moro 2015a Id. "Xuanzang's Proof of Idealism (真唯識量) and Śīlabhadra's Teaching." In: *Cishixue yanjiu* 慈氏學研究 (2014). Beijing: Zhongguo wenshi chubanshe 北京: 中國文史出版社, 2015, 191 – 200.

Moro 2015b Id. "Gomyō's Interpretation on the Proof of Idealism (*vijñaptimātratā*)." In: *Logic in Buddhist Scholasticism. From Philosophical, Philological, Historical and Comparative Perspectives*, ed. Gregor Paul. Lumbini: Lumbini International Research Institute, 2015, 351 – 370.

Moro 2015c Id. *Ronri to rekishi: Higashi ajia bukkyō ronrigaku no keisei to tenkai* 論理と歴史: 東アジア仏教論理学の形成と展開 [Logic and History: Formation and Expansion of Buddhist Logic in East Asia]. Kyoto: Nakanishiya shuppan 京都: ナカニシヤ出版, 2015.

Moro 2017 Id. "Proof of *vijñaptimātratā* and Mungwe." IBK 65/3 (2017) 1295 – 1301.

Oetke 1994 Oetke, Claus. *Studies on the Doctrine of Trairūpya*. [Wiener Studien zur Tibetologie und Buddhismuskunde 33]. Wien: Arbeitskreis für Tibetische und Buddhistische Studien, Universität Wien, 1994.

Oetke 1996 Id. "Ancient Indian Logic as a Theory of Non-Monotonic Reasoning." JIP 24 (1996) 447 – 539.

Okamoto 2018 Okamoto, Ippei 岡本一平. "*Shinshutsu shiryō Baikei kyū zōhon: Gengyō sen 'Han hi ryō ron' dankan ni tsuite*" 新出資料梅渓旧

藏本：元暁撰『判比量論』断簡について［Introduction of Newly Discovered Manuscript：A Piece of a Manuscript of Weonhyo's "*Panbiryangnon* 判比量論" that Baikei（梅渓）Owned a Long Time Ago］. *Pulgyo hakpo* 불교학보 83（2018. 6）89 – 106.

Okazaki 1995 Okazaki, Yasuhiro 岡崎康浩. "Uddyotakara's vyatireki-hetu." IBK 44/1 （1995）494 – 491.

Potter 2003 Potter, Karl H. *Encyclopedia of Indian Philosophies*. Volume IX：*Buddhist Philosophy from 350 to 600 A. D.* Delhi：Motilal Banarsidass Publishers Pvt. Ltd, 2003.

Ruben 1928 Ruben, Walter. *Die Nyāyasūtra's: Text, Übersetzung, Erläuterung und Glossar*. Leipzig：Deutsche Morgenländische Gesellschaft, 1928.

Shen 2002 Shen, Jianying 沈劍英. *Yinming xue yanjiu*（*Xiuding ben*）因明學研究（修訂本）［A Study of Hetuvidyā, Revised edition］. Shanghai：Dongfang chuban zhongxin 上海：東方出版中心, 2002.

Shen 2008 Id. *Dunhuang yinming wenxian yanjiu* 敦煌因明文獻研究［A Study on Hetuvidyā Manuscripts in Dunhuang］. Shanghai：Shanghai guji chubanshe 上海：上海古籍出版社,2008.

Shen 2014 Shen, Haiyan 沈海燕. "*Lun 'chuwaishuo' – Yu Zheng Weihong jiaoshou shangque*" 論"除外說"——與鄭偉宏教授商榷［On Excluding the Subject in Dispute（*pakṣadhramin*）from *sapakṣa* and *vipakṣa* in Dignāga's Logic：A Discussion with Prof. Zheng Weihong］. *Zhexue yanjiu* 哲學研究 2014（6）114 – 120.

Shiga 2011 Shiga, Kiyokuni. "Remarks on the Origin of All-Inclusive Pervasion." JIP 39（2011）521 – 534.

Steinkellner 2013 Steinkellner, Ernst. *Dharmakīrtis frühe Logik: Annotierte Übersetzung der logischen Teile von* Pramāṇavārttika *1 mit der* Vṛtti. Vol. I. Introduction, Übersetzung, Analyse. Tokyo：The International Institute for Buddhist Studies, 2013.

Steinkellner & Much 1995 Steinkellner, Ernst and Much, Michael T. *Texte der Erkenntnistheoretischen Schule des Buddhismus*.［Systematische Übersicht über die Buddhistische Sanskrit – Literatur Ⅱ]. Göttingen: Vandenhoeck & Ruprecht, 1995.

Sugiura 1900 Sugiura, Sadajiro. *Hindu Logic as preserved in China and Japan*, ed. Edgar A. Singer. Philadelphia: Philadelphia Pub. for the University, 1900.

Tachikawa 1971 Tachikawa, Musashi. "A Sixth-century Manual of Indian Logic. A Translation of the *Nyāyapraveśa*." JIP 1 (1971) 111 – 145.

Takemura 2011 Takemura, Shōhō 武邑尚邦. *Inmyōgaku: Kigen to hensen* 因明学：起源と変遷 [Hetuvidyā: Origin and Transition]. First edition, Kyoto: Hōzōkan, 1986. New edition. Kyoto: Hōzōkan 京都：法藏館,2011.

Tang 2006 Tang, Mingjun 湯銘鈞. "*Sanzhi zuofa tuili xingzhi de tantao*" 三支作法推理性質的探討 [A Study of the Logical Character of Dignāga's Three-membered Inference]. In: *Yinming xinlun* 因明新論, ed. Zhang Zhongyi 张忠义 et al. Beijing: Zhongguo Zangxue Chubanshe 北京：中国藏学出版社,328 – 338.

Tang 2009 Id. "*Lun Fojiao luoji zhong tuilun qianti de zhenshixing wenti*" 論佛教邏輯中推論前提的真實性問題 [On the Truth of the Premises in Buddhist Logic]. *Luojixue yanjiu* 邏輯學研究 2009 (1) 90 – 104.

Tang 2013 Id. "*Chenna yinming leibi tuili de luoji kehua: Yi Jilianglun Ⅱ. 11 wei li*" 陳那因明類比推理的邏輯刻劃——以《集量論》Ⅱ. 11 爲例 [A logical Reconstruction of Dignāga's Analogical Reasoning: With Special Reference to *Pramāṇasamuccaya* 2. 11]. In: *Han zang foxue yanjiu: Wenben, renwu, tuxiang he lishi* 漢藏佛學研究：文本、人物、圖像和歷史, ed. Shen Weirong 沈衛榮. Beijing: Zhongguo zangxue chubanshe 北京：中國藏學出版社, 653 – 672.

Tang 2015 Id. "A Study of Gomyō's 'Exposition of Hetuvidyā.' Text, Translation and Comments (1)." In: *Logic in Buddhist Scholasticism. From Philosophical, Philological, Historical and Comparative Perspectives*, ed. Gregor Paul. Lumbini: Lumbini International Research

Institute, 2015, 255 – 350.

Tang 2016 Id. "*Hanchuan yinming de nengli gainian*" 漢傳因明的"能立"概念 [The Concept of *sādhana* in Chinese Buddhist Logic]. *Zongjiaoxue yanjiu* 宗教學研究 2016 (4) 101 – 110.

Tang 2018 Id. "Materials for the Study of Xuanzang's Inference of Consciousness-only (*wei shi bi liang* 唯識比量)." WZKS 56 – 57 (2015 – 2018) 143 – 198.

Tang 2020a Id. "*Lun Dongya yinming chuantong*" 論東亞因明傳統 [On the East Asian *hetuvidyā*-Tradition]. *Zhexue men* 哲學門 2020 (1) 33 – 50.

Tang 2020b Id. "The Concept of *sādhana* in Chinese Buddhist Logic." In: *Reverberations of Dharmakīrti's Philosophy: Proceedings of the Fifth International Dharmakīrti Conference Heidelberg, August 26 to 30, 2014*, ed. Birgit Kellner et al. Vienna: Austrian Academy of Sciences, 2020, 473 – 495.

Tang & Zheng 2016 Tang, Mingjun 湯銘鈞 and Zheng, Weihong 鄭偉宏. "*Tongyipin chuzongyoufa de zaitantao – Da Shen Haiyan 'Lun chuwaishuo yu Zheng Weihong jiaoshou shangque'*" 同、異品除宗有法的再探討——答沈海燕《論"除外説"——與鄭偉宏教授商榷》[Rethought on the Exclusion of the Subject in Dispute (*pakṣadhramin*) from *sapakṣa* and *vipakṣa* in Dignāga's Logic: A Reply to Prof. Shen Haiyan]. *Fudan xuebao* (*Shehui kexue ban*) 復旦學報(社會科學版) 2016 (1) 76 – 85.

Tillemans 1990 Tillemans, Tom J. F. "On *Sapakṣa*." JIP 18 (1990) 53 – 79.

Tillemans 1999 Id. *Scripture, Logic, Language: Essays on Dharmakīrti and His Tibetan Successors*. Boston: Wisdom Publications, 1999.

Tillemans 2004 Id. "The Slow Death of the *trairūpya* in Buddhist Logic: A Propos of Sa skya Paṇḍita." *Hōrin* 11 (2004) 83 – 93.

Tillemans 2021 Id. "Dharmakīrti." In: *The Stanford Encyclopedia of Philosophy* (Spring 2021 Edition), ed. Edward N. Zalta. URL=<https://plato.stanford.edu/archives/spr2021/entries/dharmakiirti/>.

Tucci 1930 Tucci, Giuseppe. *The Nyāyamukha of Dignāga: The Oldest*

	Buddhist Text on Logic, after Chinese and Tibetan Materials. [Materialien zur Kunde des Buddhismus 15]. Heidelberg: Harrassowitz, 1930.
Vidyabhusana 1921	Vidyabhusana, Satis Chandra. *A History of Indian Logic: Ancient, Mediæval and Modern Schools*. Calcutta: Calcutta University, 1921.
Wang 2019	Wang, Junqi 王俊淇. "*Purasan 'napadā ni miraleru jihiryō tahiryō gūhiryō*"『プラサンナパダー』に見られる自比量・他比量・共比量 [The Three Kinds of Inferences Found in Candrakīrti's *Prasannapadā*]. IBK 68/1 (2019) 415 – 411.
Wayman 1999	Wayman, Alex. *A Millennium of Buddhist Logic*, Vol. I. Delhi: Motilal Banarsidass Publishers Pvt. Ltd, 1999.
Yaita 2005	Yaita, Hideomi 矢板秀臣. *Bukkyō chishikiron no genten kenkyū* 仏教知識論の原典研究 [Three Sanskrit Texts from the Buddhist *Pramāṇa*-Tradition]. Narita: Naritasan shinshoji 成田：成田山新勝寺,2005.
Yang 2011	Yang, Tingfu 楊廷福. *Xuanzang nianpu* 玄奘年譜 [A Chronicle of Xuanzang]. Shanghai: Shanghai guji chubanshe 上海：上海古籍出版社,2011.
Yokoyama & Hirosawa 1997	Yokoyama, Kōitsu 横山紘一 and Hirosawa, Takayuki 広沢隆之. *Bukkyōgo jiten: Yugashijiron ni motoziku bon zō kan taishō zō bon kan taishō* 仏教語辞典：瑜伽師地論に基づく梵蔵漢対照・蔵梵漢対照 [Dictionary of Buddhist Terminology: Based on Yogācārabhūmi, Sanskrit – Tibetan – Chinese & Tibetan – Sanskrit – Chinese]. Tokyo: Sankibō busshorin 東京：山喜房仏書林,1997.
Yu 1989	Yu, Yu 虞愚. *Yinming xue* 因明學 [Theory of Hetuvidyā]. Beijing: Zhonghua shuju 北京：中華書局,1989.
Zheng 1996	Zheng, Weihong 鄭偉宏. *Fojia luoji tonglun* 佛家邏輯通論 [A General Introduction to Buddhist Logic]. Shanghai: Fudan daxue chubanshe 上海：上海復旦大學出版社,1996.
Zheng 2007	Id. *Hanchuan fojiao yinming yanjiu* 漢傳佛教因明研究 [Studies in

Chinese Buddhist Hetuvidyā]. Beijing: Zhonghua shuju 北京: 中華書局,2007.

Zheng 2008 Id. "*Cong Jilianglun kan Chenna yinming luoji tixi*" 從《集量論》看陳那因明邏輯體系 [Dignāga's System of Logic as Viewed from His *Pramāṇasamuccaya*]. In: *Yinming* 因明, vol. 2, ed. Zhang Zhongyi 张忠义 et al. Lanzhou: Gansu minzu chubanshe 蘭州: 甘肅民族出版社,2008, 68 – 71.

Zheng 2010 Id. *Yinming dashu jiaoshi jinyi yanjiu* 因明大疏校釋、今譯、研究 [The Great Commentary on Hetuvidyā. Critical Text with Notes, Modern Translation and Investigation]. Shanghai: Fudan daxue chubanshe 上海: 復旦大學出版社,2010.

Zheng 2012 Id. "*Zailun tongyipin chuzongyoufa*" 再論同、異品除宗有法 [Once again on the Exclusion of the Subject in Dispute (*pakṣadhramin*) from *sapakṣa* and *vipakṣa* in Dignāga's Logic]. *Xinan minzu daxue xuebao* (*Renwen shehui kexue ban*) 西南民族大學學報(人文社會科學版) 2012 (11) 72 – 79.

Zheng 2015 Id. "Dignāga and Dharmakīrti: Two Summits of Indian Buddhist Logic." In: *Logic in Buddhist Scholasticism. From Philosophical, Philological, Historical and Comparative Perspectives*, ed. Gregor Paul. Lumbini: Lumbini International Research Institute, 2015, 135 – 167.

英文概要(Summary)

A Study of Xuanzang's Tradition of Buddhist Logic

by

Mingjun Tang

Chapter 1: On the *hetuvidyā*-Tradition of the Logico – Epistemological School: History, Features and Basic Theory

This chapter is to give a brief account of the formation and some basic features of the East Asian tradition of Buddhist logic as well as its relation to the Indian tradition. In contrast with the Indo – Tibetan *pramāṇa*-tradition, the East Asian tradition can be regarded as a *hetuvidyā*-tradition. This tradition was mainly established by Xuanzang 玄奘 (602 – 664 CE) and his disciples through the translation of the *Nyāyapraveśa* of Śaṅkarasvāmin (ca. 500 – 560 CE) and the translation of the *Nyāyamukha* of Dignāga (ca. 480 – 540 CE). The tradition was later spread to Korea and Japan and flourished there.

Although the *Nyāyapraveśa* and the *Nyāyamukha* are the two fundamental texts of the tradition, what was taught by Xuanzang is not limited to the theories elaborated in these two treatises. Xuanzang even reinterpreted the texts according to later views expressed in Dignāga's last magnum opus, the *Pramāṇasamuccaya*. He expounded the texts from the perspective of new developments even after Dignāga. However, Dharmakīrti (ca. 550 – 660 CE) was unknown to the Chinese until Yijing 義淨 (635 – 713 CE). He had no influence on the *hetuvidyā*-tradition. Therefore, as a working hypothesis, the *hetuvidyā*-tradition can be regarded as mainly a tradition following the Indian interpretation of Dignāga before Dharmakīrti.

Inference-for-oneself (*svārthānumāna*) or simply inference is the foremost concern of the logical studies in the Indo – Tibetan tradition. Demonstration (*sādhana*) or argument is the foremost concern of the logical studies in the East Asian *hetuvidyā*-tradition. According to the exposition in the *hetuvidyā*-tradition, the basic idea of a three-membered argument is that arguments should be based on what both sides in debate have already agreed. One arrives at a piece of new knowledge through inference actually by means of extending what has already been known to him. It is deemed that one cannot argue in a vacuum.

Chapter 2: The Concept of *sādhana* in the East Asian *hetuvidyā*-Tradition: A New Observation based on Relevant Sanskrit and Tibetan Materials

This chapter is an extended observation based on Tom J. F. Tillemans' article "More on *Parārthānumāna*, Theses and Syllogisms" (1991). It tends to show that in the Chinese tradition of Buddhist logic, the concept of *sādhana* was consistently interpreted as the reason-statement together with the positive and negative example-statements, or directly as the *trairūpya*, the triple characterization of a correct logical reason, and this interpretation of *sādhana* was explicitly ascribed to Dignāga himself as one significant innovation with regard to masters before him. Although the Chinese tradition was presumably asserted as basing their theoretical exploration on merely the *Nyāyapraveśa* and the *Nyāyamukha*, this new interpretation can find its support only in the *Pramāṇasamuccaya* but not in the *Nyāyapraveśa* or the *Nyāyamukha*. The Chinese scholars following Dignāga also took various hermeneutic strategies to harmonize this new interpretation with the relevant theories of Asaṅga and Vasubandhu. Moreover, it was also told that Indian Buddhist logicians after Dignāga held this new interpretation instead of the old one, and they interpreted accordingly the "incompleteness" (*nyūnatā*) of an argument as the incompleteness of the three characteristics instead of the incompleteness of the three statements. In light of this new interpretation of *nyūnatā*, the present chapter at last tries to make sense again, "from a slightly different angle" than Tillemans, that the point at stake behind this new interpretation is not only a terminological one, but also "about how logic works" in Buddhist logic.

Chapter 3: The Dialectic and Epistemic Interpretation of Buddhist Logic: Dignāga, Dharmakīrti and the *hetuvidyā*-Tradition

A basic feature of Buddhist logic which distinguishes it from Western formal logic is that the Buddhist conception of what makes an argument good is grounded on the intuition that a good argument should start from true premises. The *trairūpya*, i. e., the standard of a good argument in Buddhist logic, spells out a theory defining the truth of the premises of an argument. Furthermore, in Buddhist logic, the truth of a premise is usually understood as being ascertained to be true by both the proponent and the opponent in a debate. Therefore, the common ascertainment by both parties in debate, which is a special kind of epistemic condition, plays an essential role in defining the truth of a premise and in elucidating the standard of a good argument. Vocabularies used by Buddhist logicians to refer to this kind of epistemic condition, like *siddha* "established," *prasiddha* "well established," *niścita* "ascertained," *dṛṣṭa* "observed" and *vidita* "known," are considered by the present author as the epistemic operator in Buddhist logic.

This chapter is a preliminary study of the interpretation of this kind of epistemic operator by Buddhist logicians. In *Nyāyamukha* 2. 2, Dignāga claimed that not only the logical reason's (*hetu*) being a property of the subject (*pakṣa*) but also the relation of the logical reason to the similar instances (*sapakṣa*) and to the dissimilar instances (*vipakṣa*) should be "ascertained by [both] the proponent and the opponent" (*vādiprativādiniścita*). By comparing the interpretation of this claim in the East Asian tradition of Buddhist logic, i. e., the *hetuvidyā*-tradition, with the interpreation of it by Dharmakīrti, this chapter finds that the *hetuvidyā*-tradition held a dialectic interpretation of the epistemic operator in Buddhist logic. The "dialectic" interpretation means that an expression's being "ascertained"/"[well] established"/"known" is simply to be equally accepted by both parties in debate on account of whatever evidence. This kind of interpretation can find its echo in the Naiyāyika *vyatirekihetu* "reason based [solely] on disassociation" for the existence of the self.

However, Dharmakīrti, when criticizing this *vyatirekihetu* in his *Pramāṇavārttikasvavṛtti* 13, 5 – 19, clearly refused this dialectic interpretation and proposed instead an epistemic interpretation of the epistemic operator. In this connection, he quoted and reinterpreted Dignāga's above claim so as to support his epistemic interpretation. The "epistemic" interpretation means that an expression's being "ascertained"/"[well] established"/"known" is to be ascertained by both parties in debate only on account of certain epistemic evidences, namely, on account of means of valid cognition (*pramāṇa*).

The similarity between the dialectic interpretation in the *hetuvidyā*-tradition and the interpretation of *siddha* in favour of the Naiyāyika *vyatirekihetu* suggests the possibility that the dialectic interpretation in the *hetuvidyā*-tradition must not be the invention by East Asian Buddhist logicians, but a theory which existed in the history and spread together with Dignāga's logic to the East Asia world. However, the possibility of representing the true intention of Dignāga's above claim is open to both the dialectic interpretation and the epistemic interpretation.

Chapter 4: Once again on the Tripartitionism of *pakṣa*, *sapakṣa* and *vipakṣa* in Dignāga's Logic

Pakṣa, *sapakṣa* and *vipakṣa* are three basic concepts in Dignāga's logic. The universe of discourse is divided into three parts, i. e., *pakṣa*, *sapakṣa* and *vipakṣa*, according to the epistemic attitudes of both the proponent and the opponent. In the case of the thesis "sound is impermanent," the sound is *pakṣa*, i. e., the subject-in-dispute, which cannot be accepted by both parties in debate to be permanent or impermanent; *sapakṣa*, i. e., similar instance, includes things which are accepted by both to be impermanent; and *vipakṣa*, i. e., dissimilar instance, includes things which are accepted by both to be permanent. The tripartitionism of *pakṣa*, *sapakṣa* and *vipakṣa* is a key feature of Dignāga's logic. It tells us the dialectic approach of Dignāga's logical theorization, and from it we know the non-deductiveness and non-monotonicity of Dignāga's logic. This is also a key clue for us to understand the uniqueness of Dignāga in the history of Indian logic.

Recently, Prof. Haiyan Shen has published an article (Shen 2014) to reject the logical significance of the tripartitionism in Dignāga's logic. From her viewpoint, the exclusion of *pakṣa* from *sapakṣa*, on one hand, is only a technique for finding out appropriate examples to illustrate the invariable relation between *hetu* and *sādhya*, while *pakṣa* is actually included in *sapakṣa* because sound is in fact impermanent. On the other hand, *pakṣa* can in no case be included in *vipakṣa* in virtue of the same fact that sound is impermanent. Therefore, the stipulation of excluding *pakṣa* from *vipakṣa* is redundant. In her view, Dignāga's logic is not only deductive but also inductive. The present chapter, based on the contemporary scholarship on this topic, carries out a close reading of relevant passages from Dignāga and his Chinese commentators with an appreciation of methods of modern logic, resulting in the conclusion that Prof. Shen has missed the dialectic feature of Dignāga's logic. Her interpretation of Dignāga's words is problematic. She emphasizes the fact that ontologically speaking, an individual cannot be neither permanent nor impermanent. But this fact is irrelevant to the present case where an epistemic perspective plays a central role. She imposes her opinion on all the Indian logicians that sound is actually impermanent, and that it should be included in *sapakṣa* than *vipakṣa*. However, the problem whether sound is permanent or not is rightly the point under ardent debate, while the classification of *sapakṣa* and *vipakṣa* is prior to a solution of this problem. Further, she has confused *sapakṣa* (similar instance) with *sādharmyadṛṣṭānta* (positive example), and *vipakṣa* (dissimilar instance) with *vaidharmyadṛṣṭānta* (negative example). However, for a *sapakṣa* to be a positive example it must also possess the property designated by the *hetu*, and for a *vipakṣa* to be a negative example it must not possess the property designated by the *hetu*. The positive and negative examples constitute the evidences for proving the thesis, while the *sapakṣa* and *vipakṣa* together with the *pakṣa* are purely a division of the universe of discourse according to what thesis is to be set forth for debate. From her point of view, we cannot obtain the decisive features for us to understand the nature of Dignāga's logic.

Chapter 5: Materials for the Study of Xuanzang's Inference of Consciousness-only (*wei shi bi liang* 唯識比量): Introduction, Selected Texts and Comments

Xuanzang is the actual founder of the East Asian tradition of Buddhist logic. However, his statements concerning logic have survived only rarely in their original wording. The most famous case of such a statement is his inference of consciousness-only, which is believed by his followers to be an inference set forth by him in the context of Indian Buddhist logic in his time. Hence, studies of this inference will provide us with a special angle to consider how logic was practised in the early 7th century's India. This inference runs as follows:

Thesis: From the standpoint of ultimate truth, the visual form that is well established is certainly not separate from the visual consciousness (真故極成色,定不離於眼識).

Reason: Because, while being included in the first three [*dhātus*] that we accept, [it] is not included in the visual sense (i. e., the visual faculty) (自許初三攝,眼所不攝故).

Example: Like the visual consciousness (猶如眼識, YMDS 336/115b21-28).

The most remarkable feature of this inference is that three qualifications (*viśeṣaṇa*, *jian bie* 簡別) were employed to qualify certain expressions, statements as well as terms, in it, in order to avoid certain logical faults. They are *zhen gu* 真故 ("from the standpoint of ultimate truth"), *ji cheng* 極成 ("that is well established"), and *zi xu* 自許 ("that we accept").

In classical scholarship, extensive discussion has been devoted to their articulation, with occasionally contradictory opinions. This situation, while providing us with various angles to appreciate Xuanzang's inference, has also caused us to get lost in trivialities and somehow cast a shadow across the main idea of this inference. A recent study by Eli Franco (Franco 2004) has successfully shed light on the topic by taking a fresh approach and enabled us to gain a clear understanding of the main train of thought expressed in the inference.

However, one point that needs further clarification is the interpretation of the second qualification *zi xu* ("that we accept"). In this chapter, I present some materials that, in my estimation, are necessary and "essential" for the further study of this inference, and make detailed comments on them, so as to show that the use of the qualification "that we accept" was aimed at avoiding a fault in Indian Buddhist logic that was called *dharmiviśeṣaviparītasādhana* ("proving the opposite of [some] specific attribute of the property-possessor"). In Indian Buddhist logic, paradoxical refutations can be made on the basis of the theory of *dharmiviśeṣaviparītasādhana*.

Xuanzang's use of "that we accept" in his inference hinted at a method to counter this type of paradoxical refutation. I have also tried to explain in this chapter that the acceptability of a *dharmiviśeṣaviparītasādhana*-based refutation in a debate is closely related to an important theory in Dignāga's logic, i. e., the tripartitionism of the universe of discourse into *pakṣa*, *sapakṣa* and *vipakṣa*. As Franco (2004) interprets Xuanzang's inference from a point of view of the tripartitionism in Dignāga's logic, my study of this inference in this chapter does not fundamentally deviate from the approach taken in Franco (2004), but only tries to improve it.

Chapter 6: Wŏnhyo's Antinomic Inference and His Debate with Wengui

In the history of the East Asian tradition of Buddhist logic, Wŏnhyo 元曉 (617 – 686 CE) is famous for his antinomic inference directed against Xuanzang's inference of consciousness-only. Recent studies by Shigeki Moro (2017), by Ippei Okamoto (2018) and by Sung-chul Kim (2017) have brought into light the close relation between Wengui 文軌 (Kor. Mungwe, ca. 615 – 675 CE) and Wŏnhyo. They find that Wengui in the last part of his *Yin ming ru zheng li lun shu* 因明入正理論疏 has discussed an inference which is the same one as Wŏnhyo's antinomic inference and that Wŏnhyo in a fragment of his *P'an biryang non* 判比量論 has cited Wengui's discussion.

The present author, through reexamining the passages from Wengui as found by Moro, Okamoto and Kim, tries to show some new facts concerning the relation between Wengui and Wŏnhyo that: Wŏnhyo's antinomic inference was known to Wengui. The latter has offered a criticism of it. Zenju 善珠 (723 – 797 CE) in his *Inmyō ronsho myōtō shō* 因明論疏明燈抄 cites a passage from *P'an biryang non* which shows that Wengui's criticism was also known to Wŏnhyo and Wŏnhyo has made a reply to it. The point of Wŏnhyo's reply is that his inference will be free from the fault as pointed out by Wengui if the property to be proved of this inference is reformulated into the condition of being separate from the visual consciousness that is well established (離極成眼識).

The first part of Wŏnhyo's discussion on the antinomic inference in *P'an biryang non* has been reconstructed by Sung-chul Kim (2017). The above mentioned fragment cited by Zenju could be regarded as the last part of Wŏnhyo's discussion on this topic, while the middle part, which probably contains Wŏnhyo's more citations from Wengui's criticism, is still missing.

At last, the present author entertains a hypothesis that the former part of Wengui's *Yin ming ru zheng li lun shu*, which was actually the source of Wŏnhyo's knowledge of the inference of consciousness-only, was written before the arrival of the antinomic inference in China, while the last part of this work, which contains a criticism of the antinomic inference, was written after the arrival of this inference. However, whether or not the antinomic inference arrived in China before Xauzang's death in 664, namely, whether or not Xuanzang knew Wŏnhyo's inference, is still an open question.